建设行业专业技术人员继续教育培训教材

城市污水处理应用技术

建设部人事教育司
建设部科学技术司
建设部科技发展促进中心

中国建筑工业出版社

图书在版编目（CIP）数据

城市污水处理应用技术/建设部人事教育司，建设部科学技术司，建设部科技发展促进中心. —北京：中国建筑工业出版社，2004

建设行业专业技术人员继续教育培训教材

ISBN 978-7-112-06632-2

Ⅰ. 城… Ⅱ. ①建…②建…③建… Ⅲ. 城市污水-污水处理-技术-技术培训-教材 Ⅳ. X703

中国版本图书馆 CIP 数据核字（2004）第 053126 号

建设行业专业技术人员继续教育培训教材
城市污水处理应用技术
建设部人事教育司
建设部科学技术司
建设部科技发展促进中心

*

中国建筑工业出版社出版、发行（北京西郊百万庄）
各地新华书店、建筑书店经销
北京市兴顺印刷厂印刷

*

开本：787×1092 毫米 1/16 印张：13½ 字数：320 千字
2004 年 11 月第一版 2011 年 4 月第二次印刷
印数：2501—4000 册 定价：21.00 元
ISBN 978-7-112-06632-2
（12586）

版权所有 翻印必究
如有印装质量问题，可寄本社退换
（邮政编码 100037）

近年来国内外城市污水处理研究和新技术发展迅速，极大地促进了城市污水处理事业和环境保护事业的发展。为了尽快地向读者介绍近年来国内外城市污水处理的新技术，本书重点介绍了膜处理技术、AB 工艺、SBR 工艺、A/O 及 A^2/O 工艺、生物流化床技术、深井曝气工艺、UASB 工艺、曝气生物滤池、固定化微生物技术和 LINPOR 工艺等 10 种城市污水处理技术。本书适用于从事城市建设、城市污水处理、环境保护和市政工程等领域的设计、科研、施工、管理的工程技术人员再教育培训教材和自学参考书。

* * *

责任编辑：俞辉群
责任设计：彭路路
责任校对：王金珠

《建设部第二批新技术、新成果、新规范培训教材》编委会

主　任　李秉仁　赖　明
副主任　陈宜明　张庆风　杨忠诚
委　员　陶建明　何任飞　任　民　毕既华
专家委员会
　　　　　郝　力　　刘　行　　方天培　　林海燕　　陈福广
　　　　　徐　伟　　张承起　　蔡益燕　　顾万黎　　张玉川
　　　　　高立新　　章林伟　　阎雷光　　孙庆祥　　石玉梅
　　　　　韩立群　　金鸿祥　　赵基达　　周长安　　郑念中
　　　　　丁绍祥　　邵卓民　　聂梅生　　肖绍雍　　杭世珺
　　　　　宋序彤　　王真杰　　徐文龙　　施　阳　　徐振渠

《城市污水处理应用技术》编审人员名单

主　编　周玉文
副主编　吴之丽
主　审　蒋展鹏
总策划　张庆风　何任飞
策　划　任　民　毕既华

序

科技成果推广应用是推动科学技术进入国民经济建设主战场的重要环节，也是技术创新的根本目的。专业技术培训是加速科技成果转化为先进的生产力的重要途径。为贯彻落实党中央提出的："我们必须抓住机遇，正确驾驭新科技革命的趋势，全面实施科教兴国的战略方针，大力推动科技进步，加强科技创新，加强科技成果向现实生产力转化，掌握科技发展的主动权，在更高的水平上实现技术跨越"的指示精神，受建设部人事教育司和科学技术司的委托，建设部科技发展促进中心负责组织了第一批新技术、新成果、新规范培训科目教材的编写工作。该项工作得到了有关部门和专家的大力支持，对于引导专业技术人员继续教育的开展、推动科技进步、促进建设科技事业的发展起到了很好的作用，受到了各级管理部门的欢迎。2002年我中心又接受了第二批新技术、新成果、新规范培训教材的编写任务。

本次建设部科技发展促进中心在组织编写新技术教材工作时，着重从近几年《建设部科技成果推广项目汇编》中选择出一批先进、成熟、实用，符合国家、行业发展方向，有广阔应用前景的项目，并组织技术依托单位负责编写。该项工作得到很多大专院校、科研院所和生产企业的高度重视，有些成立了专门的教材编写小组。经过一年多的努力，绝大部分已交稿，完成了近300余万字编写任务，即将陆续出版发行。希望这项工作能继续对行业的技术发展和专业人员素质的提高起到积极的促进作用，为新技术的推广做出积极的贡献。

在《新技术、新成果、新规范培训科目目录》的编写过程中以及已完成教材的内容审查过程中，得到了业内专家们的大力支持，谨在此表示诚挚的谢意！

建设部科技发展促进中心
《建设部第二批新技术、新成果、新规范培训教材》编委会
2003年9月16日

前　言

全球性水污染已对人类生存和社会经济发展构成越来越严重的威胁，防止水环境的恶化，保护水资源，走可持续发展的道路已成为人类共同追求的目标。由于人口的快速增长、社会经济的不断发展，不仅对用水的需求量大大增加，而且污水的排放量亦与日俱增，从而使人类面临着更加紧迫的水量型和水质型水资源不足的问题。

我国正在加快城市化进程的步伐，西部大开发又为城市化提供了一个良好的发展机遇。但是，水资源短缺和水污染严重是制约发展的重要因素。为了遏制水污染，恢复水环境的良好质量，应积极地推广先进的污水处理技术，积极建设城市污水处理厂并采用科学的、先进的方法进行运行管理。为了促进我国水环境保护事业的发展，加快城市污水处理厂的建设速度，提高污水处理的质量和效率，大力培训技术力量，提高上岗技术人员和管理决策人员的技术水平，我们编写了这本培训教材。

本书共分 11 章，全面地介绍了国内外城市污水处理的概况和近年来较成熟的城市污水处理技术。

第 1 章　介绍了国外污水处理发展的概况和国内城市污水处理技术的现状。

第 2 章　针对我国膜处理技术广泛应用的现实，介绍了膜处理工艺的分类、工艺流程和相关工程实例等。

第 3 章　详细阐述吸附生物降解技术 AB 工艺，生物处理部分分为 A 段和 B 段，A 段以生物吸附为主，B 段低负荷处理溶解有机物。

第 4 章　介绍了序批式活性污泥法 SBR 工艺。该方法集调节池、曝气池和沉淀池于一体，具有投资少、效率高、使用面广和操作灵活的优点，且能够有效地脱氮除磷。适合多种不同目的的污水处理要求，因而是一种比较适合我国国情的污水处理技术，有很好的应用前景。

第 5 章　综述生物脱氮除磷 A/O 及 A^2/O 技术。生物脱氮除磷技术与化学法或物理法脱氮除磷相比，具有运行成本低，对环境不造成二次污染问题等特点，是有效控制环境营养元素的成熟技术。

第 6 章　阐述生物流化床技术。生物流化床处理技术是借助流体使表面生长着微生物的固体颗粒呈流态化去除和降解污水中有机污染物的生物膜法处理技术，分好氧和厌氧生物流化床。

第 7 章　综合介绍了深井曝气法。深井曝气是以地下深竖井构筑物作为曝气装置的高效活性污泥工艺。也称"超深水曝气"、"超深层曝气"，深井曝气工艺在制药、化工等领域的不易生化降解的废水及食品、啤酒业等高浓度有机废水处理中得到了较为成功的应用。

第 8 章　介绍了升流式厌氧污泥床 UASB 工艺。该工艺是高效污水厌氧处理方法。在反应器内形成颗粒污泥使污泥浓度大幅度提高，因此，水力停留时间而适用于处理高浓度有机废水。

第9章 阐述曝气生物滤池。曝气生物滤池是将生物接触氧化工艺与给水过滤工艺相结合的一种好氧生物膜法污水处理技术，最初是应用在污水的三级处理中，由于其良好的处理性能，应用范围不断扩大，如在污水的二级处理中，曝气生物滤池体现出处理负荷高、出水水质好、占地面积省等特点，并可以有效地去除氮和磷。

第10章 论述了固定化微生物法。固定化微生物技术，也称为固定化细胞技术，是利用化学或物理的手段将游离细胞定位于限定的空间区域，并使其保持活性，可以反复利用的一种新型生物技术。该技术在水处理中应用，有利于提高生物反应器内的微生物浓度；有利于反应后的固液分离；有利于除氮、除去高浓度有机物或某种难降解物质，是一种高效、低耗、运行管理方便，十分有发展前途的污水处理技术。

第11章 介绍了LINPOR工艺。LINPOR工艺是一种传统活性污泥法的改进工艺，它通过在传统工艺曝气池中加入一定数量的多孔塑料颗粒，为生物提供附着生长的载体，从而形成活性污泥即自由生物相与附着生物相两者结合的污水生物处理系统，该工艺是生物膜法与常规活性污泥法结合的产物。

本书是在建设部科技发展促进中心的指导下完成的。在本书的编写过程中，得到了建设部人事教育司、建设部科学技术司和建设部科技发展促进中心的大力支持。

参加本书编写的还有北京工业大学硕士研究生刘斌斌、石清花、郭伟、王秋颖、关晓涛、郑一江、郝二成、田志勇、汪明明、孙宗健、朱晓辉、杨辉、刘江涛等。

十分感谢为本书完成提供素材的国内外水处理专家和广大富有经验的工程技术人员，是他们的辛勤工作促进了水处理事业的发展。

周玉文　吴之丽　于北京工业大学
2004年4月

目 录

第1章 概述 ························ 1
1.1 国外城市污水处理发展概况 ················ 1
1.1.1 国外污水处理厂的数量及规模 ············· 1
1.1.2 国外污水处理工艺 ·················· 2
1.1.3 污水出水标准 ··················· 5
1.1.4 污水处理方面的投资、污水处理费用及排污费征收 ····· 6
1.1.5 污水处理的发展趋势与展望 ············· 7
1.2 我国污水处理概况与发展规划 ················ 8
1.2.1 我国城市污水处理现状 ··············· 8
1.2.2 城市污水处理技术现状 ··············· 8
1.2.3 城市污水处理技术发展趋势 ············· 15
参考文献 ······················· 16

第2章 膜处理技术 ···················· 18
2.1 概述 ························ 18
2.1.1 膜分离技术发展概况 ················ 18
2.1.2 膜分离技术分类及其基本原理 ············· 18
2.2 膜法水处理应用 ···················· 23
2.2.1 饮用水 ····················· 23
2.2.2 工业用水 ···················· 23
2.2.3 工业废水和市政废水 ················ 23
2.3 膜技术在废水处理中的应用——膜生物反应器（Membrane Bio-Reactor, 简称 MBR） ······················ 24
2.3.1 国内外发展概况 ·················· 24
2.3.2 膜生物反应器对生活污水中污染物的去除特性及机理 ····· 25
2.3.3 膜生物反应器的分类及特点 ············· 31
2.3.4 膜生物反应器的技术参数及主要影响因素 ········· 33
2.4 膜分离技术在城市污水处理及回用方面的应用及工程实例 ······ 37
2.4.1 反渗透在城市污水处理、回用方面的应用 ········ 37

2.4.2　超滤在城市污水处理、回用方面的应用 ………………………………… 38
　　2.4.3　膜生物反应器在城市污水处理、回用方面的应用 ……………………… 39
　参考文献 ……………………………………………………………………………… 41

第3章　AB 工 艺 …………………………………………………………………… 42
　3.1　概述 ……………………………………………………………………………… 42
　3.2　AB法工艺流程和基本原理 …………………………………………………… 43
　　3.2.1　AB法工艺流程 ………………………………………………………… 43
　　3.2.2　AB法工艺原理及特点 ………………………………………………… 43
　　3.2.3　AB法工艺的微生物特性 ……………………………………………… 45
　3.3　AB法工艺在脱氮除磷方面的应用 …………………………………………… 47
　　3.3.1　AB法工艺的脱氮功能 ………………………………………………… 47
　　3.3.2　AB法工艺的除磷功能 ………………………………………………… 48
　　3.3.3　AB法脱氮除磷功能的强化 …………………………………………… 48
　3.4　AB工艺在污水处理中的应用实例 …………………………………………… 49
　　3.4.1　国外AB工艺的工程应用 ……………………………………………… 49
　　3.4.2　国内AB工艺的工程应用 ……………………………………………… 51
　3.5　AB法的适用范围及局限性 …………………………………………………… 53
　　3.5.1　AB法的适用范围 ……………………………………………………… 53
　　3.5.2　AB法的剩余污泥处置问题 …………………………………………… 54
　　3.5.3　AB工艺局限性及存在问题 …………………………………………… 55
　参考文献 ……………………………………………………………………………… 56

第4章　序批式活性污泥法（SBR）……………………………………………… 57
　4.1　概述 ……………………………………………………………………………… 57
　4.2　SBR的工作原理和特点 ………………………………………………………… 59
　　4.2.1　SBR处理的基本流程 …………………………………………………… 59
　　4.2.2　SBR的工作原理 ………………………………………………………… 60
　4.3　SBR工艺特点及主要影响因素 ………………………………………………… 61
　　4.3.1　SBR工艺的特点 ………………………………………………………… 61
　　4.3.2　SBR的主要影响因素 …………………………………………………… 64
　4.4　SBR工艺的设计方法 …………………………………………………………… 65
　　4.4.1　经验设计法 ……………………………………………………………… 65
　　4.4.2　动力学参数法 …………………………………………………………… 67
　4.5　SBR技术经济比较分析 ………………………………………………………… 68
　4.6　SBR工艺的应用与工程实例 …………………………………………………… 70

4.6.1　SBR 工艺在工业废水处理中的应用 …………………………………… 70
4.6.2　用膜法 SBR 工艺处理印染废水 ……………………………………… 71
4.6.3　SBR 一体化生物污水处理实例 ………………………………………… 71
4.6.4　ICEAS 工艺的应用 …………………………………………………… 72
参考文献 ……………………………………………………………………… 74

第5章　A/O 及 A^2/O 系统处理技术 …………………………………………… 76
5.1　概述 …………………………………………………………………… 76
5.1.1　A/O 系统的形式 ……………………………………………………… 76
5.1.2　A^2/O 工艺 …………………………………………………………… 77
5.2　A/O、A^2/O 工艺流程及基本原理及特点 ……………………………… 78
5.2.1　A/O 生物脱氮工艺及基本原理 ……………………………………… 78
5.2.2　A/O 生物除磷工艺及基本原理 ……………………………………… 80
5.2.3　A^2/O 工艺除磷脱氮机理及工艺流程 ………………………………… 83
5.3　工程设计及要点 ………………………………………………………… 85
5.3.1　生物脱氮工艺计算 …………………………………………………… 85
5.3.2　A/O 厌氧—好氧生物除磷工艺设计计算 …………………………… 86
5.3.3　生物脱氮除磷工艺设计计算 ………………………………………… 87
5.4　应用及工程实例 ………………………………………………………… 88
5.4.1　保定市污水处理总厂 A^2/O 工艺运行管理 ………………………… 88
5.4.2　广州大坦河污水处理厂 ……………………………………………… 88
5.4.3　天津纪庄子污水处理厂 ……………………………………………… 89
5.4.4　太原北郊污水净化厂 ………………………………………………… 89
参考文献 ……………………………………………………………………… 90

第6章　生物流化床技术 ……………………………………………………… 91
6.1　概况 …………………………………………………………………… 91
6.1.1　国外研究概况 ………………………………………………………… 91
6.1.2　国内研究概况 ………………………………………………………… 92
6.2　生物流化床工作原理 …………………………………………………… 93
6.2.1　基本原理 ……………………………………………………………… 94
6.2.2　生物流化床的载体 …………………………………………………… 96
6.3　污水处理生物流化床的类型 …………………………………………… 97
6.3.1　两相流化床 …………………………………………………………… 97
6.3.2　三相流化床 …………………………………………………………… 98
6.3.3　机械搅拌流化床 ……………………………………………………… 99

6.3.4 厌氧流化床 ……………………………………………………………… 99
6.4 生物流化床设计计算 …………………………………………………………… 101
6.5 好氧生物流化床工程应用实例 ………………………………………………… 102
 6.5.1 好氧三相生物流化床工程 …………………………………………… 102
 6.5.2 生物流化床在石化废水回用中的应用 ……………………………… 106
6.6 生物流化床的性能、特点 ……………………………………………………… 108
 6.6.1 流化床具有巨大的比表面积和高浓度的生物量 …………………… 108
 6.6.2 生物膜活性和传质效果好 …………………………………………… 108
 6.6.3 好氧流化床耐冲击负荷能力强 ……………………………………… 109
 6.6.4 流态化消除了阻塞、混合不均等问题 ……………………………… 109
 6.6.5 生物流化床存在的问题 ……………………………………………… 109
参考文献 ……………………………………………………………………………… 109

第7章 深井曝气法 …………………………………………………………… 110
7.1 概述 ……………………………………………………………………………… 110
7.2 深井曝气的工艺及运行管理 …………………………………………………… 111
 7.2.1 深井曝气的工艺流程及构造 ………………………………………… 111
 7.2.2 深井曝气的运转方式 ………………………………………………… 113
 7.2.3 深井曝气后固液分离方式 …………………………………………… 114
7.3 深井曝气的机理 ………………………………………………………………… 115
 7.3.1 深井曝气的水力学特性 ……………………………………………… 115
 7.3.2 充氧特性 ……………………………………………………………… 119
 7.3.3 生物相及生化处理效果 ……………………………………………… 120
7.4 深井曝气系统的设计与施工 …………………………………………………… 121
 7.4.1 工艺参数 ……………………………………………………………… 121
 7.4.2 设计计算 ……………………………………………………………… 121
 7.4.3 深井的施工技术 ……………………………………………………… 123
7.5 深井曝气工艺运行特性 ………………………………………………………… 123
 7.5.1 上升气量与下降气量比 ……………………………………………… 123
 7.5.2 气水比 ………………………………………………………………… 124
 7.5.3 耐冲击负荷 …………………………………………………………… 124
 7.5.4 污泥产量少，并无污泥膨胀 ………………………………………… 124
 7.5.5 不受气温影响 ………………………………………………………… 124
 7.5.6 氧的利用率高，能耗低 ……………………………………………… 125
7.6 应用实例 ………………………………………………………………………… 126

7.6.1 处理高浓度有机废水	126
7.6.2 处理农药废水	127
7.6.3 处理建材废水	127
参考文献	128

第8章 UASB工艺 129

8.1 概述	129
8.2 UASB反应器的基本原理及特点	130
8.2.1 UASB反应器的构成与特点	130
8.2.2 工作原理	132
8.2.3 厌氧颗粒污泥	133
8.3 UASB反应器的设计方法与要点	135
8.3.1 反应区设计计算	135
8.3.2 反应器进水系统的设计	138
8.3.3 三相分离装置的设计	138
8.3.4 水封高度的计算	140
8.3.5 排泥设备的设计	140
8.4 UASB反应器运行控制与管理	141
8.4.1 颗粒污泥的培养	141
8.4.2 主要影响因素及运行控制点	141
8.5 工程应用实例	142
8.5.1 UASB工艺处理工业废水	142
8.5.2 UASB工艺处理生活污水	144
8.6 讨论	148
参考文献	148

第9章 曝气生物滤池 149

9.1 概述	149
9.1.1 国内外研究概况	149
9.1.2 曝气生物滤池的主要形式	149
9.2 曝气生物滤池的工作原理	151
9.2.1 工作原理	151
9.2.2 过滤机理	151
9.2.3 曝气生物滤池的特点	151
9.3 曝气生物滤池的构造	152
9.3.1 布水系统	152

  9.3.2 布气系统 …………………………………………………………… 153
  9.3.3 承托层 ……………………………………………………………… 153
  9.3.4 曝气生物滤池池体及填料 …………………………………………… 153
  9.3.5 反冲洗系统 …………………………………………………………… 155
  9.3.6 管道和自控系统 ……………………………………………………… 155
 9.4 曝气生物滤池的工艺设计 ………………………………………………… 155
  9.4.1 曝气生物滤池处理工艺流程及选择 ………………………………… 155
  9.4.2 曝气生物滤池的设计计算 …………………………………………… 157
 9.5 曝气生物滤池处理城市污水工程实例 …………………………………… 160
  9.5.1 Biostyr 工艺 …………………………………………………………… 160
  9.5.2 广东省新会市东郊污水处理厂 ……………………………………… 162
 9.6 与其他方法的比较 ………………………………………………………… 164
 参考文献 ………………………………………………………………………… 166

第10章 固定化微生物法 ……………………………………………………… 167
 10.1 国内外发展概况 ………………………………………………………… 167
 10.2 固定微生物技术分类及主要特征 ……………………………………… 169
  10.2.1 固定化微生物技术分类 …………………………………………… 169
  10.2.2 固定化微生物技术的主要特征 …………………………………… 172
 10.3 微生物固定化机理 ……………………………………………………… 173
  10.3.1 微生物固定化的基本过程 ………………………………………… 173
  10.3.2 固定化细胞的特性 ………………………………………………… 174
  10.3.3 影响微生物固定化的重要因素 …………………………………… 175
 10.4 固定化微生物污水处理工艺 …………………………………………… 178
  10.4.1 纯种固定化微生物反应器 ………………………………………… 178
  10.4.2 混合种群固定化微生物污水处理工艺 …………………………… 179
 10.5 固定化微生物在污水处理中的应用 …………………………………… 183
  10.5.1 难降解有机废水的处理 …………………………………………… 183
  10.5.2 固定化微生物脱氮除磷 …………………………………………… 185
 10.6 固定化微生物技术的应用前景与展望 ………………………………… 186
 参考文献 ………………………………………………………………………… 186

第11章 LINPOR 工艺 …………………………………………………………… 188
 11.1 概述 ……………………………………………………………………… 188
 11.2 LINPOR 工艺的基本特性 ……………………………………………… 189
 11.3 LINPOR 法的工艺原理 ………………………………………………… 191

	11.3.1 LINPOR-C 工艺的原理 …………………………………… 191
	11.3.2 LINPOR-C/N 工艺原理 …………………………………… 192
	11.3.3 LINPIOR-N 工艺原理 …………………………………… 193
11.4	LINPOR 法各工艺的工程应用 …………………………………… 193
	11.4.1 LINPOR-C 应用实例 ……………………………………… 193
	11.4.2 LINPOR-C/N 应用实例 …………………………………… 195
	11.4.3 LINPOR-N 工艺的应用 …………………………………… 196
参考文献 …………………………………………………………………… 198

第1章 概　述

全球性水污染已对人类生存和社会经济发展构成越来越严重的威胁，防治水环境的恶化，保护水资源，走可持续发展的道路已成为人类共同追求的目标。由于人口的快速增长、社会经济的不断发展，不仅对用水的需求量大大增加，而且污水的排放量亦与日俱增，从而使人类面临着更加紧迫的水量型和水质型水资源不足的问题。

1.1　国外城市污水处理发展概况

污水处理是经济发展和水资源保护不可或缺的组成部分。污水处理在发达国家已有较成熟的经验。如英国、德国、芬兰、荷兰等欧洲国家均已投巨资对因工业革命和经济发展带来的水污染进行治理，日本、新加坡、美国、澳大利亚等国家也对污水处理给予了较大投资，特别是新加坡并没有走先污染后治理的道路，而是采取经济与环境协调发展的政策，使该国不仅在经济上进入了发达国家的行列，而且还是一个绿树成荫、蓝天碧水、环境优美的国家。

国外对污水的处理主要是通过建造污水处理厂。实践证明建造污水处理厂是解决水污染的一条有效途径。美国平均每1万人拥有一座污水处理厂，瑞典和法国每5000人有一座污水处理厂，英国和德国每7000~8000人有一座污水处理厂，而目前我国城市每150万人左右才拥有一座污水处理厂，而且还存在污水处理厂建设有效投资利用率低以及处理出水达标率低等诸多问题。表1-1列出了世界一些地区1989年的下水道普及率和污水处理率。北京的污水处理率仅为22%，说明当时我国的污水处理设施建设相对于发达国家还十分落后。因此，加快污水处理厂建设的步伐，完善与污水处理厂相关的政策是我国目前急需解决的问题。

世界有关城市污水处理状况（1989年）　　　　表1-1

	新加坡	纽约	东京	瑞典	北京
下水道普及率（%）	96	92	77	100	86
污水处理率（%）	100	89	80	100	22

1.1.1　国外污水处理厂的数量及规模

国外污水处理厂建设的高速发展大多集中在20世纪70年代以后。芬兰是世界上城市和工业废水处理最发达的国家之一，早在20世纪初就在首都赫尔辛基建造了第一座城市污水处理厂，70年代初期开始大规模兴建城市污水处理厂，到1988年，芬兰已经有大约570个城镇污水处理厂在运行，日处理量达$2.3\times10^6 m^3$。同样，污水处理在德国已有近百年的历史，但其较快发展是在近20年。截止到1995年，德国有大小污水处理厂10390

座，污水处理厂的规模按当量人口数计算，人均 BOD_5 排放量为 60g/（人·d），人均排水量为 150L/（人·d）。污水厂的规模组成如表 1-2 所示。各厂的规模大小及处理工艺主要由水质、水量、当地的人口密度及当地的排放条件和标准来决定，在遵守国家标准的前提下，各州根据自己的实际情况制定了州标准，一般严于国家标准。从表 1-2 可看出，德国的城市污水处理亦是采用分散和集中处理相结合的方法，且小型的污水处理厂占了很大的比重，这是由德国的人口密度较小、小城镇、村庄较多的具体情况决定的，一般像柏林、慕尼黑等大城市都采取集中处理的方法，建 2～3 座大型的污水处理厂，这样更便于管理和污泥的再利用，达到节能和节省投资的目的。

国外污水处理厂建设和发展的主要特点为污水处理厂趋向于大型化。国内外对城市污水是集中处理还是分散处理的问题已经形成共识，即污水的集中处理（大型化）应是城市污水处理厂建设的长期规划目标。结合不同的城市布局、发展规划、地理水文等具体情况，对城市污水处理厂的建设进行合理规划、集中处理，不仅能保证建设资金的有效使用率、降低处理能耗，而且有利于区域或流域水污染的协调管理及水体自净容量的充分利用。如位于英国伦敦市东部泰晤士河北岸的贝克顿（Beckton）污水处理厂，是当前英国和欧洲共同体的最大污水处理厂，其规模在当今世界上也是屈指可数的。它主要承担泰晤士河北岸 $300km^2$ 范围内的工业污水和伦敦市 240 万人口的生活污水的处理，日处理能力达 240 万 t。俄罗斯莫斯科市每天的 620 万 t 污水也主要是由 3 座污水处理厂进行处理的，它们是库里扬诺夫污水处理厂、留别列兹污水处理厂和留布林斯基污水处理厂。澳大利亚的墨尔本市市区及邻近地区共有人口 289 万，集水区域共 14 万 ha，日排放污水 100 多万 t，但其污水处理也仅有 2 个系统，分 3 个部分处理。东部系统处理南部和东部污水，水量约占 35%，在 Camum 东南部的污水处理厂进行处理。西部系统将市中心和西部污水收集后送至距市区 35km 的威利比农场进行处理，墨尔本市一半以上的污水在该农场进行处理。北部一小部分污水进行三级处理。位于美国东海岸的波士顿港口计划在整个 20 世纪 90 年代，耗资 70 亿美元建污水处理工程。污水处理厂离大西洋海岸 14.5km，该工程的设计使用期为 100 年。法国阿谢尔污水处理厂的日处理污水能力达到 200 万 m^3。

1995 年德国污水处理厂统计表　　　　表 1-2

污水处理厂规模 （人口当量：人）	50～999	1000～4999	5000～19999	20000～99999	>100000
污水处理厂数量	4343	2891	1792	1084	280
所占百分比（%）	42.2	28.1	17.4	10.5	2.8

1.1.2　国外污水处理工艺

污水处理所采用的工艺技术是污水处理的核心部分。污水处理采取的工艺与很多因素有关，如进水水质、出水要求、处理水量、投资大小等，还与气候条件有关。虽然污水处理的工艺多种多样，但活性污泥法仍是目前国外污水处理厂采用的主体工艺，其他一些低成本的处理方法，如土地处理和氧化塘法也有所应用。如澳大利亚新南威尔士州广泛采用间歇排水曝气塘工艺 IDAL（Intermittently Decanted Aerate Lagoon），其工艺为：

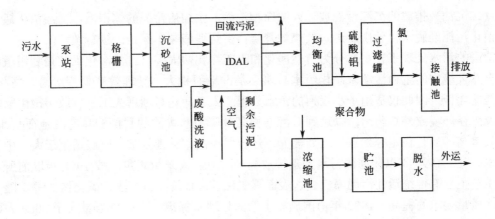

图 1-1　IDAL 污水处理工艺流程

国内外的权威专家共同认为城市污水的排放系统发展至今，已进入第三代。第一代即由散流、漫流、自然蒸发渗入或汇入天然水体的状况，经人工精心设计、施工成为明沟或暗沟（管道）式下水道，把污水汇流后排入暂不影响人民生活的地方或水体（称排放型）。第二代排水系统则在第一代排水系统中的适当部位建设污水处理设施，使污水经过处理后再排放（又称处理排放型）。而今，第三代排水系统，是在第一代和第二代排水系统的基础上，把排水系统的最终产物——处理后的出水和污泥变为可利用的资源，使排水事业成为一种自然资源再生和利用的新兴工业（又称资源型），让自然生态中的水循环构成一个良性系统。

目前污水处理的等级已经从二级处理向三级处理过渡，特别是随着水资源的日趋短缺，城市污水再生回用技术越来越受到各国的重视。也就是说现代化的污水处理厂应具有双重功能，一方面是要消除城市排水的污染问题，另一方面还要担负解决城市水资源紧缺的任务。采用活性污泥法处理生活和工业污水在国外已有悠久的历史，随着污水排放量的急剧增加及对污水处理要求日益严格，从而污水处理新技术的研究开发和应用，已在全世界范围内得到长足的进展，相继衍生出了多种多样的活性污泥法技术。除普通活性污泥法外，还有氧化沟工艺、两段活性污泥法（A—B）法、前置反硝化生物脱氮（A/O）工艺、厌氧—好氧（A/O）生物除磷工艺及厌氧、缺氧/好氧（A^2/O）生物脱氮除磷工艺等。活性污泥法作为城市污水处理的主体方法近30年来没有太大变化。如1988年，芬兰全国约有570座城市污水处理厂投入运行，处理工艺主要是生物处理，占86%，而且多采用活性污泥法，由于芬兰对城市污水处理标准要求高，且要求除磷、除氮，因此一般在二级处理的基础上再进行深度处理。目前在芬兰采用最广的城市污水深度处理的方法是混凝沉淀法，它使用硫酸亚铁和铝盐作絮凝剂。

日本对污水处理的要求比较严格，由于国土的狭小，许多污水处理厂采用地下式，如位于三浦半岛的西北部神奈川县叶山镇，为了不影响当地的地形和景观控制，建造了日本国内最大的地下污水处理厂。大阪市污水处理基本工艺为：

原水→初曝气池→初次沉淀池→二次曝气池→二次沉淀池→消毒→排放

日本一般污水处理厂入口污水 BOD 为 130mg/L，一级处理后 BOD 为 60mg/L。二级处理出水排入河流，其 BOD 为 10mg/L。处理过程中，初次沉淀池（初沉池）和二次沉淀池（二沉池）排放的沉淀污泥被送入浓缩槽浓缩，浓缩后污泥的体积减小，经消化罐消化，消化污泥经脱水机脱水后送入焚烧炉焚烧，焚烧残渣装车运走，进行填埋。

德国的污水处理工艺主要分为自然净化和人工净化两大类。自然净化工艺是利用微生物在自然环境中的生命活动来净化污水，缺点是占地面积大，处理效率低，所需时间长，优点是能耗低，因此仅适用于小规模的污水处理。人工净化是利用人工手段改善微生物的品种及生存环境或外加药剂，以达到对污染物高效降解和去除的目的，具有占地面积小、处理效率高、运行稳定等优点，但能耗大，运行费用高，管理复杂，一般适用于大、中型的污水处理。1991年以前德国污水处理排放标准对氮、磷未做规定，故1991年以前所采用的工艺主要有传统活性污泥曝气法、表面曝气法、A-B两段工艺法、氧化沟法等。随着对水体质量要求的提高，1992年德国颁布了新的处理水标准，当人口当量大于5000人即要求进行脱氮。故在1992年以后新建的大部分污水处理厂均采用了相应的脱氮、除磷工艺。目前德国的大、中型污水处理厂多采用生物脱氮、化学除磷的活性污泥工艺。以高效去除 BOD_5 为目的的 AB 法，由于不能脱氮、除磷，以及后续改造工程的复杂性，正在逐渐被淘汰。由于国家标准和地方标准对氮、磷排放的要求日益严格，因此，许多现有的污水处理厂都纷纷改造、扩建，相当一部分污水处理厂在生物处理过程的二沉池前投加混凝剂以提高除磷效果或在生物处理工艺之后增设絮凝过滤，以达到脱氮、除磷的目的。污水处理的过程可分为物理处理、生物处理、化学处理等部分。较为典型的生物脱氮工艺主要有以下4种：

(1) $\boxed{VK}$ + $\boxed{BB_{D/N}}$ + $\boxed{NK}$ + $\boxed{SF}$

(2) $\boxed{VK}$ + $\boxed{TK_N}$ + $\boxed{ZK}$ + $\boxed{TK_N}$ + $\boxed{NK}$ (+ $\boxed{SF_D}$)

(3) $\boxed{VK}$ + $\boxed{TK_N}$ (+ $\boxed{ZK}$ +) $\boxed{BB_N}$ + $\boxed{NK}$ (+ $\boxed{SF_D}$)

(4) $\boxed{VK}$ + $\boxed{BB_{D/C}}$ + $\boxed{ZK}$ + $\boxed{BB_N}$ + $\boxed{NK}$ (+ $\boxed{SF_D}$)

注：VK——初沉池；　　　　　　　　　$BB_{D/N}$——具有硝化和反硝化功能的曝气池；
　　NK——二沉池；　　　　　　　　　SF——砂滤池；
　　TK_N——具有硝化功能的生物滤池；　ZK——中间沉淀池；
　　SF_D——具有反硝化功能的砂滤池；　$BB_{D/C}$——具有反硝化功能，同时可去除 BOD_5 的曝气池；
　　BB_N——具有硝化功能的曝气池。

1988年日本有736座污水处理厂投入运行，其中处理方式为标准活性污泥法的占74%。

国外城市污水处理工艺　　　　　表1-3

城市	污水处理厂	工艺	规模	出水情况
洛杉矶	圣约瑟	活性污泥法（二级）双介质过滤器（三级）	22.7万 t/d	处理后污水部分补充地下水，部分浇灌草坪或除尘
洛杉矶	联合污水处理厂	纯氧曝气	132.5万 t/d	加氯后用海水稀释，排海
新泽西	Butterworth	A^2/O	1万 t/d	出水砂滤、紫外消毒、跌水复氧排除
纽约	Northriver	阶段曝气	100万 t/d	
芝加哥	西南西	普通活性污泥法	455万 t/d	SS 8mg/L　BOD 5mg/L　NH_3—N 8mg/L

续表

城市	污水处理厂	工艺	规模	出水情况
莫斯科	库里扬诺夫	普通活性污泥法	312.5万 t/d	经深度处理 SS 3mg/L BOD 3mg/L
莫斯科	纳林诺格勒	普通活性污泥法	9万 t/d	经深度处理 SS 4.1mg/L BOD 3.8mg/L COD 39mg/L
赫尔辛基市	Viikinmakl	鼓风曝气普通活性污泥	60万 t/d	BOD 7mg/L P< 0.5mg/L
伦敦	Beckton	活性污泥	113.7万 t/d	SS 16mg/L BOD 7mg/L COD 43mg/L
巴黎	瓦朗顿（1987）	缺氧—好氧	60万 t/d	SS 22mg/L BOD 6mg/L COD 41mg/L TN 2.5mg/L
墨尔本	威利比农场	土地处理	约65万 t/d	

然而，利用常规技术处理污水电耗多、费用高，如普遍采用和推广，不仅在第三世界国家难以实现，而且在经济发达国家也非易事。土地处理法和氧化塘法由于其低投资、低能耗以及与生态处理相结合具有深度处理的功能，越来越受到美国、加拿大等国家的欢迎，在这些国家这类污水处理厂的数目在不久的将来有望超过活性污泥法和生物滤池法。近年来，国外科技人员已得出可以应用人工湿地生态系统净化处理中小型城市污水的结论，人工湿地生态系统建立的基本建设投资、运行和管理费用仅为一般常规处理方法的一半。

澳大利亚的墨尔本拥有世界上最大的土地处理和氧化塘污水处理厂，墨尔本市一半以上的污水经过土地处理后排放到菲利浦湾。利用土地处理出水水质好，成本低，有相当的经济效益。但占地面积大，要求工业废水所占比例低，且难降解和有害物质要少。

1.1.3 污水出水标准

国外城市污水处理厂的排放标准一般要求较高。由于受纳水体的不同，美国城市污水处理后出水水质要求常常比我国的二级处理出水水质高。有些污水处理厂除采用化学絮凝、过滤、氯消毒和出水复氧等工艺技术外，还不惜采用紫外线消毒等昂贵工艺，污水处理程度已不局限于污染治理，而是注意到环境生态的恢复。新加坡的城市污水排海，必须要求经过二级处理，其污水排海工程每天排海污水量达9万吨。要求 SS<30mg/L，BOD<20mg/L。新加坡污水排海管道伸到海中1100m，距海面下20m深。瑞士的城市污水出水处理水质标准为污水中有机物去除率达95%，磷去除率达90%以上时才可排放。至1995年，污水中氮的去除率要求达到50%，其中的磷含量要从0.5mg/L降至0.3mg/L。

芬兰的城市废水处理标准是以出水最大允许浓度值和进、出水浓度降低百分率的最小允许值表示的。其中尤其对BOD和磷两个指标，出水标准要求较高。对城市污水进行深度处理的处理厂，污水处理标准更高，其中$BOD_{TATU}\leqslant 10\sim 15mg/L$，$P\leqslant 0.5mg/L$，这两个指标的最小降低值要达到90%以上（其降低百分率是以流入量中总氮量和流出量中氨氮为基础计算的）。当需要进行氮的硝化作用时，氨氮百分计算的最大允许值一般为4mgN/L，最小去除率是90%。对于用管道将废水引入城市污水处理厂的那些工业企业，则要求对废水进行预处理。在德国，1991年以前污水处理排放标准对氮、磷未做规定，但随着环境的污染日益严重，政府对处理水标准做了新的规定。表1-4为1992年德国颁布的新的处理水质标准。

德国污水处理厂废水排放标准　　　　　　　　　　表1-4

级别	人口当量（人）	COD (mg/L)	BOD_5 (mg/L)	NH_4-N (mg/L)	无机氮 (mg/L)	总磷 (mg/L)
1	<1000	150	40	—	—	—
2	1000～5000	110	25	—	—	—
3	5000～7000	90	20	10	18	—
4	7000～100000	20	20	10	18	2
5	>100000	25	15	10	18	1

1.1.4 污水处理方面的投资、污水处理费用及排污费征收

污水处理设施的投资高，占国民经济产值的比例大。兴建污水处理厂最大的问题是投资问题。国外对污水处理厂建设的投资都相当庞大，美国、日本、英国等70年代和80年代在污水处理方面的投资分别占国民生产总值（GDP）的0.29%～0.55%和0.53%～0.88%，我国则仅为0.002%～0.003%，差距十分明显。1975～1986年期间，新加坡投入了8亿美元用于污水处理设施的建设。例如1983年建成的勿洛污水处理厂，污水处理能力为116万 m^3/d，总投资达6830万美元，即每吨水投资588美元。表1-5给出了新加坡部分年限城市污水处理发展投资额。德国则在今后20年将投资约3000亿用于完善、改建旧的排水管道，新建、改建和扩建污水处理厂，新建垃圾处理站等，其中约投资900亿用于污水处理厂的改建。用于新建污水处理厂及雨水的处理约投资500亿。到2003年污水管网普及率由现在的70%提高到85%。到2010年预计新建2069个污水处理厂，投资330亿。

新加坡部分年限城市污水处理发展投资额　　　　　　　　表1-5

事　　项	1982	1983	1986	1989
发展投资额（百万美元）	78.4	60.0	51.5	32.8

污水处理费用是由当地的具体情况来决定的，它是收集污水、净化处理及排放等各项费用的总和，它还受到地形条件和当地经济环境的影响，其中影响最大的是各地不断提高的污水处理要求。1996年德国的污水处理费用在0.5马克/m^3～11.54马克/m^3，平均费用为4.40马克/m^3。表1-6给出了德国1991年～1996年污水处理费用呈逐年上升趋势。当前，德国和欧洲的城市对污水处理要求日趋严格，修缮下水管网，保护地下水不受污染的措施，使污水处理费用不断上涨，在污水处理上的投入也相应增加。投资重点是污水处理厂的扩建和污水管网的修缮。

一般认为，污染收费具有刺激污染物削减、筹集资金、激励污染控制技术创新的作用，有利于落实"污染者负担、使用者付费"的原则，促进污染制约机制和治污筹资机制的形成。环境收费在水污染控制领域有着最悠久的历史和最广泛的应用。最早在全国范围内进行水污染收费的是法国，自1969年在全国范围内按流域实行水污染收费。继法国之

后，荷兰、意大利、芬兰、丹麦等许多国家在全国范围内实施水污染收费。我国也于1979年开始了水污染收费。由于收费手段自身的长处，它逐步成为环境经济手段中应用最广泛的一种。世界上许多国家结合各自的具体情况采取了不同的水污染收费政策。据1999年对澳大利亚、法国、日本、美国、英国等14个发达国家的统计，这14个国家都实行了水污染收费。

1991年～1996年德国污水处理费用呈上升的趋势 表1-6

年份	上升幅度（%）	
	原东德地区	原西德地区
1991	0	0
1992	22	10
1993	50.6	25.6
1994	65.5	40.3
1995	85.6	51.8
1996	97.8	58.2

注：以1991年的费用为基准。

1.1.5 污水处理的发展趋势与展望

随着人类对环境质量要求的提高，同时受水资源短缺和能源危机等影响，未来的污水处理将向以下方向发展：

(1) 污水处理普及率更高

国外城市都在为污水处理普及率达到100%而努力。

(2) 推广低能耗高性能的污水处理工艺技术

活性污泥法作为城市污水处理的主体工艺在今后相当长的一段时间内不会有太大变化。但一批低投资、低能耗、与生态处理相结合的具有深度处理功能的半自然化工艺，如土地处理法、氧化塘处理法等可能更适合第三世界国家和发展中国家，并以此在其中小城镇提高污水处理普及率。其次污水处理厂采用高效节能的污泥处理系统和安全的处置方法也是十分重要的。

(3) 水处理排放的标准提高

随着人们生活质量的提高，对环境质量的要求也逐步提高，这就使得城市污水处理厂的排水标准越来越高，除BOD外，对氮磷等的去除要求也将提升。

(4) 多功能的污水处理技术更为流行

随着城市的发展，城市用水的供需矛盾日益突出，污水处理厂不仅要承担控制污染的任务，还要承担解决城市水资源短缺的任务，污水回用量将越来越大。另外污水处理还要兼顾生态恢复，对污水热能利用的开发研究也将普及。

(5) 有关污水处理的政策更完善

各国对城市污水处理都非常重视，建立专门管理机构以解决城市污水处理问题，污水处理设施的投资在国民生产总值中所占的比例会更大。排污收费和污水处理设施有偿使用的观念逐步为公众接受，水污染收费体制日趋健全。

1.2 我国污水处理概况与发展规划

1.2.1 我国城市污水处理现状

我国是一个水资源严重缺乏的国家，人均占有水量只有 $2250m^3/a$，远低于世界平均水平，但水消耗水平却与水源充足的工业国家相当。据我国 600 个城市的调查结果表明，有 400 个城市缺水，严重缺水的城市就有 110 多个，水源不足已成为制约我国国民经济发展和人民生活水平提高的重要因素。在不少城市缺水的同时，城市污水的排放量却逐年递增，目前我国的城市污水量正以每年 6.5% 的速度增长，然而由于资金、能源等方面原因的制约，城市污水处理率很低，大部分污水未经任何处理直接排入水体，使我国城市的地下水和地表水受到严重污染。

我国在建国初期只有几个过去由外国租界留下来的城市污水处理厂，主要集中在上海，日处理量还不过几万吨。解放后，城市污水处理厂有了较大的发展，特别是"六五"期间，发展较为迅速。截止 1985 年底，据不完全统计，已在 19 个省的 30 余个城市和 3 个直辖市建有污水处理厂 63 座，截止 1987 年底，全国城市污水处理厂建成投产的已有 78 座。至 1990 年，有污水处理厂的城市 56 个，省和直辖市增加到 21 个。1999 年全国建成污水处理厂 398 座，处理率为 29.65%。城建系统内 187 座，处理率 16.18%。全国大约还有 600 个城市没有城市污水处理厂，全国城市污水处理率目前仅达到 20% 左右，这一状况与国家提出"至 2000 年使水环境污染不断恶化的趋势得到控制，至 2010 年使总体环境质量得到改善"的发展目标是不相称的。根据"十五"计划纲要要求，2005 年城市污水集中处理率达到 45%。已颁发实施《城市污水处理及污染防治技术政策》中规定奋斗目标：2010 年全国设市城市和建制镇的污水平均处理率不低于 50%，设市城市的污水处理率不低于 60%，重点城市的污水处理率不低于 70%。并明确规定，全国设市城市和建制镇均应规划建设城市污水集中处理设施。达标排放的工业废水应纳入城市污水收集系统并与生活污水合并处理；设市城市和重点流域及水资源保护区的建制镇，必须设二级污水处理设施，可分期分批实施。至 2010 年，我国城市污水处理厂将以超常规的建设速度发展。

1.2.2 城市污水处理技术现状

污水处理技术从其机理上分两类：一是物化技术，二是生物技术。就城市污水而言，由于其浓度低，水量大，仅靠物化处理达标在我国水处理药剂费用没有大幅度下降前，运行成本较高，不符合国情。根据 1996 年的统计，在全国 98 个城市中建设并投入运行的 153 个城市污水处理厂采用的处理工艺，仍然以活性污泥处理技术为主体，虽然其处理工艺不尽相同，但其基本原理是一样的。常用的处理工艺有普通活性污泥法、氧化沟法、间歇式活性污泥法（SBR 法）、AB 法等，这与美国，德国等发达国家所采用的技术与工艺处在同一水平。当前国外主要以生物处理为核心单元进行治理，要求出水水质指标较高时，物化技术给以辅助。生物处理根据微生物呼吸方式不同，分为厌氧技术、缺氧技术和好氧技术。这 3 种技术中，好氧技术又是污水治理的核心。

传统活性污泥法，又称普通活性污泥法。污水和回流污泥从曝气池的首端流入，呈推流式至池的末端流出。污水净化过程中的吸附阶段和微生物代谢阶段在同一个曝气池中连续进行。此工艺的处理效率高，出水水质好，特别适用于处理要求高且水质较稳定的污水。其缺点是抗冲击负荷能力差；容积负荷低，曝气池容积大；基建投资与动力费用较高。其典型工艺如天津纪庄子污水处理厂，其处理规模为平均污水处理流量26万 m^3/d，最大日处理污水流量为 31.2 万 m^3/d。设计原污水水质：COD_{cr} = 409mg/L；BOD_5 = 153mg/L；SS = 172mg/L。处理后出水水质：COD_{cr} = 78mg/L；BOD_5 = 15mg/L；SS = 18.9mg/L。其工艺流程如图1-2所示。

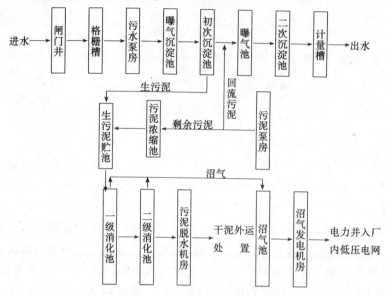

图 1-2　天津纪庄子污水处理工艺流程图

吸附再生法工艺，又称生物吸附法和接触稳定法。其特点是把污水净化过程的吸附阶段和微生物代谢阶段分别在两个池子（吸附池和再生池）或一个池子的两个部分（吸附段和再生段）进行，二次沉淀池在两池之中；由于吸附时间短，吸附池容积小，而再生池仅为回流污泥，污泥浓度高，因此在相同污泥负荷下，其容积负荷可成倍增加，节省基建投资，缺点是处理效果不如传统法。其典型工艺如西安邓家村污水处理厂，处理规模为12万 m^3/d，设计原污水水质：COD_{cr} = 506.8mg/L；BOD_5 = 207.7mg/L；SS = 290.4mg/L。处理后出水水质：COD_{cr} = 68.1mg/L；BOD_5 = 22.4mg/L；SS = 35.5mg/L。工艺流程如图1-3，1-4所示。

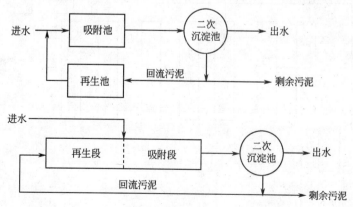

图 1-3　吸附再生活性污泥工艺流程

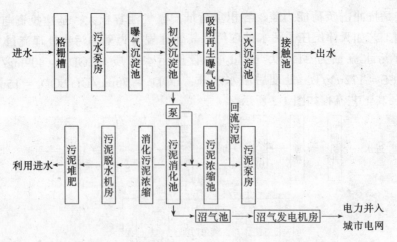

图 1-4 西安邓家村污水处理厂工艺流程图

改进型活性污泥法工艺，在曝气池前设置一个水力停留时间相对小的池子，称为生物选择器。在其中，由于起始的主体溶液中的基质浓度很高，局部地提高了池中的有机物基质量（F）与微生物量（M）的比值即 F/M。在池中营养物质相对丰富的条件下，促使菌胶团细菌迅速地摄取、转化并在体内贮存污水中大部分可溶性有机物，成为优势菌。在后继的曝气过程中，丝状菌因营养缺乏而生长受到限制，从而控制了污泥膨胀。其典型工艺如北京高碑店污水处理厂（一期工程），处理规模为 50 万 m^3/d，设计原污水水质：$COD_{cr}=500mg/L$；$BOD_5=200mg/L$；$SS=300mg/L$。处理后出水水质：$COD_{cr}=24\sim25mg/L$；$BOD_5=7.67\sim10.80mg/L$；$SS=11.0\sim20.30mg/L$。其典型工艺流程如图 1-5 所示。

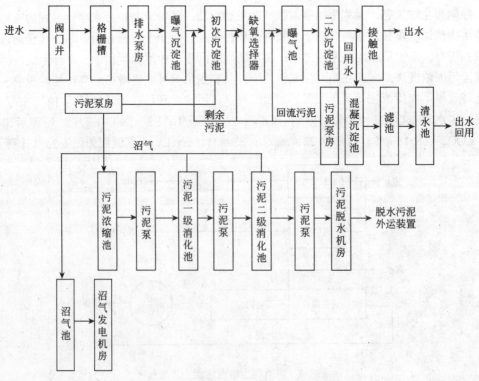

图 1-5 高碑店污水处理厂工艺流程图

AB法活性污泥工艺，是吸附生物降解（Adsorption Bio-degradation）法的简称。AB法一般不设初沉池，由A段曝气池、中间沉淀池、B段曝气池、二沉池组成，各自有独立的污泥回流系统。一般城市污水中所含BOD和COD约为50%以上是由SS组成，AB法的A段去除非溶解性有机物的效率很高，因而大幅度地减少B段的负荷，使曝气池的容积大幅度地减少（一般约为45%左右），其基建投资与运行费用也相应降低。AB法适用于生活污水或生活污水比重大、浓度高的城市污水处理，对于工业废水比重大、浓度低的城市污水不宜采用。其典型工艺如青岛海泊河污水处理厂，处理规模为8万 m^3/d，设计原污水水质：COD_{cr} = 1500mg/L；BOD_5 = 800mg/L；SS = 1100mg/L。NH_4-N = 45.9mg/L；TP = 8mg/L；处理后出水水质：COD_{cr} = 150mg/L；BOD_5 = 40mg/L；SS = 40mg/L；NH_4-N = 18.5mg/L；TP = 3mg/L。其典型工艺流程如图1-6，1-7所示。

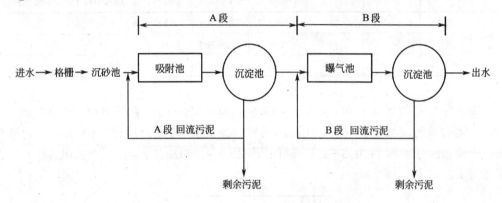

图1-6　AB法工艺流程

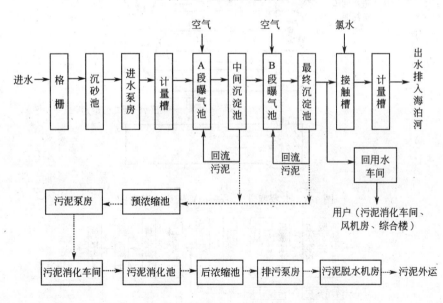

图1-7　青岛海泊河污水处理厂工艺流程图

氧化沟工艺，是于20世纪50年代由荷兰巴斯维尔（Pasveer）所开发的一种污水生物处理技术，属活性污泥法的一种变法。氧化沟工艺因其废水和活性污泥的混合液在环状的曝气渠道中不断循环流动，故又称为"循环曝气池"或"无终端的曝气系统"。氧化沟的水力停留时间可达 10～30h，污泥龄 20～30d，有机负荷很低 [0.05～0.15kgBOD$_5$/(kgMLSS·d)]，实质上相当于延时曝气活性污泥系统。由于运行成本低，构造简单，易于维护管理，运行稳定，出水水质好，耐冲击负荷且可以脱氮，近年来在国内得到迅速发展。氧化沟中水流的混合特征是介于推流式和完全混合式之间。氧化沟适宜处理高浓度有机污水，能够承受水质水量的冲击负荷。常用的氧化沟系统有卡罗塞（Carrousel）氧化沟，其典型工艺如昆明市兰花沟污水处理厂，其处理规模为旱季 5.5 万 m^3/d，雨季 16.5 万 m^3/d。进出水水质如下表：

昆明市兰花沟污水处理厂设计进出水水质表　　表1-7

类别		pH值	温度（℃）	BOD$_5$ (mg/L)	COD (mg/L)	TN (mg/L)	TP (mg/L)	SS (mg/L)
进水	旱季	6.5～9.0	20	180	350～400	30	2～4	200
	雨季	—	—	120	250～300	20		150
出水		7～8	<15	<50	<10	<1.0		<15

主要设计参数为污泥负荷：0.05KgBOD$_5$/(kgMLSS·d)；容积负荷：0.20kgBOD$_5$/(m^3·d)；混合液污泥浓度：400mg/L；污泥龄：>30d；污泥回流比：100%；沟内溶解氧值：厌氧 0mg/L；沟1：0.5～1.0mg/L；沟2：0～0.5mg/L；沟3：>2.0mg/L；工艺流程如图1-8，1-9。

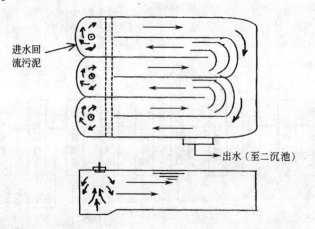

图 1-8　卡罗塞（Carrousel）氧化沟示意图

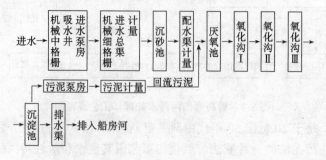

图 1-9　昆明市兰花沟污水处理厂处理流程

交替工作式氧化沟，其典型工艺如河北省邯郸市东污水处理厂。处理规模为10万 m³/d。进出水水质如下表：

河北省邯郸市东污水处理厂设计进出水水质表　　　　　　　　　　　表1-8

类别		BOD₅ (mg/L)	COD (mg/L)	SS (mg/L)	NH₄-N (mg/L)	TN (mg/L)	TP (mg/L)
进水	范围	90~130	178~225	70~150	14.5~22.3	38.5~50.4	6.9~13.3
	平均	105.8	194.8	95.5	17.4	43.8	8.3
出水	范围	2.5~17.1	19.5~35.8	5.5~11.8	0.65~4.1	8.9~17.9	1.8~5.3
	平均	6.8	26.6	7.7	2.5	11.7	3.1
设计要求	范围	134	—	100	22		
	平均	15		20	2~3	6~12	

处理工艺流程见图1-10。

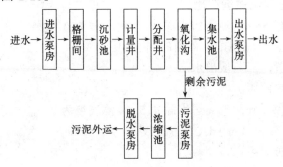

图1-10 邯郸市东污水处理厂工艺流程

北京市城市排水公司酒仙桥污水处理厂位于北京市东北部的酒仙桥地区，目前服务人口48万，2015年规划人口为50万人，总流域面积86km²，是北京市规划的6个大型城市污水处理厂之一，是北京市城区东北区城市水污染治理、水环境保护的骨干城市基础设施。

污水处理厂流域，2000年规划生活污水量为11.4万 m³/d，工业废水量为4.9万 m³/d，农业地区污水量为2.3万 m³/d，合计为18.6万 m³/d；2015年规划生活污水量为21.5万 m³/d，工业废水量为7.5万 m³/d，农业地区污水量为4.5万 m³/d，合计为33.5万 m³/d。

酒仙桥污水处理厂分两期建设，规划厂址为外环铁路以东100m，亮马河以南30m，占地面积24ha。2000年10月竣工并投入运行。

污水处理厂设计参数：

近期水量　200000m³/d；远期水量　350000m³/d。

设计进、出水水质　　　　　　　　　　　表1-9

水质项目	进水 (mg/L)	出水 (mg/L)	水质项目	进水 (mg/L)	出水 (mg/L)
BOD₅	200	20	SS	250	30
COD	350	60	TN	40	10

注：水温：最低13℃，最高25℃。

污水处理工艺采用氧化沟活性污泥法。见图1-11所示：

原污水→粗格栅→细格栅→提升泵站→沉砂池→选择/厌氧池
→氧化沟→沉淀池→排入亮马河、农田灌溉
　　　　　↓
　　剩余污泥→浓缩→脱水→外运填埋

图1-11 酒仙桥污水处理厂工艺流程图

主要构筑物技术参数

(1) 曝气沉砂池：两系列，每系列2池。

单池尺寸为：20m×4.0m×2.5m，2.5m为有效水深。

停留时间5.76min，曝气量20.8 m^3/min。

(2) 氧化沟：6座，采用转刷曝气；厌氧段采用水下搅拌器。

单池尺寸为：155.9m×44m；水深3.5m；体积23572m^3。

日产泥量：37t/d；沟内MLSS4g/L。

(3) 沉淀池：6座辐流式沉淀池。

单池尺寸为：直径55m，池周边水深4m，池底坡为0.02。

表面负荷：0.58m^3/(m^2·h)，停留时间3.4h。

采用机械吸泥装置，三角堰出水。

(4) 污泥浓缩池：两座。

单池尺寸为：直径22m，池周边水深4.5m，池底坡为0.2。

固体负荷率：43.4kg/(m^2·d)，出泥含水率$P=96\%$。

(5) 污泥脱水机房

利用带式压滤机4台，带宽为3m。

进泥浓度40g/L，出泥含固率：18%。

(6) 进水泵房

平面尺寸：25m×14m，设计水深为1.5m。半地下式，土建规模按处理水量35万m^3/d设计，一期设备安装按20万m^3/d。

综上所述，针对国内城市污水处理概况，城市污水处理工艺的选择应正确处理技术的先进性和成熟性的辨证关系。一方面，应当重视工艺所具备的技术指标的先进性，同时必须充分考虑适合中国的国情和工程的性质。城市污水处理工程不同于一般点源治理项目，它作为城市基础设施工程，具有规模大、投资高的特点，且是百年大计，必须确保百分之百的成功。工艺的选择更应注重成熟性和可靠性，因此，我们强调技术的合理，而不简单提倡技术先进。必须把技术的风险降到最小程度。城市污水处理设施的建设，应采用成熟可靠的技术。根据污水处理设施的建设规模和对污染物排放控制的特殊要求，可积极稳妥地选用污水处理新技术。其宗旨是城市污水处理设施的出水应达到国家或地方规定的水污染物排放控制的要求和标准。

在技术合理性方面，北京的高碑店和酒仙桥两个污水处理厂给我们提供了较好的例证。这两个污水厂都采用较成熟的工艺，并不一味地追求技术的先进性，工艺选择因处理目的而异，因地制宜，取得了良好效果。

城市污水处理是我国的新兴行业，专业人才相对缺乏。在工艺选择的过程中，必须充分考虑到我国现有的运行管理水平，尽可能做到设备简单，维护方便，适当地采用可靠、实际的自动化技术。应特别注重工艺本身对水质变化的适应性及处理出水的稳定性。

1.2.3 城市污水处理技术发展趋势

我国城市污水处理技术从"七五"国家重点科技攻关开始逐步进行研究，"七五"和"八五"国家重点攻关项目在氧化塘、土地处理和复合生态系统等自然处理技术方面的研究较多。在人工处理技术方面，"八五"对高负荷活性污泥、高负荷生物膜、一体化氧化沟技术进行了深入研究，引进、开发了 AB，A^2O，A/O 和 SBR 等处理工艺，研究成果已被应用于大批污水处理厂；城市污水厂污泥处置问题在"九五"科技攻关中受到重视，并配套开发成套的污泥处理技术。目前，全国有设市城市 640 多个，建制镇 1.6 万多个，城镇人口约 2.7 亿人。我国有 9 亿多人口居住在农村，随着农村经济的迅速发展，中国广大农村，特别是沿海经济发达地区小城镇建设也得到了很大的发展。2010 年，全国设市城市将达到 1200 左右，建制镇达到 2.5 万～3 万个，村镇自来水普及率达到 65%，人均用水量小城镇为 180L/人，村庄为 110L/人，依此计算村镇年污水排放量可能达到 270 亿 m^3。考虑现状污水量、污水增量和建制镇污水量，到 2010 年我国城市污水排放总量为 1050 亿 m^3。根据国民经济和社会发展"十五"计划和 2010 年远景目标纲要的要求，到 2010 年城市污水处理率要达到 50%，估算投资为 5000 亿元。我国"十五"期间在水污染治理基础设施上的投资将超过几千亿元，这对我国水工业的发展既是机遇又是挑战。所以，"九五"期间工艺技术研究重点为中小城镇简易、高效污水处理实用的成套技术，解决人工处理能耗高、自然处理占地大等问题。目前在水污染治理技术上，已能提供下列技术的工艺参数：传统活性污泥法技术包括传统法、延时法、吸附再生法和各种新型活性污泥工艺，如：SBR，AB 法和氧化沟技术，A/O 法和 A^2O 技术，酸化（水解）—好氧技术，膜生物反应器技术，固定化微生物技术，生物流化床技术，活性生物滤池技术，多种类型的稳定塘技术，土地处理技术等等，已经可以满足大多数城市污水治理选择的要求。污水处理的各种先进技术都有优点和缺点，因此在城市污水处理厂工程的设计中，应根据每个地方的污水水质、人员素质、地形条件、地质条件、排放标准、投资额度、运行管理等诸多方面进行比较论证，选择最优化的工艺流程，做到"以科学为依据、因地制宜、实事求是。"

城市污水资源化是解决缺水城市水资源的一个重要途径。从城市可持续发展的观点出发，城市污水是一种可以再生的资源。人类使用过的水，污染杂质只占 0.1% 左右，比海水占 3.5% 少得多，污水处理得当，完全可作为城市可靠的第二水源，目前我国工业用水重复利用率低，与世界上发达国家相比差距较大。据统计，1990 年我国工业用水循环利用率只有 30%～50%，近年来已有很大提高，因此大力推行污水的再生与回用，实现污水处理与污水再生回用相结合的污水资源化，对于水处理市场而言，是一个不容忽视的方面。中水利用起源于日本，经过 30 多年的开发和应用，日本的中水利用技术和设备已达到世界领先水平，相比之下我国中水利用起步晚，规模小，发展速度慢。虽然经过 10 多年的工作，但到目前为止全国仅有数百座中水设施投入运行，并且主要集中在大型宾馆内。

香港地处我国东南，城市人口稠密，淡水资源缺乏。香港总面积约 $1100km^2$，现有人口约 680 万，是世界上人口最为稠密的城市之一。香港多为山地，其坚硬的地层无法提供大量的地下水，境内亦没有大的湖泊或河流，天然淡水资源极度缺乏。利用海水冲厕是香港城市供水的一大特色。自1950年起香港便开始采用海水供用户作冲厕使用，截至1999年香港已有78.5%的人口使用海水冲厕，未来要发展到90%。在海水抽水站，海水先经过网格去除较大的杂质，然后再用液氯或次氯酸钠消毒，抑制海洋微生物及细菌的繁殖和生长，出水须达到香港水务署规定的水质标准后方可供用户使用。除供用户作冲厕使用外，在香港的一些地区，海水还被用来作为市政消防用水。由于采用了广东对香港供水和海水冲厕等措施，香港淡水资源紧缺的压力大大缓解，因此近年来污水处理回用方面的项目较少。据水务署的技术人员介绍，建造在大屿山的香港新机场工程将一部分的排水进行了处理，并回用作为绿化用水，浇洒绿地。1998年香港的海水平均日用水量达55万 m^3，海水年用水量已达2亿 m^3，占香港总用水量的18%左右，节约了同等数量的淡水资源。

在解决水资源缺乏问题上，膜分离过程起到了非常重要的作用。目前多在深度处理中增设膜装置，替代生化处理工艺中的二沉池，近年来开发研制出了膜—生物反应器（MBR）。MBR是将生物处理与膜分离技术相结合而成的一种高效污水处理新工艺。国内外MBR工艺在中水回用的应用实践经验表明，该工艺具有常规污水处理工艺无法比拟的优势，其在污水处理与回用事业中的应用前景非常广阔。

此外，在污水处理厂内增设污水回用设施，也是一个值得考虑的发展方向。辽源市污水治理工程日处理污水10万t，其中6万t经二级处理后达标排放，其余4万t再经深度处理达到工业用水标准后，作为工业用水输送到工厂，即中水回用。从其投资情况看，污水处理厂增设中水回用系统仅占用新建净水厂投资的30%左右，同时却可以节省一个投资近亿元的5000万 m^3 的水库。由于中水系统的存在，该厂每年可盈利33万元。

随着近年来各大城市水资源危机日趋严重，污水再生利用、发展中水技术成为解决水资源危机的一项重要措施，受到各级政府和专家的重视。大力推广再生水的利用是缓解城市水资源短缺的主要手段。要努力实现水的良性循环，城市污水资源化是实现水资源可持续利用的重要战略措施，而水资源的可持续利用是实现我们国家经济可持续发展的重要保障。

参 考 文 献

[1] 刘鸿春．国外城市污水处理厂的建设与运行管理办法．世界环境保护，2001.1
[2] 杨士弘．城市生态环境学．北京：科学出版社，1997
[3] 王如松．高效和谐—城市生态调控的原则与方法．长沙：湖南教育出版社，1988
[4] 陈昌笃．中国的城市化及发展趋势．生态学报，1994年，第14期
[5] 邢京君，徐永利．浅淡几种国内外最新污水处理技术．山东环境，2000年增刊
[6] 苏也，刘喜光，付晓东，闫春林．澳洲IDAL工艺污水处理装置运行介绍．给水排水（27）2001（10）
[7] 董永祺．国外巨型污水处理工程．玻璃钢/复合材料，1996（4）
[8] 李金海，李保军．日本最大的地下污水处理厂．中国市政工程，2000.3.25（1）
[9] 杨颖．曝气池生物脱氮的几种运行方式．给水排水，(27)，2001（3）
[10] 陈莉．德国城市污水处理现状．四川环境，(19)，2000（11）
[11] 潘伯年．德国污水处理技术的新进展．给水排水，(13)，1997（5）
[12] 方子云．斯德哥尔摩市的供水与污水下处理．人民长江，(25)，1994（3）

[13] 潘渝生,张笑一.芬兰城市和工业污水处理现状及发展趋势.重庆环境科学(17)1994(2)
[14] 杨万春.旧金山洋边污水处理厂简介.中国给水排水,(12),1996(2)
[15] 吴今明.德国污水处理管理及技术考察.净水技术,(20),2001(1)
[16] 唐宏涛.瑞典哥德堡市Rya污水处理厂简介.给水排水,(23),1997(11)
[17] 郑琴.德国污水处理概况.中国市政工程,(83),1998(4)
[18] 张坤民.可持续发展论.北京:中国环境科学出版社,1997
[19] 陈东辉,常青.21世纪城市水处理市场前景初探.陕西环境,2000,7(3):44~46
[20] 周国成.我国城市污水处理厂和处理工艺技术的发展和展望.化工给排水设计,1996,2:39~47
[21] 王琳,杨鲁豫,王宝贞.我国城市污水处理的有效措施.城市环境与城市生态,2001,14(1):50~52
[22] 杨向平.谈城市污水技术特点和工程建设体验.chinasewage.com
[23] 王凯军,贾立敏.城市污水生物处理新技术开发与应用.北京:化学工业出版社,2001
[24] 城市污水处理及污染防治技术政策.建设部、国家环境保护总局、科技部,建城[2000]124号
[25] 李彦春,王志宏,汪立飞.城市污水处理技术探讨.四川环境,2001,20(1):40~42,52
[26] 王凯军.城市污水污染控制技术和发展重点.中国环保产业CEPI,2001,2:25~27
[27] 张悦.我国现代城市污水处理主导工艺分析与评述,2000
[28] 杨硕芳.我国污水处理的自动监控技术.中国给水排水,1997,13(4)
[29] 郭茜,刘军,王觉福.上海城市污水处理现状.中国给水排水,1999,2
[30] 林超.启动"中水"建设.缓解城市水资源短缺.海河水利,2001,1
[31] 王冠军.香港城市给排水现状.给水排水,2001,27(11):35~36
[32] 张军,吕伟娅,聂梅生,王宝贞.MBR在污水处理与回用工艺中的应用.环境工程,2001,5
[33] 詹国权.论污水处理厂增设污水回用系统的意义.中国环境管理,2001,2:45
[34] 黄长盾,杭世珺.城市污水处理技术现状与前景.全国第一期水处理新技术研讨班专家报告文集,1999,212~228

第2章 膜处理技术

2.1 概　　述

2.1.1 膜分离技术发展概况

膜是一薄层物质，准确而言是半渗透膜，当一定的推动力作用于膜两侧时，它能按照物质的物理化学性质使物质进行分离。膜分离是一种很早被人们注意到的现象，但作为一种分离方法则是近代发展起来的。早在18世纪初，人们就已经注意到了膜分离现象，但直到19世纪末20世纪初物理化学家们对渗透现象进行了深入细致的研究之后，人们才对膜分离现象有了一定的了解。自20世纪50年代膜分离进入工业应用以后，每10年就有一种新的膜分离过程得到工业应用。微滤和电渗析于50年代率先进入工业应用，1953年美国佛罗里达大学Reid等人首次提出用反渗透技术淡化海水的构想，1960年美国加利福尼亚大学的Loeb和Sourirajan研制出第一张可实用的高通量、高脱盐率的醋酸纤维素膜，为反渗透和超滤膜的分离技术奠定了基础，从而反渗透作为较经济的海水淡化技术进入了实用阶段，1963年Michaels开发了不同孔径的不对称醋酸纤维素（CA）超滤膜，70年代进入了超滤应用阶段，1979年Prism开发了中空纤维氮氢分离器使气体膜分离技术进入实用阶段并在此之后取得了空前的发展，90年代则是渗透蒸发技术的应用。

我国的膜科学技术从20世纪60年代中期的反渗透膜研制开始，经过了30多年的努力，电渗析膜、反渗透膜、超滤膜、微滤膜、气体分离膜已经工业化生产，无机膜技术已经开发成功，平板纳滤膜和渗透蒸发膜正在进行中间试验，但与国外水平还有一定的差距。

进入21世纪，由于膜生产技术的不断改进，在不断的扩展应用领域的同时，工业应用的膜分离地技术也不断地发展和完善。随着各种膜材料和膜技术的应用，各种性能优异的膜不断被开发，出现了新形式的膜组件，如卷式和中空纤维膜组件，使膜分离技术的优势不断强化，在海水淡化、苦咸水脱盐、废水处理、生物制品的提纯等越来越多的领域得到应用。

2.1.2 膜分离技术分类及其基本原理

膜分离过程是以选择性透过膜为分离介质，在两侧加以某种推动力时，原料侧组分选择性透过膜，从而达到分离或提纯的目的。不同的膜分离过程中所用的膜具有一定的结构、材质和选择特性；被膜隔开的两相可以是液态，也可以是气态；推动力可以是压力梯度、浓度梯度、电位梯度或温度梯度，所以不同的膜分离过程的分离体系和适用范围也不同。利用膜技术处理废水，不发生相变化及其化学反应，因而不消耗相变能，所以功耗少。在膜分离过程中，一种物质得到分离，另一种物质被浓缩，浓缩与分离并存，可回收有价值物质。膜技术处理废水不需从外界投加药剂，不会损坏对热敏感或热不稳定的物质，具有选择透过性，且膜孔径可以按人的意愿来改变。故能分离粒径不同的物质，回收纯化物质，但不改变其性质。膜分离过程是一个能耗较低、高效的分离过程。表征分离膜的性能主要有两个参数。一是各种物质透过膜的速率的比值，即分离因素，通常用截面率来表示，分离因素的大小表示了该体系分离的难易程度；另一参数是物质透过膜的速率，又称膜通量，即单位膜面积上单位时间内物质通过的数量。该参数直接决定了分离设备的大小。在膜分离过程中推动力和膜本身的特性是决定膜通量和膜的选择性的基本因素。通常膜是按照分离原理，被分离物质的大小和应用的推动力来分类的。详见表2-1，表2-2所示。

目前常见的膜分离主要方法有：微滤（Microfiltration，简称 MF）、渗析（Dialysis，简称 D）、电渗析（Electrodialysis，简称 ED）、反渗透（Reverse Osmosis，简称 RO）、超滤（Ultrafiltration，简称 UF）、纳滤（Nanofiltration 简称 NF）等。

2.1.2.1 微滤

微滤（MF）又称为精滤，是一种与常规粗滤方式十分相似的膜过程。微孔滤膜的截留粒径为 $0.1\sim10\mu m$，主要用于对悬浮液和乳液进行截留。其基本原理属于筛网过滤，在静压差作用下，小于膜孔径的粒子通过滤膜，大于膜孔的粒子则被截留到膜面上，使大小不同的组分得到分离，操作压力为 $0.7\sim7kPa$。除此以外，还有膜表面层的吸附截留和架桥截留，以及膜内部的网络中截留。微孔滤膜属于筛网状过滤介质，具有形态整齐的孔结构，使所有比网孔大的粒子全部被截留在膜面上。微孔过滤的孔径是比较均匀的，孔隙率一般在 70%～80%，所以过滤精度高，速率快。由于滤膜的材质主要是高聚物、烧结的陶瓷或金属，在过滤中不会出现滤膜污染滤液的问题。但微孔滤膜近似于一种多层叠状的筛网，极易被与孔径大小相仿的微粒或胶体粒子堵塞，因此，在许多场合需用深层过滤对滤液进行预处理。

按分离原理分类的膜　　　　　　　　　　　表 2-1

膜的种类	膜的功能	分离驱动力	透过物质	被截流物质
微滤	多孔膜、溶液的微滤、脱微粒子	压力差	水、溶剂、溶解物	悬浮物、细菌类、微粒子
超滤	脱除溶液中的胶体、各类大分子	压力差	溶剂、离子和小分子	蛋白质、各类酶、细菌病毒、胶粒、微粒子
反渗透和纳滤	脱除溶液中的盐类和低分子物质	压力差	水、溶剂	无机盐、糖类、氨基酸、BOD_5、COD 等
透析	脱除溶液中的盐类和低分子物质	浓度差	离子、低分子物质、酸、碱	无机盐、尿素、尿酸、糖类、氨基酸
电渗析	脱除溶液中的离子	电位差	离子	无机、有机离子
渗透气体	溶液中的低分子及溶液间的分离	压力差 浓度差	蒸汽	液体、无机盐、乙醇液体
气体分离	气体、气体与蒸汽分离	浓度差	易透过气体	不易透过气体

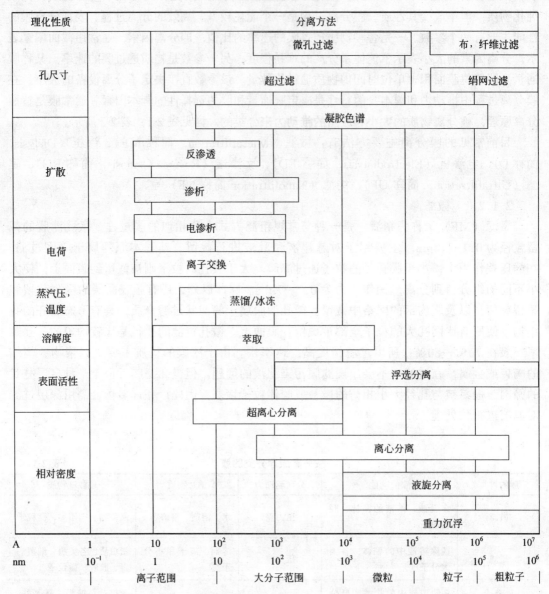

表 2-2 按分离物质大小分类的膜

2.1.2.2 渗析

渗析也叫透析，渗析是利用半渗透或离子交换膜两侧溶液间溶质浓度梯度所产生的浓度差扩散原理而进行分离，是溶质在自身浓度梯度的作用下从膜的上游传向下游的过程。其原理是典型的传质理论。由于分子大小和溶解度不同，使得不同浓度的扩散速率不同，从而实现分离。因此渗析主要用于脱除有多种溶质溶液中的低分子量组分。渗析有非选择性膜渗析和有选择性的离子交换膜渗析，前者和超滤相似，后者和电渗析相似，一般渗析是以浓度差作为推动力的膜分离过程，电渗析是以电位差作为推动力利用离子交换膜的选择透过性的膜分离过程，因此扩散渗析法常被更有效的电渗析法所代替，但由于渗析法无需能量，在生物医学方面应用最为广泛，主要用途是血液渗析。在工业应用方面不多，一般用于废酸、废碱液的酸、碱回收。

2.1.2.3 电渗析

电渗析（ED）是在直流电的作用下，以电位差为推动力，利用离子交换膜的选择透过性，把电解质从溶液中分离出来，从而实现溶液的浓缩、淡化、精制和提纯的目的。离子交换膜是由高分子材料制成的对离子具有选择透过性的薄膜。主要分阳离子交换膜（CM，简称阳膜）和阴离子交换膜（AM，简称阴膜）两种。阳膜由于膜体固定基带有负电荷离子，可选择性透过阳离子；阴膜由于膜体固定基带有正电荷离子，可选择通过阴离子。阳膜透过阳离子，阴膜透过阴离子的性能称为膜的选择透过性。

电渗析过程是电解和渗析扩散过程的组合，其基本工作单元是膜对。一个膜对构成一个脱盐室和一个浓缩室。它由一张阳膜、淡水隔板、阴膜和浓水隔板组成。电渗析器的主要部件为阴、阳离子交换膜、隔板与电极三部分。隔板构成的隔室为液流经过的通道。淡水经过的隔室为脱盐室，浓水经过的隔室为浓缩室。若把阴、阳离子交换膜与浓、淡水隔板交替排列，重复叠加，再加上一对端电极，就构成一台实用电渗析器。电渗析是目前膜分离过程中惟一涉及化学变化的分离过程，它能有效地将生产过程与产品的分离过程融合起来。

电渗析已是一种相当成熟的膜分离技术，主要用途是苦咸水淡化、生产饮用水、浓缩海水制盐及从体系中脱除电介质等。由于电渗析能量消耗少，经济效益显著，装置设计与系统应用灵活，操作维护方便，装置使用寿命长，原水回收率高和工艺过程洁净等技术方面的特点，今后将在污水处理和污水再生回用方面发挥越来越大的作用。

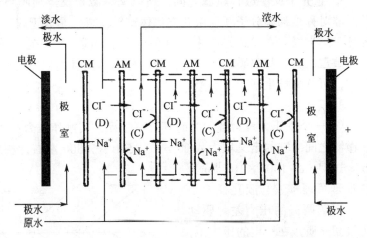

图 2-1 电渗析器工作原理示意图

2.1.2.4 反渗透和纳滤

反渗透 RO 是一高效节能技术，它是将进料中的水（溶剂）和离子（或小分子）分离，从而达到纯化和浓缩的目的。反渗透（又称高滤）过程是渗透过程的逆过程，即溶剂从浓溶液通过膜向稀溶液中流动。

能够让溶液中一种或几种组合通过，而其他组分不能通过的这种选择性膜叫半透膜。当用半透膜隔开纯溶剂和溶液（或不同浓度的溶液）的时候，纯溶剂通过膜向溶液相（或从低浓度溶液向高浓度溶液）有一个自发的流动，这一现象叫渗透。若在溶液一侧（或浓溶液一侧）加一外压力来阻碍溶剂流动,则渗透速度将下降,当压力增加到使渗透完全停止,渗透的趋向被所加的压力平衡,这一平衡压力称渗透压。渗透压是溶液的一个性质,与膜无关。若在溶液一侧进一步增加压力,引起溶剂反向渗透流动,这一现象称"反(逆)渗透"。如图2-2所示。

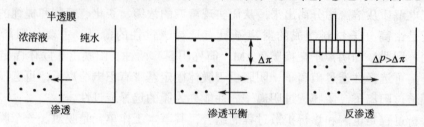

图2-2 反渗透原理示意图

反渗透主要分两大类:一类是醋酸纤维素膜,如通用的醋酸纤维素—三醋酸纤维素共混不对称膜和三醋酸纤维素中空纤维膜;另一类是芳香族聚酰胺中空纤维膜,如通用的芳香族聚酰胺复合膜和芳香族聚酰胺中空纤维膜。反渗透过程无相变,一般不需加热,工艺过程简单,能耗低,操作和控制容易。目前主要应用领域有海水和苦咸水淡化,纯水和超纯水制备,工业用水处理,饮用水净化,医药、化工和食品等工业料液处理和浓缩,以及废水处理等。

反渗透也是压力驱动型膜分离技术。其过程可分为3类:高压反渗透(操作压力5.6~10.5MPa,如海水淡化);低压反渗透(操作压力1.4~4.2MPa,如苦咸水淡化)和超低压反渗透(操作压力0.3~1.4MPa)。从分离物质的截面分子量来看,低压膜和超低压膜为Mw100~1000,它介于反渗透和超滤之间,所以又称疏松反渗透膜和纳滤膜。它是由表面一层超薄的非对称结构高分子膜和微孔支撑体结合而成,是介于超滤和反渗透之间的膜,表面孔径处于纳米级,在渗透过程中节流率达到90%以上。它在一些方面有不同于反渗透膜,大多数过滤膜为荷电膜,其对无机盐的分离不仅有化学梯度控制,同时也受到电势梯度的影响,可分离抗生素、染料等。

2.1.2.5 超滤

超滤(UF)也是一个以压力差为推动力的膜分离过程,其操作压力在0.1~0.6MPa。超滤介于纳滤和微滤之间,它的定义域为截面分子量500~50000左右,相应孔径大小的近似值约为$(20\times10^{-10}m\sim1000\times10^{-10}m)$。超滤过程的工作原理可理解成与膜孔径大小相关的筛分过程。以膜两侧的压力差为驱动力,以超滤膜为过滤介质,在一定的压力下,当水流过膜表面时,只允许水、无机盐及小分子物质透过膜,而阻止水中的悬浮物、胶体、蛋白质和微生物等大分子物质通过,以达到溶液的净化、分离和浓缩的目的。图2-3为超滤过程示意图。

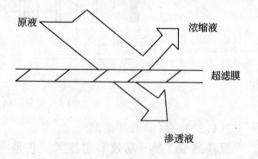

图2-3 超滤过程示意图

超滤膜多为不对称结构,由一层极薄(通常小于$1\mu m$)、具有一定尺寸孔径的表皮层和一层较厚(通常为$125\mu m$左右),具有海绵状或指状结构的多孔层组成。前者起分离作用,后者起支撑作用。超滤膜具有选择性表面层的主要作用是形成具有一定大小和形状的

工艺处理生活污水进行了中试验研究；1998年清华大学环境工程系邢传宏等对无机膜生物反应器处理生活污水进行了试验研究，效果较好；1999年同济大学和大连理工大学的李红兵、杨磊等人也先后对生活污水进行了试验，前者利用中空纤维微滤膜生物反应器处理生活污水，后者利用中空纤维超滤膜生物反应器处理生活污水；另外天津大学利用膜生物反应器对中水进行处理，可望得到应用。国内许多科技人员对膜生物反应器进行的大量研究工作主要集中在：（1）运行方式的研究；（2）各种工艺参数（包括生物工艺参数和膜工艺参数）对处理效果的影响以及优化；（3）膜的污染和膜的清洗；（4）新型膜材料和膜组件的开发。近年来有关膜生物反应器试验研究的报道频繁出现，目前在我国有关的实际应用工程已经建成。

2.3.2 膜生物反应器对生活污水中污染物的去除特性及机理

以活性污泥为代表的好氧生物处理工艺长期以来是处理生活污水的主要手段。但由于活性污泥法是采用重力式沉淀池使处理后的出水和污泥的分离，由此带来了以下几个方面的问题：

（1）由于沉淀池固液分离效果不明显，曝气池内污泥难以维持到较高浓度，致使处理装置容积负荷低，占地面积大；

（2）处理的出水水质很难达到回用水标准，且不稳定，不利于水资源的再利用；

（3）传氧效率低，能耗高；

（4）剩余污泥量大；

（5）管理操作复杂；

在这种背景和需求下，各种新型高效的废水处理技术应运而生，而其中最为引人瞩目的是膜生物反应器技术。膜生物反应器是由膜分离技术与生物反应器相结合的生物化学反应系统，膜生物反应器用膜组件代替传统活性污泥法（Conventional Activated Sludge 简称 CAS）中的二沉池，大大提高了系统固液分离的能力，从而使系统出水水质和容积负荷都得到大幅度提高。但是膜的这种高效截留作用同时在 MBR 中形成了一个相对封闭的环境，给 MBR 带来一些不同于 CAS 系统的特性。国内外学者做过大量的研究，并开展 MBR 和 CAS 之间的比较研究，有利于加强对 MBR 特性的理论认识并对其实行有效控制。

目前在与膜分离技术结合中，采用活性污泥法的较多。MBR 对生活污水的处理特性一直是研究的重点，其工艺形式多采用好氧 MBR。研究目的在于一方面改造污水处理厂，使其达到深度处理的要求；另一方面，用于中水处理，使其达到回用的目的。以下分别介绍 MBR 对生活污水中的有机物、含氮化合物、磷及细菌和病毒的去除效果及其机理；MBR 反应器中污泥混合液的特性。

2.3.2.1 MBR对有机物的去除效果及其特点

与 CAS 相比，MBR 对含碳有机物的去除有以下特点：去除率高，一般大于 90%，出水达到回用水的指标；污泥负荷（F/M）低；所需水力停留时间（HRT）短，容积负荷高；抗冲击负荷能力强。一般认为 MBR 对含碳有机物的去除特性表现为容积负荷相对高的延时曝气特征，如表 2-3 所示的 Anjou Recherche 等利用 MBR 处理城市污水的运行条件。

具有延时曝气特征的 MBR 的运行条件　　　　　　　表 2-3

容积负荷率：(kgCOD/(m^3·d))	2.3	1.7	1.2
污泥负荷率：(kgCOD/(kgMLSS·d))	0.09	0.08	0.07
污泥浓度（gMLSS/L）	26.1	21.2	16.2
HRT（h）	4.8	6.5	9.2
(MLVSS/MLSS/η_0)	71.7	70.0	74.0

在传统活性污泥法（CAS）中，由于受二沉池对污泥沉降特性要求的影响，当生物处理达到一定程度时，要继续提高系统的去除效率很困难，往往需要延长很长的水力停留时间也只能少量提高总的去除效率。而膜生物反应器（MBR）用膜组件替代了传统的二沉池进行固液分离，由于膜的高截留率并将浓缩污泥回流到生物反应器内，而使生物反应器内具有很高的微生物浓度（一般悬浮固体可达 10g/L 以上）和很长的污泥停留时间，所以 MBR 法可以在比 CAS 法更短的水力停留时间内达到更好的去除效率。MBR 在很低的 F/M 条件下运行，可使污水中的有机物大部分氧化。因此 MBR 在提高系统处理能力和提高出水水质方面表现出一定的优势。

MBR 中膜对有机物去除的强化机理，通过实验证实，生物反应器对 COD 的去除主要由生物降解作用完成的。刑传宏等在一体式膜生物反应处理生活污水的研究表明，MBR 对 COD 的平均去除率为 97%，其中生物反应器贡献为 85%，其余的 12% 由膜分离贡献。同 CAS 相比，MBR 系统对于 COD 的去除效果的强化作用主要表现在：由于膜对污泥的截留作用，污泥浓度得以提高，从而减小了反应器的体积，同时，由于膜的截留作用使得出水水质得到保证。

MBR 对有机物的去除效果来自两个方面：一方面是生物反应器对有机物的降解作用，MBR 系统中生物降解作用增强；另一方面是膜对有机物大分子物质的截留作用，大分子物质可以被截留在好氧生物反应器，获得比 CAS 更多的与微生物接触反应时间，并有助于某些专性微生物的培养，提高有机物的去除效率。

In-Soung Chang 等考察了 MBR 中膜对溶解性有机物去除机理，该研究认为，膜对溶解性有机物的去除主要来自 3 个方面的作用：第一是通过膜孔本身的截留作用，即膜的筛滤作用对溶解性有机物的去除；第二是通过膜孔和膜表面的吸附作用对溶解性有机物的去除；第三是通过膜表面形成的沉积层的筛滤/吸附作用对溶解性有机物的去除。通过对活性污泥进行超滤试验，测定不同的出水 COD，试验结果得出结论，膜表面的沉积层对溶解物的截留去除起着重要的作用，即溶解性物质的截留去除主要是通过沉积层的筛滤/吸附作用完成，部分是由膜面和膜孔的吸附作用完成。清华大学黄霞等的研究也在一定程度上证明了上述结论。黄霞等对处理生活污水 MBR 中的溶解性 COD 的分子量分布研究表明，在反应器中溶解性有机物积累程度高的阶段（第 132 天），截留在生物反应器中的有机物有接近 70% 的分子量（Mw）大于 3000，其中 Mw>100000 的大分子有机物占 34%。但随着运行的进行（第 245 天），Mw>100000 的大分子有机物从 34% 降到 16%，Mw 在 3000 倒 30000 之间的有机物从 33% 降低至 23%，而相应的 Mw<3000 的小分子有机物从

33%上升到52%。该研究所用膜的孔径为$0.1\mu m$,不可能截留分子量小于3000的小分子物质。因此膜对小分子物质的截留特性与在膜表面形成的凝胶层有关,这些凝胶层主要由大分子的可溶性微生物产物组成,作用相当于动态膜。

2.3.2.2 MBR对含氮化合物的去除特性

传统的脱氮工艺主要建立在硝化—反硝化机理之上,主要形式有两级和单级(SBR)脱氮工艺。两级脱氮工艺是指硝化和反硝化分别在好氧生物反应器和缺氧生物反应器进行,而单级脱氮工艺则是在一个反应器(SBR)内通过时间序列来实现缺氧和好氧的循环过程。

对于MBR脱氮研究,目前多数依旧是建立在传统的硝化—反硝化机理之上的两级或单级脱氮工艺,研究结果表明:

由于MBR工艺污泥龄长,对NH_3-N的去除效果好,多数情况下出水$NH_3-N<1mg/L$,去除率>90%;传统的两级缺氧—好氧MBR工艺时TN的去除率多数在60%~80%之间;间歇曝气MBR脱氮工艺时TN的去除率>80%,说明改进型脱氮工艺效果更好;某些单一的好氧硝化过程同时可实现反硝化作用,并对TN有40%~60%的去除率,说明MBR工艺具有一定程度的同时硝化反硝化作用;以膜为生物膜载体的生物膜—膜反应器是一种典型的同时硝化反硝化的脱氮工艺,该工艺是把膜技术和细胞固定化技术相结合的一种新型MBR脱氮工艺。反应器中的中空纤维膜既具有固定微生物,对有机物进行生物降解功能,同时还具有分离功能。生物膜附着生长在具有渗透性的纤维载体上,空气或氧气通过此载体渗透进入生物膜层,生物膜中的微生物自然分层,紧贴在渗透性膜载体上的是硝化菌群,而反硝化菌和其他异养菌则附着在硝化菌群上,与缺氧、含碳的介质直接接触,从而实现反硝化功能,从理论上讲,这种工艺对于同时实现硝化—反硝化是有一定优势的。

2.3.2.3 MBR对磷的去除特性

生物法除磷主要通过聚磷菌从外部过量摄取磷,并将其以聚合态贮藏在体内,形成高磷污泥,排出系统,从而达到除磷效果。因此污泥龄短的系统由于剩余污泥较多,可以取得较高的除磷效果。许多研究者利用浸没式生物膜、生物滤池等对人工配制废水和生活污水进行除磷试验研究,得到的除磷效果皆在50%~90%。但对于MBR工艺来说,一般具有很长的泥龄,因此从这个意义上讲是不利于磷的去除。试验证明,若采用缺氧—好氧方式运行的MBR工艺对TP具有较高的去除率,但大多数的MBR工艺运行结果,出水磷的浓度达不到满意的结果,出水TP很难在1mg/L以下。而国内对出水TP标准<1mg/L,国外对出水TP标准<0.05mg/L,为此多数MBR工艺采用投加絮凝剂的化学方法,以其沉淀的方式来提高对磷的去除效果,并取得满意的效果。

2.3.2.4 MBR对细菌和病毒的去除特点

传统的城市生活污水处理后出水必须经过消毒方能排放,一般的消毒方法是加氯和超强度光辐射。然而,加氯消毒会产生致癌物(THM_S),对人体有害,而且其有一定的臭气负荷,而紫外线杀菌对粪便大肠杆菌的去除较差。在可替代的方法中,臭氧和过氧乙酸的效率也受到水质的限制。而MBR工艺用于处理城市和生活污水的一大优势是物理消毒作用,通过膜的过滤去除微生物,一般处理出水可直接达到致病菌和病毒的排放要求。表2-4列举了用于生活污水处理的MBR中不同孔径的膜对细菌和病毒的截面效果。

MBR 中不同膜的消毒效果　　　　　　　　　　　　　　　　　表 2-4

膜	孔径/（μm）	平均截菌率（lg）	细菌/病毒
Memtec	0.2	ND	TC
PE	0.1	4~6	大肠杆菌、QB
PS	0.5	5	TC
PS	0.3	8	TC
Memcor	0.2	3.8	FC
Renovexx	0.5~1.5	3.3	FC
Stork	0.05~0.2	2.5	FC
Starcose	0.2	8	TC
Dow	0.2	<7	TC

注：ND—没有检出；TC—总的大肠杆菌；FC—粪大肠杆菌。

C. Chiermchaisri 等利用一体式 MBR 处理生活污水研究时，考察了 0.1μm 和 0.03μm 两种孔径膜的 MBR 系统对病毒的去除效果，结果表明，MBR 中两种孔径的膜对病毒的去除效果并没有显著的差别，去除率在同一数量级上，两种孔径的膜对病毒的去除率都达到 4~6lg。研究指出，尽管病毒的尺寸（25nm）比膜孔径小，但由于过滤过程中膜面形成了凝胶层，起到了减小膜孔的作用，从而达到对病毒的有效去除。

2.3.2.5　MBR 中污泥混合特性

由于膜分离作用，MBR 工艺可以维持很高的污泥浓度，并具有较长或很长的污泥龄，尤其是对好氧 MBR 表现出容积负荷相对高的延时曝气的运行特征，使得其污泥混合液的特征不同于传统工艺中的污泥混合特性，以下从污泥的物理特性和生物相两方面加以阐述。

(1) 物理特性

由于膜的截留作用，使得 MBR 工艺的污泥浓度得以富集，因此具有污泥浓度高的特点，一般 MLSS 在 10~20g/L 之间，而 Muller 等在不排泥的情况下，可获得 40~50g/L 的高浓度污泥，比 CAS 法明显要高得多，足够的污泥浓度能确保良好的污染物去除特性和更好的出水水质，同时表明 MBR 能在更高的容积负荷下工作，处理装置的体积大大减少。

MBR 系统与传统活性污泥法相比最大优点之一是 MBR 污泥产生率低。Davies 等研究指出，在泥龄为 45d 条件下，产泥系数为 0.26kgSS/kgBOD，剩余污泥的排放体积占处理水量体积的比例为 0.41%，而 CAS 的产泥系数为 0.48kgSS/kgBOD，剩余污泥的排放量占处理水量体积的比例为 1.53%，即 MBR 系统中，微生物缺乏营养，内源呼吸作用突出，底物基本用于维持细胞本身的高能量需求，而不用于合成微生物，在这种条件下，由于污泥的自身消解，使产泥量仅占传统工艺的 30%，这对后续的污泥处理极为有利，经过污泥浓缩，所需污泥消化池的体积可减小 70%，并可大大节省投资和运行费用。表 2-5 对 MBR 与传统生物处理工艺的污泥产量进行比较。

各种不同废水处理工艺的污泥产量　　　　　　　表 2-5

处理工艺	污泥产量 （kg/kgBOD）	处理工艺	污泥产量 （kg/kgBOD）
一体式 MBR	0～0.3	传统活性污泥法	0.6
好氧生物滤池（固定载体）	0.15～0.25	好氧生物滤池（粒状载体）	0.63～1.06
生物滴滤池	0.3～0.5		

桂萍等考察了浸没式 MBR 在处理生活污水时不同 SRT 条件下的污泥理论产率系数 y 和内源呼吸系数 b，结果如表 2-6 所示。

在不同 SRT 条件下的污泥理论产率系数 y 和内源呼吸系数 b　　　表 2-6

SRT/（d）	y/（gVSS/gCOD）	b/（d^{-1}）	SRT/（d）	y/（gVSS/gCOD）	b/（d^{-1}）
5	0.37	0.32	40	0.33	0.09
10	0.38	0.17	80	0.28	0.05
20	0.35	0.18			

从表中可以看出，随着 SRT 的延长，理论污泥产率系数 y 有所降低，但是内源呼吸系数 b 却呈指数降低。一般处理生活污水的传统活性污泥法，正常的污泥产率和内源呼吸系数分别在 0.25～0.4gVSS/gCOD 和 0.04～0.07d^{-1}，MBR 法研究的 y 在传统活性污泥法范围之内，而内源呼吸系数 b 要比 CAS 法高得多，其原因在于 MBR 中供氧量（用于微生物对有机物的代谢和在膜面形成错流效应）远远高于传统工艺，增强了内源呼吸过程，从而减少了污泥产量。

MBR 系统中由于污泥浓度高，污泥沉降性差，如 Yamamoto 在序批式 MBR 处理制革废水的研究中发现，当污泥浓度达到 10g/L 时，污泥几乎不能沉降。在传统活性污泥工艺中，污泥沉降性能变差将直接导致出水水质变差，而 MBR 由于通过膜分离来实现泥水分离，因此系统运行不受污泥沉降性能的影响。

MBR 由于污泥浓度高，其黏度也与传统活性污泥法的污泥不一样，许多研究表明，MBR 中污泥黏度对膜污染有着重要的影响，会影响膜的稳定运行，因此 MBR 中的污泥黏度也是一个重要的物理特性。何义亮等在利用 MBR 处理生活污水研究中，考察了污泥浓度与污泥黏度的关系，结果如表 2-7 所示。

不同污泥浓度时的混合液黏度　　　　　　　表 2-7

污泥浓度（mg/L）	5000	7400	10000	10800
混合液黏度（g/(cm·s)）	5.6	20.0	41.5	54.5

从表中可以看出，MLSS 浓度与污泥黏度之间呈对数增长关系。Ueda 等在 MBR 处理生活污水中也研究了污泥黏度与 MLSS 浓度、温度和溶解性有机物之间的关系，研究结果指出，污泥黏度的峰值与膜的抽吸压力增加同时出现，且整个运行过程中两者变化也非常一致，污泥黏度增加，膜抽吸压力增加。因此该研究建议在 MBR 运行过程中，应周期性的进行排泥，维持低的污泥黏度，从而保证膜在低的操作压力下稳定运行。许多研究者发现，在 MBR 中，尤其是在分体式 MBR 中，由于循环泵的高速剪切作用，会导致污泥中微生物细胞释放出 EPS（胞外聚合物），从而使污泥黏度增加。

(2) 生物特性

MBR 工艺由于泥龄长，污泥浓度高和污泥负荷低的特点，使得污泥活性成为关注的焦点。Boran Zhang 等对膜分离活性污泥法工艺（MSAS）与传统活性污泥法（CAS）在微生物种群及系统活性方面进行了细致的对比，其结果如表 2-8 所示。

MSAS 与 CAS 的生物性能比较　　　　　　　表 2-8

参数	MSAS	CAS
生物固体停留时间 SRT (d)	16.8	3.4
水力停留时间 HRT (d)	0.5	0.24
MLSS (g/L)	4.7	1.5
MLVSS/MLSS	0.88	0.82
污泥产率（以 MLSS 计）(g/(L·d))	0.28	0.33
活异氧菌数（HPC）/细菌总数（AODC）	0.01	0.10
氨氧化菌数（MPNa）活异氧菌数（HPC）	0.45	0.02
硝化比活性/(gNH$_4$-N/(kg·MLVSS·h))	2.0	5.0
有机物去除比活性(gTOC/(kgMLSS·h))	25.5	38.5
硝化容积活性（mg(NH$_4$-N/(L·h))	14.0	6.0
有机物去除容积活性(mgTOC/(L·h))	145.0	48.0
多糖比（g 葡萄糖/kgMLVSS）	40.0	60.0

注：表中数据均为平均值。

从表 2-8 中的数据表明，膜分离延长了生物反应的固体停留时间，降低了污泥产率，提高了容积硝化及有机物的去除能力。但是活性污泥相对活菌减少，细菌比活性降低，较低的多糖比也说明污泥相对老化。SRT 愈长，细菌被循环次数愈多，失活的可能性愈大，即过长的污泥停留时间会使 MLVSS/MLSS 比下降，因为反应器内 MLSS 基本上是一个常数。显然，从维持生物活性的角度出发，膜生物反应器宜控制定期适量排泥，以提高污泥活性。

刘锐等对 MBR、CAS 处理生活污水时生物相的观察，结果表明，CAS 污泥絮凝体主要以球状菌和短杆细菌为主，丝状菌很少。

而 MBR 污泥中丝状菌和真菌占有相当大的比重。

归纳起来，MBR 工艺主要有以下特点：

(1) 污染物去除率高，不仅对污水中悬浮物、有机物去除率高，且可以去除细菌、病毒等，设备占地小；

(2) 膜分离可使微生物完全截留在生物反应器内，实现反应器水力停留时间和污泥龄的完全分离，使运行控制更加灵活、稳定；

(3) 生物反应器内的微生物浓度高，耐冲击负荷；

(4) 有利于增殖缓慢的微生物，如硝化细菌的截留和生长，系统硝化效率得以提高，同时可提高难降解有机物的降解效率；

(5) 传质效率高，氧转移效率高达 26%～60% 左右；

(6) 污泥产量低；

(7) 出水水质好，出水可直接回用；

(8) 易于实现自动控制，操作管理方便。

目前，膜生物反应器在生活污水再生回用方面的研究较多，但其所用的膜材料主要是以聚砜类为主。聚砜具有成孔性好，耐化学腐蚀，温度使用范围宽和机械强度好的特点。但聚砜膜耐污染能力差，特别是对蛋白质类有机物有较强的亲和吸引力。文献报道，聚砜烯氰类膜和聚烯烃类膜有较强的抗污染能力，机械强度比聚砜类膜要好。为此，除了使用聚砜膜外，还使用亲水化的聚丙烯膜，并从出水量，抗污染性（吸附等温线）两方面进行评估。首先，衡量一种膜的出水能力，要从单位膜面积的产水量和单位体积柱的产水量两个方面来比较。其次，产生膜污染的一个重要原因是膜表面对水中的固体颗粒，胶体及蛋白质等有机物有强烈的吸附作用。从以上两方面，发现膜的出水量，抗污染性，聚丙烯类均优于聚砜类。

2.3.3 膜生物反应器的分类及特点

用于污水处理的膜生物反应器是由一般的膜组件、泵和生物反应器3部分组成，如图2-4所示。其中膜组件相当于传统生物处理系统中的二沉池，利用膜组件进行固液分离，截流的污泥回流至生物反应器中，透过水外排。

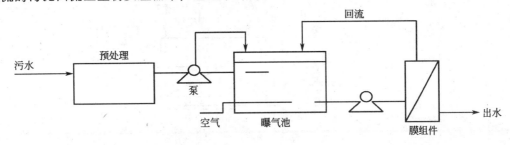

图 2-4 膜分离活性污泥法工艺流程

根据膜分离的形式可分为微滤膜生物反应器、超滤膜生物反应器、纳滤膜生物反应器和反渗透膜生物反应器，它们在膜的孔径上存在很大的差别。图2-5为分离膜的孔径与适用范围。

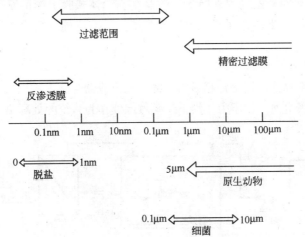

图 2-5 分离膜孔径与适用范围

目前使用最多的是超滤膜，主要是因为超滤膜具有较高的液体通量和抗污染能力。根据操作压力，膜生物反应器可以分为抽吸式膜生物反应器和加压式膜生物反应器。抽吸式膜生物反应器依靠真空泵抽吸真空来实现压力差，而加压式膜生物反应器依靠外力循环来实现压力差。

根据膜组件的作用方式，膜生物反应器可分为内压式和外压式两类。在内压式反应中，水的透过方向是从管内向管外，而外压式则正好相反。在实际应用中大多使用的是外压式膜生物反应器，这是因为内压式膜生物反应器流道往往比较小，容易被污染颗粒所堵塞。

根据膜组件的类型，膜生物反应器可分为中空纤维膜生物反应器、管式膜生物反应器、板式膜生物反应器和卷式膜生物反应器。以上各种类型的反应器各有优缺点，具体应用时应就处理过程的特点决定使用何种膜组件。

根据膜组件和生物反应器的相对位置，膜生物反应器又可分为一体式膜生物反应器、分置式膜生物反应器和复合式膜生物反应器3种。

2.3.3.1 一体式系统

一体式污水膜生物反应器是将无外壳的膜组件浸没在生物反应器中，微生物在曝气池中好氧降解有机污染物，水通过负压抽吸由膜表面进入中空纤维引出反应器，见图2-6。

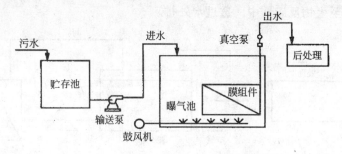

图2-6 一体式污水膜生物反应器

这种反应器的特点是体积小、整体性强、工作压力小、无水循环、节能。由于曝气形成的剪切和紊动使污泥固体很难积聚在膜表面，因此不易堵塞纤维中心孔，同时可以借助曝气形成的剪切和紊动来控制膜表面固体的厚度。一体式膜生物反应器在运行稳定性、操作管理方面和膜的清洗更换方面不及分体式系统。目前这种系统使用较为普遍，但一般只能用于好氧处理。

2.3.3.2 分体式系统

分体式污水膜生物反应器是由相对独立的生物反应器与膜组件组成。生物反应器的混合液由泵增压后进入膜组件，在压力作用下，膜过滤液作为系统的处理出水外排。见图2-7。

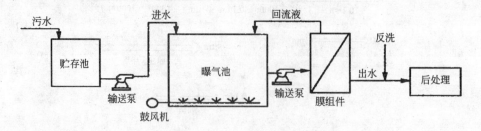

图2-7 分体式污水膜生物反应器

这种反应器的特点是生物反应器与膜组件相对独立，彼此之间干扰很小，膜组件一般可与各种不同的生物反应器结合，构成各不同的分体式膜生物反应器。它既能用于好氧处理，也可用于厌氧处理。分体式MBR通过料液循环错流运行，其特点是运行稳定可靠，操作管理容易，易于膜的清洗、更换及增设。但为了减少污染物在膜面的沉积，由循环泵提供的料液流速很高，为此动力消耗较高。

2.3.3.3 复合式膜生物反应系统

复合式MBR在形式上属于一体式膜生物反应器，所不同的是在生物反应器内填装填料，从而改变了原有的膜生物反应器的某些性状，反应器内的微生物一部分呈悬浮状的活性污泥，另一大部分固着生长在填料上，见图2-8所示。

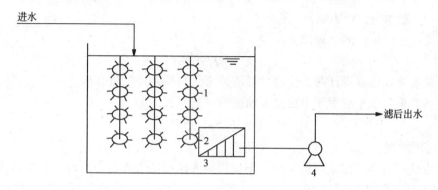

图2-8 复合式生物反应器工艺示意图
1—填料；2—膜组件；3—生物反应器；4—抽吸泵

根据生物反应器中微生物对氧的需求又可分为好氧膜生物反应器和厌氧膜生物反应器。目前在与膜分离技术结合中，采用活性污泥法的较多。

一般来说，选择膜组件时应根据以下几条原则：

(1) 有足够的强度承受高压原水，并能将原水与透过水严格分开，有较大的水通量。

(2) 有较高的装填密度，即单位体积内的膜表面积大。

(3) 能够使原水（污泥混合液）在膜面上形成很好的流动状态，减少浓差极化，减轻膜的污染。

(4) 价格低廉，便于清洗和操作。

2.3.4 膜生物反应器的技术参数及主要影响因素

2.3.4.1 膜生物反应器的主要技术参数及影响

膜生物反应器，其技术参数涉及生物反应器与膜单元两部分。就MBR而言，有污泥负荷、污泥浓度（MLSS）、水力停留时间（HRT）、微生物停留时间（SRT）等与一般的生物反应器应控制的参数基本一样。就膜单元来说，有膜材料、膜孔径和膜结构的选择，有操作方式、操作压力、膜面流速、透水率、反清洗时间和反清洗周期等操作参数。其中生物工艺参数主要影响MBR的处理效果，膜分离参数主要影响MBR的处理能力。

(1) 有机负荷率

对于传统的生物处理法，在一定的有机负荷范围内，随着有机负荷的升高，处理效率下降，处理水的底物浓度将升高。而研究表明，对于MBR来说，有机负荷的变化对处理效果的影响不大。李红兵等用MBR处理生活污水，在高COD容积负荷（5.76kgCOD/(m^3·d)）与稳定运行条件下的负荷（0.8～1.0 kgCOD/(m^3·d)），获得处理效果基本相同，COD去除率都达到90%以上。

污泥负荷率决定生物反应器的处理能力，即

$$N = QS_0/VX \qquad (2-1)$$

式中 N——污泥负荷率，$kgBOD_5/(kgMLSS \cdot d)$；

V——生物反应器容积，m^3；

X——生物反应器内污泥浓度，mg/L；

S_0——生物反应器进水 BOD_5 浓度，mg/L；

Q——进水量，m^3/d。

膜通量决定膜组件的处理能力，即

$$J = Q/A \qquad (2-2)$$

对于膜生物反应器设计时，生物处理能力必须与膜组件的处理能力匹配，即单位时间生物反应器处理的水量应等于单位时间膜能透过的水量，即

$$V/A = (JS_0)/(NX) \qquad (2-3)$$

(2) 污泥浓度

膜生物反应器内污泥浓度的大小，不仅影响有机物的去除能力，而且对膜通量也产生影响。MBR 中污泥浓度可达 10g/L 以上，所以可以大大增加生物反应器对有机物的去除能力，减小生物反应器的体积。但是污泥浓度的提高会增大混合液粘度，降低膜通量。MBR 内污泥浓度的控制，应根据水质、水量及膜组件形式而定。一般处理低浓度污水宜控制较低的污泥浓度，以尽量提高膜通量；而处理高浓度污水时宜控制较高的污泥浓度，以尽量增大有机物去除能力。

(3) 生物固体停留时间（SRT）及水力停留时间（HRT）

生物固体停留时间（SRT）也称细胞平均停留时间或污泥龄；水力停留时间（HRT）即为污水在生物反应器内的停留时间。在传统的生物处理法中，生物反应器中的 SRT 和 HRT 是相互关联的，很难达到分别控制的目的，而在 MBR 中，可以对它们分别控制，实现很短的 HRT 而同时又很长的 SRT，这样就使污水中的那些大分子颗粒状难降解的成分在有限体积的生物反应器中有足够的停留时间，被微生物生物降解，而达到最终有效较高的去除效果。同时也要注意到，当膜表面积一定时，它们可控制膜生物反应器出水流量的膜通量。随着膜生物反应器的运行，膜通量的稳态过程实际上是一个动态平衡，这就决定了水力停留时间（HRT）是在一定范围内变化的。表 2-9 显示了外压管式 MBR 处理生活污水时，HRT 的变化对 BOD_5 去除率的影响。

HRT 对 BOD_5 去除率的影响 表 2-9

HRT (h)	进水 BOD_5 (mg/L)	出水 BOD_5 (mg/L)	BOD_5 去除率 (%)
1.5	96.0	4.1	95.7
2.0	96.0	3.6	96.3
3.0	83.1	1.2	98.6

注：混合液污泥浓度 6g/L。

从表 2-9 可看出，HRT 的变化虽然对出水水质有影响，但影响不大，BOD_5 的去除率都在 95% 以上。这是因为生物反应器内污泥浓度较高，有较强的抗冲击负荷的能力。另外膜及膜表面形成的凝胶层也可截留大分子的有机物，从而保证出水水质。但试验发现（Hideki Harada 等）过短的 HRT 将会导致系统内溶解性有机物的积累，从而引起膜通量

的下降,因此 MBR 内 HRT 的控制,应尽量维持系统内溶解性有机物的平衡,设计时可考虑使生物曝气池容积有一定的调节容量。

2.3.4.2 膜组件的主要技术参数及影响

(1) 膜通量

膜通量是影响 MBR 的一个重要参数,一般在保证出水水质的前提下,膜通量应尽可能大,这样可减少膜的使用面积,降低基建费用和运行费用。

MBR 有两种操作方式,一种是恒定膜通量变操作压力运行;另一种是恒定操作压力变膜通量运行。当采用恒定膜通量的操作方式时,膜通量的选择对于膜的长期稳定运行至关重要。对于某一特定的膜生物反应器系统,存在临界的膜通量,当实际采用的膜通量大于该临界值时,膜污染加重,膜清洗大大缩短。Deframce and Jaffrin (1999) 发现:当实际采用的膜通量低于临界膜通量时,膜过滤压力保持平衡且膜污染可逆;反之,膜过滤压力迅速上升而不能趋于稳定,膜污染的可逆性显著下降。膜污染向不可逆方向发展的主要原因之一是在膜过滤时浓度极化层转化成致密的滤饼层;另外,膜通量增加后膜面污染层的结构发生变化,最终也将造成污泥层和凝胶层的阻力显著增大。如果实际采用的膜通量低于临界膜通量,曝气量的提高可以显著去除污泥层;否则,曝气量的提高对污泥的去除作用不大。临界膜通量随膜面错流流速的增加而呈线性增长。

(2) 操作压力和膜面流速

在污水处理中应用的 MBR 压力和膜面流速是很重要的操作参数,它对膜通量的影响很大,而且是相互关联的。当膜表面流速一定并且浓差极化不明显之前(即低压力区),膜的渗透速率随着压力的增加而近似直线增加。浓差极化起作用后,随着压力的逐渐增大,水通量增加,浓差极化也随之严重,使透水率随压力升高呈曲线增加。当压力升高到一定的数值后,浓差极化使膜表面形成污染层,此时污染层阻力对膜通量影响起决定作用,渗透速率受膜表面边界层传质控制,而随压力变化很小。一般认为考虑到日后清洗方便,操作压力基本控制在 0.1~0.2MPa,运行条件尽可能控制在低压、高流速,以便有效控制膜表面的浓差极化现象,减轻膜的污染,降低透膜阻力。膜面流速选择时还要考虑到混合液中污泥的浓度。通常膜面流速保持在 1.5m/s。

2.3.4.3 膜生物反应膜的污染与防治

膜污染是膜技术应用中所面临的一个重要的问题之一,它将影响膜的稳定运行,并决定膜的更换频率,因此被认为是影响 MBR 工艺经济性的间接原因。

(1) 膜污染定义及表征

膜污染是指在处理物料中的微粒、胶体粒子或溶质分子与膜发生物理化学相互作用或因浓差极化使某些溶质在膜表面浓度超过其溶解度及机械作用而引起的在膜表面或膜孔内吸附、沉积造成膜孔径变小或堵塞,使膜产生透过流量与分离特性的不可逆变化现象。它与浓差极化有内在的联系,尽管很难区别,但是概念上截然不同。膜生物反应器中膜污染的物质来源是活性污泥混合液。K.H.Choo 等研究发现无机污染物 $MgNH_4PO_4 \cdot 6H_2O$ 和微生物细菌一并沉积并吸附在膜表面,形成黏附性很强,限制膜通量的凝胶层。而在膜的生物污染中,一个非常重要的因素是生物细胞产生的胞外聚合物 (EPS),如 H.Nagaoka 等的研究表明,EPS 既在曝气池中积累,也在膜上积累,从而引起混合液黏度和膜过滤阻力的增加,计算得到的 EPS 的比阻数量级为 $10^{16} \sim 10^{17} m/kg$。

膜污染一般用膜过滤过程中污染阻力来表征，即

$$J = \frac{\Delta P}{\mu R_n} = \frac{\Delta P}{\mu(R_m + R_c)} \tag{2-4}$$

式中 J——膜通量，L/(m²·h)；

ΔP——膜两侧的压力差，Pa；

μ——透过液的黏度，Pa·s；

R_n——过滤总阻力，m^{-1}；

R_m——膜的过滤阻力，m^{-1}；

R_c——滤饼的过滤阻力，m^{-1}；

对于膜的不完全截留，膜污染包括膜孔的堵塞和膜面沉积层的形成；而对于膜的完全截留，则只有膜面沉积层的形成。对于 MBR 而言，由于所过滤的活性污泥混合液是由不同的颗粒范围的物质组成，同时在污染过程中必然同时存在膜孔的堵塞和沉积层的形成，一般的过程为：在过滤初期较短的时间内（几分钟），以膜孔的堵塞为主，之后，沉积层控制膜过程。实验表明，膜过滤活性污泥的过程中，最大的阻力来源为凝胶极化阻力，以沉积层阻力来衡量，占据总阻力的 90% 以上，且压力越大，该比例也越大；而内部污染所占比例最小。可见膜过滤过程中，沉积层的形成是污染的主要来源。

(2) 膜污染的防止

减少或防止膜污染的方法主要有：

1) 对料液进行预处理，去除其中的粗大颗粒；

2) 改进膜材料和膜的制作工艺，增加它的抗污染性；

3) 增加膜面流速，减小边界层的厚度，提高传质系数；

4) 选择合适的操作压力，以避免增加边界层的厚度和密度；

5) 采用适当的清洗方法和清洗周期；

(3) 膜的物理水力清洗和化学清洗

在任何膜分离技术应用中，尽管选择了合适的膜和适宜的操作条件，但在长期运行中，膜的透水量都会随着时间的延长而下降，这是因为膜孔的堵塞是不可逆的。尤其是 MBR 中，由于处理的是活性污泥混合液，料液中大量的固体颗粒和溶解性有机物容易将膜孔堵塞导致膜通量下降，影响膜组件的效率和使用寿命。实验表明，除了选择合适的抗污染性强的膜和适宜的操作条件之外，采用有效的清洗方法，可以将膜面和膜孔的污染物去除，恢复膜的透水量，延长膜的寿命。膜的清洗方法通常分为物理和化学方法。

1) 膜的物理反冲洗

物理方法一般是指用高速水流对膜进行冲洗，即在膜运行一段时间后，在膜的透水面施加一个反冲洗压力 P_b，在 P_b 驱动下，清洗水反向穿过膜，将膜孔中的堵塞物清洗，并使膜表面的沉积层悬浮起来，然后被水流冲走。在清洗时，应注意选择合适的流速、压力和清洗周期。一般认为，在水力清洗时，采用高膜面流速有利于膜通量的恢复。但流速越高，能耗也越高，一般流速大约在 2m/s 左右。

2) 膜的化学清洗

化学清洗通常是使用化学清洗剂，如稀酸、稀碱、酶、表面活性剂、络合剂和氧化剂等。它们的作用主要是通过化学反应破坏膜面的凝胶层和膜孔内的有机物，溶出结合在有

机大分子中的金属离子。一般来说，在膜生物反应器中最好能够避免化学清洗，一方面，化学清洗消耗药材，造成二次污染；另一方面，化学清洗将会给实际工程的运行带来诸多不便。但是从膜污染的情况来看，经过长时间的运行后，通过化学清洗来维护膜通量的措施仍是不可缺少的，只是周期较长而已。

为取得理想的清洗效果，在实际应用中，常常是将物理方法和化学方法结合起来使用，在设计清洗程序时，通常要考虑下面两个因素：

膜化学特性：膜的化学特性是指耐酸碱性、耐温性、耐氧化性和耐化学试剂特性，它们对选择化学清洗剂及其浓度，清洗液温度等极为重要。选用时最好做小试验检测各清洗剂是否给膜带来危害。

污染物的特性：主要是指污染物在不同介质不同温度下的溶解性、荷电性、可氧化性和可酶解性等，了解这些后可有的放矢地选择合适的化学清洗剂，达到最佳的清洗效果。

膜的清洗效果通常用纯水透水率恢复系数 R 来表征，可按下式计算：

$$R = \frac{J}{J_0} \times 100\% \tag{2-5}$$

式中　J——为清洗后膜的纯水透过通量；

　　　J_0——为膜的初始纯水透过通量。

2.4　膜分离技术在城市污水处理及回用方面的应用及工程实例

2.4.1　反渗透在城市污水处理、回用方面的应用

长期以来，城市污水处理的深度处理一般将城市污水处理的排水再进行混凝、过滤、活性炭吸附等处理。但对除盐过程却一直未予考虑，目前由于全球性水源紧张，各国都大力推行节约用水、污水回用，对出水中盐的去除倍加重视，以往除盐方法主要有离子交换法和电渗析法等，但以上这些方法都不能去除水中的有机物及不溶性杂质，近些年来，把反渗透法作为弥补这一不足的一种方法进行研究及应用。如日本在北九州地区及大阪地区，用反渗透（中压及低压）进行 $200m^3/d$ 的城市污水再生利用试验，采用流程如下：

(1) 北九州地区：

经二级处理出水——细滤网——斜板沉淀池——精过滤——反渗透

（中空纤维 2.0~2.5MPa）——再生水（$200m^3/d$）。

(2) 大阪地区：

经二级处理后出水——斜板沉淀池——无烟煤过滤——反渗透（螺旋式组件 2.0~3.0MPa）——再生水（$200m^3/d$）。

两地区再生水水质见表 2-10 所示。

原水和再生水水质　　　　表 2-10

项目	北九州		大阪	
	原水	再生水	原水	再生水
TDS（$mg \cdot L^{-1}$）	700	60	372	23
BOD（$mg \cdot L^{-1}$）	7	<0.7	4	<1
硬度（$mg \cdot L^{-1}$）	163	<7	98	<1
Cl^{-1}（$mg \cdot L^{-1}$）	232	27	108	11.3
色度	17	<3	24.2	<1

(3) 美国加利福尼亚州丰泰恩流域奥林奇县有一 21 世纪水厂，其意为处理技术具有 21 世纪水平。该水厂目的是将城市污水深度处理后出水回灌地下，以阻止海水入侵，1972 年兴建，1976 投入运行。再生工艺为：二级出水——化学澄清——除氮——再碳酸化——过滤——活性炭吸附——反渗透——消毒，生产能力 18925m³/d，目的是去除 TDS。

该水厂选用的反渗透装置除盐率为 90%，水的回收率为 85%。它分 3 个部分：即前处理、反渗透和后处理。前处理时加化学添加剂，并经筒式过滤器过滤，以便为反渗透提供良好的水质。在反渗透中加入 1~2mg/L 六偏磷酸钠，并加酸调 pH 为 4.5~5.0，以防沉淀结垢，加氯 0.5 mg/L 以减少膜的生物污染。反渗透采用直径 0.2032m 的 CA 膜卷式组件，每个组件产水能力为 15.1m³/d，每个压力容器放 6 个组件，系统按 9462.5 m³/d 两条平行生产线设计。后处理主要是进行脱气，在两个竖式填充床脱气塔中脱除溶解的二氧化碳。反渗透后的产水与深度污水处理厂得出水混合，而后经注入井注入地下，作为供水水源。再生水是通过 23 座多套管井回灌地下含水层，回灌水总量控制在 9.5 万 m³/d。出水 TOC<2mg/L，TN<10mg/L，电导率：100μΩ/em，浊度 0.1NTU，出水中不得检出大肠杆菌。

2.4.2 超滤在城市污水处理、回用方面的应用

(1) 日本竹桥合同大厦内设置超滤中水设备，1979 年开始运转，日处理杂排水 300m³，水回收率 50%，膜透过水可作厕所用水和冷却塔补充水，超滤装置为管式聚丙烯系的 MRE 膜，组件共设两段，每段 28 个组件，每段膜面积 72m²，进料原水 BOD：75mg/L，SS：100mg/L，ABS：1mg/L，pH：6~8。膜每天用海绵球清洗一次，使透水速度不变，每 3 个月用水清洗一次。

(2) 北京高碑店 500m³/d 超滤膜中水回用中试系统

将超滤膜技术用于城市污水厂二沉池出水深度处理，可以完全除去水中的细菌和大肠杆菌，有效的清除其中的 SS，并在一定程度上降低 BOD、COD、总氮和总磷等污染物的浓度，获得稳定优质的中水水质。

以高碑店污水处理厂二级出水为对象于 2002 年建立日产中水 500m³ 的工业示范装置。

处理工艺：

```
二级出水──→砂滤──→超滤膜反应器──→出水
           贮水池←──────────┤浓水
```

中试所用主要设备见表 2-11。

设 备 表（mm） 表 2-11

序号	名称	数量	型号及规模	生产地
1	膜组件	9	8″膜组件	天津
2	膜管	3	φ240/3240	天津
3	砂滤器	1	φ2000/1500	天津
4	供水泵	1	GZ80-500-200/9.2	江苏
5	清洗药箱	1	350×500×1450	天津
6	控制系统	1	套	天津

中空纤维超滤膜组件有中空纤维膜、多孔封端板等部件组成,并通过环氧树脂浇注成一体。膜组件外形为圆柱形,膜壳长 1016mm 直径 200mm（8″）,内装 10800 根中空纤维膜,膜的内孔径 $\phi 0.8$mm,外孔径 $\phi 1.3$mm,长 1.0m。每根组件中膜的总有效面积为 30m^2,其装填面积为 923m^2/m^3。中空纤维膜材料为 PAN。

试验结果表明采用超滤膜处理二级生化出水,对大肠杆菌的截留率为 100%,SS 的截留率为 55%～100%,BOD 的截留率为 32%～66%,COD$_{Cr}$的截留率为 20%～60%。水的回收率为 80% 以上,单位水量电耗为 0.18kWh/m^3。

超滤时二级处理出水的处理情况　　　　表 2-12

水质指标	超滤进水 N1　N2　平均	超滤出水 N1　N2　平均	标准值
色度	50　50　50	20　20　20	30
浑浊度（NTU）	1.88　1.93　1.91	0.06　0.08　0.07	10
嗅和味	漂白粉味	弱漂白粉味	无不快感
肉眼可见物	无　无　无	无　无　无	无
pH 值	7.44　7.4　7.42	7.38　7.42　7.4	6.5～9
溶解性固体（mg/L）	762　768　765	764　763　764	1200
悬浮固体（mg/L）	20.0　14.5　17.3	8.0　7.0　7.5	10
BOD$_5$（mg/L）	5.12　4.96　5.04	1.32　1.10　1.21	10
COD（mg/L）	61　59　60	46　42　44	50
总氮（mg/L）	19.8　20.4　20.1	4.8　5.0　4.9	—
细菌总数（cfu/mL）	100　120　110	0　0　0	—
总大肠菌群（cfu/L）	7×10^4　9×10^4　8×10^4	0　0　0	3

注:超滤进水为二级生化二沉池出水。

2.4.3 膜生物反应器在城市污水处理、回用方面的应用

膜生物反应器技术在污水处理领域目前正在受到广泛的重视,并在世界范围内开始应用。主要采用超滤和微滤膜与生物反应器相结合的处理工艺。表 2-13 列出目前世界上运行中的几个较大的 MBR 工程。

较大的 MBR 实际应用工程　　　　表 2-13

地点	污水类型	流量	完成时间
Colorado 州 Arapaboe 县	城市污水	3800m^3/d	1998.7
温得和克	城市污水	21800m^3/d	已建成
北欧	15 座城市污水	最大 9500m^3/d	建成或在建
比利时 Schilde 地区污水处理厂	城市污水	28000PE（约 10000m^3/d）	1992
英国 Millennium Doml	中水回用	100000m^3/d	1999
朝鲜 Begea	家庭污水	3000m^3/d	1996.12

(1) MBR 在中水回用工程中的应用：如日本三井石化工业公司在东京某大楼内建有污水再生系统，日处理量 200m³，采用好氧生物反应器工艺。BOD 负荷为 0.79～1.42kgBOD$_5$/(m³·d)，停留时间 1.5～2.2h，污泥浓度 MLSS 为 6000～10000mg/L，采用的超滤膜孔径为 10nm，切割相对分子质量为 20000 的聚丙烯腈平板膜组件。

(2) 城市污水处理厂改造工作中的应用实例：法国的一座 450m³/d 的城市污水处理厂，将体积 8m³ 的膜组件置于二沉池中，改建成活性污泥-膜分离组合工艺，其余设备不动，在保持相同出水水质的情况下，处理规模增大了 1 倍。曝气池中的 MLSS 由原来的 4g/L 增加到 15g/L，BOD 容积负荷由 0.3 kg/(m³·d) 增至 0.6kg/(m³·d)，F/M 由 0.07 kg/(kg·d) 降至 0.004kg/(kg·d)。

(3) 英国北部 Somerset 海岸的一个约有 4000 人的 Porlock 村庄，建有 Kubota 污水处理装置的污水处理厂，1998 年 2 月开始运行。污水处理厂最大处理规模为 1900m³/d，共有 24 个 Kubota 膜单元，分别安装于 4 个好氧反应器中。Kubota 式为平板式淹没膜生物反应器（简称 Kubota 工艺），池内 MLSS 在 15000～20000mg/L 范围内。Kubota 工艺最终出水的 BOD≥5mg/L，并且出水水质不受进水 BOD 变化的影响；细菌的平均去除率为 6lg，其中肠道病毒和大肠杆菌噬菌体等病毒的平均去除率为 4lg；出水的浊度平均为 0.3NTU，运行水质见表 2-14 所示。

英国 Porlock 村庄 Kubota MBR 的处理效果 表 2-14

（1998 年 2 月～1999 年 4 月）

污染物	通水范围	进水平均浓度	出水平均浓度	去除率（%）
SS（mg/L）	<30～800	230	<1	>99.5
浊度 NTU	>100	—	>0.4	>97.2
BOD（mg/L）	<30～650	224	>4.0	>99.9998 (>lg5.7)
大肠杆菌	0.9～64	10.1	<0.00002	
肠道病毒	0.1～30	1.32	<0.00001	>99.9993
大肠杆菌噬菌体（10⁶/100mL）	29～6320	811	<0.19	>99.98

(4) 天津清华德人环境工程有限公司应用 MBR 处理生活污水及回用工程。

主要将 MBR 用于国内一些城市生活污水处理与回用工程，如表 2-15 所示。

天津清华德人环境工程有限公司部分在运行及建设中的工程 表 2-15

处理规模 (m³/d)	进水水质（mg/L）		出水水质（mg/L）		MLSS (mg/L)	占地面积 (m²)	电耗 (kwh/m³)	备注
	COD	NH$_3$—N	COD	NH$_3$—N				
5	200-400	<30	<40	<0.5	8000	1	0.9	洗车水
5	500-2000	<150	<40	<0.5	15000	1	0.9	粪便水
15	<200	<65	<20	<0.1	8000	2.4	0.8	生活污水
20	<150	<46	<20	<0.1	7500	2.8	0.8	医院废水
25	<200	<100	<300	<0.1	7000	3.2	0.8	生活污水
150	<300	<120	<30	<0.1	9000	11.3	0.65	生活污水
500	<450	<120	<30	<0.1	9000	4.0	0.65	生活污水（在建）

从表中可看出，MBR 处理城市生活污水具有以下特点：
(1) 活性污泥浓度高，适应水质范围较广，抗冲击负荷能力强；
(2) 设备占地面积小；
(3) COD 及 NH_3-N 等污染物质的去除率高，除水水质较好；
(4) 能耗指标较低。

参 考 文 献

[1] 邵刚. 膜法水处理技术（第二版）. 北京：冶金工业出版社，2000
[2] 许振良. 膜法水处理技术. 北京：化学工业出版社，2001
[3] 周彤. 污水回用决策与技术. 北京：化学工业出版社，2002
[4] 何义亮等. 膜生物反应器生物降解与膜分离共作用特性研究 [J]. 环境污染与防治，1998，20 (6)：18-20
[5] 厌氧膜生物反应器处理高浓度食品废水的应用 [J]. 环境科学，1999，20 (6)：53-55
[6] 彭跃莲等. 膜生物反应器在废水处理中的应用 [J]. 水处理技术，1999，25 (2)：63-69
[7] 李红兵等. 中空纤维膜生物反应器处理生活污水的特性 [J]. 环境科学，1999，20 (2)：53-56
[8] 顾平等. 膜技术在水处理中的应用现状及发展. 中国给水排水，1998，14 (5)：25-27
[9] 顾平等. 中空膜生物床处理生活污水的中试研究 [J]. 中国给水排水，2000，16 (3)：5-8
[10] 王亚娥等. 膜生物反应器中 UF 膜过滤阻力影响因素 [J]. 中国给水排水，2000，16 (2)：55-57
[11] Satake, Junichito. Waste water processing system using membrane seperation [J]. Japenese Fudo Saiensu, 2000, 39 (4)：65-72
[12] Gander M A. Membrane bioreactors for use in small waeterwater treatment plants, membrane material and effluent quality [J]. Water technol, 200041 (1)：205-211
[13] Mallon D. Performance on a real industrial effluent using a zeno Gem MBR [R]. Spec. Publ. - R. Soc. Chem., 2000：226-232
[14] Yastoshi shimizu Filtratioa characteristics of hollow fiber microfiltration membranes used in membrane bioreactor for domestic wasterwater treatment Wat. Res. Vol. 30. No. 10. pp. 2385-2392, 1996
[15] 王晓琳，膜的污染和劣化及其防治对策 [J]. 工业水处理，2001，21 (9)：1-5
[16] 张军，王宝贞等 MBR 在污水处理与回用工艺中的应用 [J] 环境工程. 2001, 19 (5)：9-11
[17] 吴自强等. 膜生物反应器处理废水技术研究的进展 [J] 工业水处理. 2001, 21 (6) .1-3, 13
[18] 何毅等. 膜生物反应器废水处理组合工艺的研究进展 [J] 工业水处理. 2001, 21 (7) .4-7
[19] 侯立安等. 小型污水处理与回用技术及装置. 北京：化学工业出版社. 2003.1
[20] 肖锦等. 城市污水处理及回用技术. 北京：化学工业出版社. 2002.5
[21] 时钧、袁权、高从堦. 膜技术手册. 北京：化学工业出版社，2001

第3章 AB 工 艺

3.1 概 述

AB法是吸附生物降解法（Adsorption Bio-degradation）的简称，是德国亚琛大学B. Bohnke教授于20世纪70年代中期在传统两段活性污泥法（Z-A法）和高负荷活性污泥法的基础上开发的一种新工艺，属高负荷活性污泥系统，是一种比传统活性污泥法有更多优点的污水处理工艺，AB法适用范围主要应考虑污水SS、胶体颗粒、容易为活性污泥吸附去除的有机化合物含量，以及这些物质在好氧或厌氧微生物作用下能否被絮凝去除。该工艺不设初沉池，由AB两段活性污泥系统串联组成。并分别有独立的污泥回流系统。AB工艺对BOD、COD、SS、磷和氮的去除率一般均高于常规活性污泥法。其突出特点是A段负荷高、抗冲击力强。特别适于处理高浓度、水质、水量变化较大的污水。其主要缺点是产泥量大，且AB工艺不具备深度脱氮除磷功能。出水水质达不到防止水体富营养化的要求。目前国外对AB法处理工艺的研究越来越得到重视，并使之成为80年代初以来发展最快的城市污水处理工艺。1992年统计欧洲已有50余座城市污水处理厂采用此工艺，并有44座以上的AB法处理厂在设计和施工中。处理污水总量超过800万人口当量（按1人口当量$BOD_5 60g/d$计）。如德国的Rhcinhausen污水处理厂、奥地利萨尔茨堡的Slggcrwleson污水处理厂、荷兰西部的鹿特丹Dokhaven污水处理厂等。其中最大的污水处理厂处理规模为160万人口当量，建于南斯拉夫。

AB法工艺在我国的研究和应用尚处于起步阶段。近年来，国内对AB法进行了较为系统的研究与工程实践，并在工程应用方面取得了较大的进展。如同济大学、华北设计院、北京市政设计院、上海市政设计院等单位，结合我国国情对AB工艺从机理、动力学、工艺方法、设计参数等多方面进行试验研究。自90年代起，在我国的一批新建或改建的污水处理厂已开始采用AB法工艺，如青岛海泊河污水处理厂、泰安污水处理厂、深圳罗芳污水处理厂、深圳滨河水质净化厂、新疆乌鲁木齐河东污水处理厂等相继投产运行。其中泰安污水处理厂的部分出水经过过滤消毒后回用于造纸厂和园林绿化用水，不仅取得了良好的环境效益，还取得了可喜的经济效益。这些污水处理厂的运行，为AB法的工艺改进提供了宝贵的设计参数和丰富的运行经验。

随着对环境质量要求的不断提高和控制水污染的日益重视，特别是污水资源化的大力推广，对污水处理厂出水水质的要求也不断提高，如对污水中的氮、磷含量控制越来越严格，因此典型的AB工艺已不能满足高效脱氮除磷深度处理的要求。为了适应污水深度处理需要，AB法工艺在传统典型工艺的基础上，又发展成了一系列改进的AB工艺，如AB（BAF）工艺、AB（A/O）工艺、AB（A^2/O）工艺等。

3.2 AB法工艺流程和基本原理

3.2.1 AB法工艺流程

AB法工艺的工作原理主要是充分利用微生物种群的特性，为其创造适宜的环境，使不同的生物群得到良好的繁殖、生长，通过生物化学作用净化污水。在工艺流程上分A、B两段处理系统，其中A段由A段曝气池与沉淀池构成，B段由B段曝气池与二沉池构成。两段分别设污泥回流系统，A段的负荷高，B段的负荷低，污水先进入高负荷的A段，然后再进入低负荷的B段，两段串流程如图3-1。

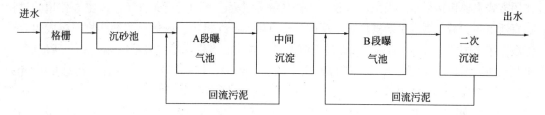

图3-1 AB法工艺流程图

从工艺流程图3-1中可见，AB法工艺中的A-B两段需严格分开，污泥系统各段独立循环，两段串联运行。因此，可以将AB法看成是一种改进的两段生物处理技术。

AB法工艺中的A段为高负荷（通常污泥负荷>2kgBOD/（kgMLSS·d），在缺氧（兼性）环境下工作的生物吸附段，利用活性污泥的吸附、絮凝能力将污水中有机物吸附于活性污泥上，进而将其部分降解，产生的大量生物污泥在随后设置的A段沉淀池（或称为中间沉淀池）中进行泥、水分离，大部分有机物质以剩余污泥方式被排出。

在A段系统中，其污泥同时具有吸附、絮凝、分解和沉淀等作用，以较低能耗（约为常规活性污泥法需氧量的30%）同时可除去50%~60%的有机物。A段产生的污泥量较大，约占整个处理系统污泥产量的80%左右，这在一定程度上给污泥的处理和处置带来一定的困难，而B段为低负荷段（污泥负荷通常为0.15~0.3kgBOD/（kgMLSS·d））运行，经A段处理后残留于污水中的有机物在该段将继续被氧化甚至硝化，以保证较高的运行稳定性和污水处理效率（BOD去除率可达90%~98%）。

A段和B段中的活性污泥，各自由A段沉淀池和B段沉淀池（二沉池）中分别回流。这种流程布置方式有利于利用原污水中的活性微生物，有利于在A段和B段生物处理池中保持各自的优势微生物种群，并及时以剩余污泥方式排出已截留的有机质，从而减少系统中氧的消耗。AB法工艺中的A段，可根据原污水水质等情况的变化而采用好氧或缺氧的运行方式。

3.2.2 AB法工艺原理及特点

（1）A段对污染物的去除原理

AB法A级的净化机理是：通过微生物的酶解作用，改变或部分改变SS、胶体颗粒及大分子化合物的表面结构性质，以便于吸附、絮凝、沉降而得到净化。

AB法流程遵循以下两条基本原理：(1) 与单段系统相比，微生物群体完全隔开的两段系统能取得更佳和更稳定的处理效果。(2) 对于一个连续工作的A段，由于外界连续不断地接种具有很强繁殖能力和抗环境变化能力的短世代原核生物,提高了处理工艺的稳定性。

对一些排水工程系统的大量测试表明,原污水和排水沟渠内表面已存在大量细菌。在排水管网中发生细菌的增殖、适应和选择等生物学过程,使原污水中出现生命力旺盛能适应原污水环境的微生物群落。排水管网系统正如一个中间反应器,把人类和污水处理厂连接起来,形成了"人类—污水收集管道—处理厂"污水净化系统。AB法污水处理工艺实际上是一个由城市污水收集、管道系统和污水处理系统组成的一个开放性系统。因不设初沉池,在A段中的生物相组成与原污水的生物相组成基本相同,从而使污水中的微物在A段得到充分利用,并连续不断的更新,使A段形成一个开放的,不断由原污水中生物补充的生物动态系统。经测定表明由沟渠系统恒定流入A段的微生物占A段微生物总量的15%左右。生物处理去除污水有机物的作用方式主要包括絮凝、吸附、吸收和生物降解等过程,不同运行条件下,占主导作用的过程将有所不同。城市污水是溶解性和小溶解性的有机物、无机物、胶体和溶解性物质组成的分散体系。污水中的COD有60%~80%是不溶性和胶体状态有机物是由悬浮固体(SS)所形成的。研究表明:可沉悬浮物在A段中能得到相当程度的去除,这一部分一般占悬浮物总量的20%~60%,相当于BOD总量的20%~30%。据研究在A段污泥负荷大于$2kgBOD_5/(kgMLSS·d)$时,可沉淀物质在A段中一般不能为微生物所降解,只能通过沉淀为剩余污泥排除至系统外。此外,A段还能去除部分不可沉降悬浮物和溶解性物质,相当于进水BOD总量的15%~40%。目前,重点研究这部分污染物的去除机理有以下几种观点:

1) 絮凝、沉淀机理

静态试验表明:污水中存在大量已适应污水的微生物,这些微生物具有自发絮凝性,形成"自然絮凝剂"。当污水中的微生物进入A段曝气池时,在A段内原有的菌胶团的诱导促进下很快絮凝在一起,絮凝物结构与菌胶团类似,使污水中有机物质脱稳吸附。据研究:$1\mu m$的颗粒,其脱稳依靠布朗运动就已足够,对于较大的颗粒,则需要一定的速度梯度。F. Malz认为污水中悬浮体和胶体带有负的表面电荷。在A段曝气池中,"自然絮凝剂"、胶体物质、游离性细菌、SS、活性污泥等相互强烈混合,将有机物质脱稳吸附。同时,A段中的悬浮絮凝体对水中悬浮物、胶体颗粒、游离细菌及溶解性物质进行网捕、吸收,使相当多的污染物被裹在悬浮絮凝体中而去除。水中的悬浮固体作为"絮核",提高了絮凝效果。Bohnke认为A段所去除的BOD中,主要通过絮凝吸附作用去除约占2/3,而靠生物氧化分解去除BOD所占比例较小约占1/3。中国市政华北设计院结合泰安市污水处理工程所作实验表明:A段中絮凝去除占A段BOD去除的65%左右,增殖导致的去除约占35%。增殖作用去除的BOD基本上是溶解性BOD。A段对有机物的去除不是以细菌快速增殖降解作用为主,而是以细菌的絮凝吸附作用为主,静态试验表明原污水中存在的大量适应原污水的微生物,具有自发絮凝性。当它们进入A段曝气池后,在A段原有菌胶团的诱导促进下很快絮凝在一起,絮凝物结构与菌胶团类似,絮凝的同时,絮凝物与原有的菌胶团结合在一起成为A段污泥的组成部分。这种絮凝体具有较强的吸附能力和良好的沉降性能。被絮凝的微生物量与A段的污泥浓度有关。

由上可知,A段的处理效果优于初沉池的原因,在于通过絮凝吸附和生物降解作用对悬浮物和部分溶解性有机物的去除,其中,絮凝吸附起主导作用。

2) 吸附机理

原核微生物体积小,比表面积大,细菌繁殖速度快、活力强,并且通过酶解作用,改变了悬浮物、胶体颗粒及大分子化合物的表面结构性质，造成了 A 段活性污泥对水中有机物和悬浮物较强吸附能力。另外，研究表明：分子脂肪酸与金属氧化物的水化物反应生成疏水性物质，对溶解性的有机物也有较强的吸附力。吸附在活性污泥上的有机物，以剩余污泥的方式排出系统。

3) 吸收、生物氧化机理

污水中溶解性的物质一般是通过扩散途径，穿过细胞膜而被细菌细胞吸收的。大部分底物，如氨基酸、单糖和阳离子是由酶输入细胞的。通常在吸附以后，必须对吸附表面进行再生。研究表明，A 段活性污泥中的细菌，其表面可不断通过对吸附物质进行吸收而得到再生，吸收的速率取决于吸附的底物中所含的碳原子数，分子中碳原子数越少，分子在细胞表面的停留时间越短，分子被细胞吸收的速率就越大。污水中颗粒状和胶体状物质首先必须由细胞外酶水解转化为小分子化合物，然后被细菌所吸收和降解。

(2) AB 法工艺的稳定性

由于 A 段的存在使得 AB 法工艺的抗冲击能力很强，主要原因包括下列几点：

A 段中起主导作用的是物化和生物絮凝过程，因而对冲击负荷的敏感性较小，去除效果稳定；

A 段污泥主要是以进水中细菌为接种而繁殖，并且泥龄很短、更新快，进水中的细菌已适应原水质，抗冲击力较强，因此污泥无需驯化即可很快恢复正常状态；

低负荷运行的 B 段，活性污泥混合液自身具有很大的稀释缓冲能力和解毒能力。

(3) A 段对 B 段的影响

在 AB 法工艺中，A 段具有高效和稳定的特点。A 段的存在无疑对 B 段的运行带来了良好的影响：

可使 B 段的运行负荷减少 40%～70%，因此在给定的容积负荷下，活性污泥曝气池的总容积将减少到 45% 左右。

原污水的浓度变化在 A 段得到明显的缓冲，使 B 段只有较低的、稳定的污染物负荷，污染物和有毒物质的冲击对 B 段的影响减小，从而保证了污水处理厂的净化效果。

由于 A 段对部分氮和有机物的去除，以及 B 段泥龄的加长，改善了 B 段硝化过程的工艺条件，硝化效果得以提高。

3.2.3 AB 法工艺的微生物特性

AB 法工艺虽然同属于活性污泥法，但由于其较为特殊的微生物特性等原因，决定了该工艺同其他活性污泥工艺的差异，其主要表现在 A 段、B 段生物菌群的特殊性。

3.2.3.1 A 段微生物的特性

由于 AB 法工艺的主要特征是不设初沉池；A 段和 B 段在负荷相差悬殊的条件下运行。吸附有机物的污泥不再生，直接单独回流；这些都说明了 A 段微生物的独特性。研究表明微生物的种类和特点是由以下几方面因素确定的。

1) A 段微生物的活性

A 段的高负荷和低泥龄决定了只有那些快速增长和增殖的原核微生物才能够生存并占主要地位。A 段内的微生物主要是由活性强、世代期短的生物相组成。Bahr 通过对 Rhemhanjen 城市污水厂的研究得出 A 段的细菌密度很高，是 B 段的 20 倍。Schurmann 认为，在很高负荷的污水处理厂中，只存在细菌。原核微生物世代时间短，条件好时可在一小时内繁殖多次；原核微生物体积小，表面积与体积比值高，所以原核微生物具有较大的代谢活性，较大的营养储存容量以及较高的繁殖分裂速度。A段污泥中微生物生理活性高，通常较常规活性污泥法高40%～50%，特别是降解聚合物的活性几乎高出90%，而聚合物往往是构成COD的主要组成成分。

2) A段微生物的外源补充性

AB法工艺不设初沉池，污水直接进入A段。由于在污水沟道中的污水含有人、动物排出的肠道菌族原核微生物，如变形细菌、双螺旋形细菌和肠细菌等厌氧菌和兼性菌，Potel认为大约有10%的肠道细菌可在肠道外生存，故污水中的微生物种群可对A段进行补充，使A段的微生物种类与人类、动物的排泄物中的细菌相似。据报道，流入A段中的细菌总数占A段生物量的15%左右。通常微生物在受到冲击后有90%细菌失活和死亡的情况下，经过3个世代时间（即3h）即可恢复。同样若有99%细菌失活，经过6～7个世代，细菌生长即可达到原有水平。

3) A段微生物的变异性和质粒转移

AB法工艺的抗冲击负荷能力除了与A段中的絮凝吸附作用相关外，还与下面两种生物学过程直接相关。造成细菌能够在冲击状态下存活的遗传学基础是突变作用和质粒的存在。一是微生物的突变性，活性污泥中的任何细菌群体都能以各种各样的方式对环境变化做出反应。新环境形成的初期，不适应这个环境的细菌死亡，随后从系统中消失。与此同时，新环境为其他细菌的优势增殖提供了有利的条件。适应性细菌的重要来源是突变，致突变物质能够导致突变，即其遗传物质发生变化。这些突变中仅1/10是能存活的正突变，其余都是致死突变。考虑到A段内活性污泥中细菌数量很高，在每一人口当量中每日出现7.5×10^5个正突变是可能的。B.Böhnke按每1000次变异中有一次是有效的进行计算，对10万人口的城市污水处理厂来说，A段中可以出现6.0×10^6次有效突变。除X射线和γ射线外，亚硝酸盐等化学物质也能诱发突变。污水中普遍存在的酸、碱和有毒物质的长期影响也能诱发突变。突变为活性污泥适应新环境，降解难以降解的物质提供了生物学遗传基础。二是质粒的转移，迄今为止的研究表明：原核生物不具有摄食器官，物质交换全部通过细胞表面。原核微生物细胞结构简单，没有细胞核，环状DNA自由分布在细胞质内。这个细菌染色体包含进行细胞增殖所必需的所有信息。此外，还存在质粒，质粒的个别基因具有抵御抗生素、重金属的能力。A段污泥对毒物的抗性来源于质粒的转移，A段环境特别有利于质粒的转移，质粒是环形的DNA分子，它们不受染色体支配，能进入菌体并利用菌体的复制系统自我复制增殖。质粒普遍携带抗性基因，有的细菌有一般细菌不具备的特殊基因，在遭遇冲击负荷时，质粒的抗毒性基因和降解特殊物质的基因赋予细菌明显的优势。在正常的细胞分裂中，质粒还能通过结合作用从携带质粒的细菌转移到无质粒的细胞内，结合过程不受细菌总数和质粒来源的限制。A段中高密度悬浮细菌的存在对结合有利。肠道细菌的接合过程需要花费1.5～2.0h，假定A段泥龄为8h，那么在A段微生物中至少能发生4次结合，在此期间约10%细菌受到质粒接入。质粒在活性污泥中的传播，提高了活性污泥对环境变化、特别是化学变化的抗性。对污水处理厂（特别是工业废水处理厂）来说，处理效果和工艺稳定性的好坏与质粒的存在与否密切相关。在A段中占优势地位的细菌由于细胞结构简单，其适应性和应变性较强，具有对外界恶劣环境的适应能力。

4）降解聚合物的生理活性方面，A 段细菌要比 B 段细菌高

B. Bohnke 教授认为 A 段细菌的活性明显高于 B 段，在降解聚合物的生理活性方面，A 段细菌要比 B 段细菌高 90% 左右。B. Bohnke 教授还以遗传物质脱氧核糖核酸（DNA）作为生物活性的指标，比较了 A、B 两段及普通活性污泥法系统中污泥的活性。结果表明：AB 法 A 段污泥的 DNA 含量（为 MLSS 含量的 20.03%）较 B 段（18.97%）高，A、B 两段污泥的 DNA 含量均比普通活性污泥法（14.15%）高。对 A 段污泥没有经过再生仍然对污水中的有机物保持较高的去除率的问题，即其污泥保持活性的作用机理，有下列几种看法：A 段微生物的外源补充性，使 A 段及时得到活性微生物的补充；A 段微生物的快速增长和增殖能力；A 段低氧运行，含有较多小分子有机物，加快了吸收速度，提高了微生物的再生能力。此外，A 段污泥在没有得到再生情况下仍能保持较好的去除效果的原因是絮凝、沉淀、网捕，而非生物作用。

3.2.3.2 B 段微生物的特性

由于 A 段的调节和缓冲，使 B 段的进水水质相当稳定，且负荷较低。因此 B 段微生物特性同活性污泥法中延时曝气工艺的微生物特征较为相似，即 B 段中占优势的微生物种群为后生动物，如钟虫、轮虫及原生动物，它们的生长期较长，要求稳定的环境。因此，B 段的功能是净化污水，吞食和消除由 A 段来的细菌等微生物和有机污染物颗粒，并促使生物絮凝，提高出水水质。

3.3 AB 法工艺在脱氮除磷方面的应用

3.3.1 AB 法工艺的脱氮功能

AB 法工艺中 A 段的超高负荷运行，为 B 段的硝化作用创造了有利条件。A 段对污水中有机物的去除率一般高于对氨氮的去除率，这样，污水经 A 段处理以后，出水 BOD_5/N 值降低，从而有望增大硝化菌在 B 段活性污泥中的比率和硝化速度。这对于系统硝化作用的完成是有利的。但是 AB 法工艺仅完成了硝化功能，虽然可去除氨氮，但硝酸盐的存在依然会导致水环境的污染。常规 AB 法工艺的总氮去除率约为 30%～40%，其脱氮效果虽较传统一段活性污泥法好。但出水尚不能满足防止水体富营养化的要求。当需要 AB 法工艺去除总氮时，就必须进行反硝化。一般认为两段活性污泥法往往不能达到满意的反硝化效果，因为进入第二段曝气池污水中的有机物含量过低，并不利于反硝化的正常进行。反硝化所需的 BOD_5/N 比值，根据反硝化方程式可知，每去除 1mg 的氮至少需要 2.86mg 的氧，所以理论上 $BOD_5/N \geq 2.86$ 才能保证反硝化的顺利进行。Bohnke 对德国多家 AB 法污水处理厂的研究认为，这个结论对于传统的两段活性污泥法系统可能是合适的，但对 AB 法而言，污水经过 A 段处理后，大部分的不溶解性物质通过吸附、絮凝和沉淀而被去除，而那些相对容易降解的溶解性物质其相当一部分流过 A 级，进入低负荷 B 段。尚可保证反硝化的 BOD_5/N 比值。当 A 段以兼氧方式运行时，污水中长链的难分解的基质可被打开分解成短链的化合物，即某些难生物降解的有机物能在兼氧条件下转化成易降解有机物，A 段出水 BOD_5/COD 比值有可能升高。从而改善 A 段出水的可生化性，有利于 B 段的反硝化作用以及对有机物的进一步去除。据此认为低负荷的 B 段能有效完成硝化功能，同时对反硝化来说亦

有足够易生物分解的、主要以溶解态存在的有机物。因此，A 段出水 BOD_5/N 比值在 3 左右就足以保证反硝化效果。迄今为止对于 BOD_5/N 值为 3 就足以保证反硝化的问题尚有争议，因为上述比值仅是理论值，不少学者认为进行反硝化所需的 BOD_5/N 值，不宜<4~5。

Bohnke 教授的关于污水经 A 段处理后的 BOD_5/N 比值仍能满足反硝化要求的结论，是在对多家德国 AB 法工艺污水处理厂调研的基础上得出的。那么，该结论是否适用于我国城市污水的水质呢？这是一个值得研究的问题。AB 法工艺污水厂的 B 段污水是否有足够的反硝化碳源，应根据具体的情况而定，如 A 段对 BOD_5 和氮的去除率，污水水质，特别是氮含量、BOD_5 和 COD 的组成情况等。在设前置反硝化系统时，内循环的混合液带进的溶解氧将首先消耗部分 BOD_5，对这一不利因素也需加以考虑。我国城市污水中工业污水的比重往往较大，即使 A 段在兼氧运行时有些难降解有机物仍难以转化为易降解有机物。对于某种特定的城市污水的 BOD_5/N 比值是否能满足反硝化的要求，应根据具体的试验来确定，而并非是一个定值。

实际上，对于某些城市污水来说，即使进水中的有机物全是易降解的也难以满足脱氮除磷的要求。AB 法工艺的 A 段对 BOD_5、COD 的去除率可高达 60%~70%，在这种情况下，将 B 段改进为生物脱氮系统时，很可能面临碳源不足的问题。解决碳源不足的方法一般有两种：一是从系统外补加碳源。可投加甲醇或选择易生物降解 COD 组分高的工业废水与城市污水混合，二是从系统内部寻找碳源，可采取的措施包括：将污泥消化液回流至 B 段，调节 A 段运行，降低对 BOD_5、COD 的去除率，若原污水有机物浓度较低，还可跨越 A 段，污水直接进入 B 段改进的脱氮除磷系统等。

3.3.2 AB 法工艺的除磷功能

根据有关文献报导，AB 法的除磷效果明显高于传统一段活性污泥法。当 A 段按好氧状态运行时，A 段的磷去除率可达到 35%~50%，是常规一段活性污泥法的两倍以上，常规 AB 法工艺过程磷的总去除率可达到 50%~70%。AB 法工艺对磷的去除一般认为主要是依靠 A 段的絮凝吸附作用。一般城市污水中约 30% 的总磷是以悬浮（胶体）状态存在的，随着生物絮凝吸附作用的发生，大部分不溶解性磷和部分溶解性磷可以得到去除；也有研究者认为 A 段中存在聚磷菌，聚磷菌超量吸磷对磷的去除起一定作用，主要依据是溶解氧浓度的变化对 A 段除磷有很大影响，这与除磷菌的除磷特性相一致，其理论基础是取消初沉池后，原污水中的微生物实际上是在厌氧/缺氧（沟渠或管道）环境下生长，管网中存在着大量的聚磷菌，当污水进入 A 段好氧环境后这种环境非常适于聚磷菌的生长，可出现较明显的过度吸磷特征。除此之外，当污水经 A 段处理后 BOD_5/TP 值与原水相近，通过微生物机体的合成可进一步获得较好的除磷效果。

与 AB 法工艺对氮的去除相似，虽然常规 AB 法工艺对磷的去除率高于传统活性污泥法但是出水磷含量一般达不到现行污水排放标准，无法满足防止水体富营养化的要求。

3.3.3 AB 法脱氮除磷功能的强化

根据污水脱氮除磷的机理，要将无脱氮除磷功能的城市污水处理厂改建为具有脱氮除磷效果的污水处理厂必须具备 3 个条件：第一，提供脱氮除磷过程所必需的足够的碳源；第二，提供脱氮除磷反应所必需的反应器容积；第三，提供脱氮除磷过程所必需的缺氧、厌氧、好氧环境。对 AB 法氮、磷脱除功能强化，常规的作法主要是将 B 段改为 A/O 生物脱氮工艺、A/O生物除磷工艺、A^2/O生物脱氮除磷工艺或辅以物化处理措施，以上改进通常需对原有设施进行不同规模的改建或扩建。也可通过运行方式的改变对AB法进行改进，如采用间歇曝气工艺，将典型的AB法中的A段与SBR工艺相结合，把B段改为SBR系统，可在充分利用原有设施的基础上，由于曝气方式的改变，达到氮磷脱除功能强化的目的。

3.4 AB工艺在污水处理中的应用实例

3.4.1 国外AB工艺的工程应用

Krefeld污水处理厂位于德国杜塞尔多夫附近，原来只是一个一级处理厂，1987年ESMIL公司根据AB法原理对该厂进行扩建，设计污水处理量24万m^3/d。将原污水厂的一个初沉池改作A段，其余2个初沉池改作中间沉淀池，新建A段回流污泥泵站，B段为卡鲁塞尔型氧化沟。1991年底开始运行，污水处理厂的进水50%以上来自于商业和工业，城市排水体制采用雨、污合流制，旱季污水在管网中的停留时间较长，所以在管网中已存在厌氧生物处理过程。

3.4.1.1 Krefeld污水处理厂的工艺流程

进水泵房原由4台螺旋泵组成，为了保证泵的最大输送能力，后增加了潜水泵。粗格栅的格间距为15mm，由格渣压榨机对格渣进行压榨。

A段曝气池由3个通道构成，后通过将雨水池改建为A段曝气池而增加了1/3的容积，重新扩建了1/3的中间沉淀池并增加回流污泥泵的输送能力50%，扩建了回流污泥流过的细格栅。在回流污泥循环单元，为了优化生物除磷过程，在细格栅的后面又增加了$4400m^3$的厌氧池，以减少B段的化学沉淀过程。

为了达到生物脱氮的目的，将B段改为A/O生物处理段，因此将B段曝气池的容积从$32000m^3$扩建为$85800m^3$。新建的B段曝气池由串级前置反硝化厌氧池和好氧池组成，使用微孔曝气并带有搅拌桨辅助混合，根据处理要求可使池内的硝化和反硝化过程达到最佳。同时，缺氧串级前置池内可出现厌氧状态，形成厌氧—缺氧—好氧（A^2O）工艺状态，增加了生物除磷的可能性；另外，为使出水中的磷含量达到排放标准，在B段曝气池内还可以加入铁盐，进一步化学除磷；对于最终沉淀池，除充分利用原有的沉淀池，将其容积从$40800m^3$增加到$43350m^3$外，扩建了容积为$20000m^3$的4个新池，使最终沉淀池的容积增加了50%。

为了使出水水质更可靠地达到排放标准，在最终沉淀池后又增加了多层絮凝过滤段，此处理段有以下功能：（1）可进一步去除悬浮固体；（2）通过絮凝过滤可进一步除磷，使出水的磷含量<1mg/L；（3）可进一步去除水中的溶解物。过滤段共使用24个过滤小室，总过滤面积为$1500m^2$。将絮凝剂加入预曝气的污水中，然后，污水再从上部流经絮凝过滤床。

3.4.1.2 基本技术参数

Krefeld污水处理厂处理单元的基本参数如下：

（1）A段曝气池

总体积 $V_A = 8400\text{m}^3$；

容积负荷（以 BOD_5 计）$N_V = 8.6\text{kg}/(\text{m}^3 \cdot \text{d})$；

停留时间 $T = 21\text{min}$。

中间沉淀池

总体积 $V = 15300\text{m}^3$；

停留时间 $T = 1.5\text{h}$；

表面负荷 $q_{平均,旱季} = 1.9\text{m}^3/(\text{m}^2 \cdot \text{h})$。

(2) B 段曝气池

容积负荷 $N_V = 0.3\text{kg}/(\text{m}^3 \cdot \text{d})$；

停留时间 $T = 8.5\text{h}$。

最终沉淀池：

总体积 $V = 64300\text{m}^3$；

停留时间 $T = 6.4\text{h}$；

表面负荷 $q_{平均,旱季} = 0.47\text{m}^3/(\text{m}^2 \cdot \text{h})$。

絮凝过滤床：

最大过滤面积 $A = 1500\text{m}^2$；

过滤速率 $V = 17.5\text{m/h}$；

停留时间 $T = 1.5\text{h}$；

比面积 $= 0.00833\text{m}^2/\text{m}^3$。

污泥消化部分：

消化池体积 $V_1 = 28300\text{m}^3$；

重力浓缩池体积 $V_2 = 4600\text{m}^3$；

消化池的有机干固体体积负荷 $N = 2.2\text{kg}/(\text{m}^3 \cdot \text{d})$。

3.4.1.3 污泥、废气处理

扩建后的污水处理厂新建了一套污泥厌氧消化系统。消化后污泥经重力浓缩、机械浓缩和干燥后成为粒状（含水率为 5%），然后在污泥焚烧炉内焚烧。由于污水在排水管内长时间滞留，水的化合物发生反应，生成 H_2S 气体并大部分从进水泵房和 A 段曝气池排出，造成气味难闻和设备腐蚀。采取下列措施处理废气：

(1) 将有关构筑物覆盖；

(2) 为了减少覆盖区内的废气浓度，不断将其收集排除；

(3) 将带有废气的一部分空气送入到 A 段曝气池内，另外一部分废气经生物过滤池内生物处理后排空；

(4) 提高构筑物和机械、电器设备的防腐等级。

3.4.1.4 运行结果

1995 年 11 月～1996 年 2 月，该污水处理厂对 COD、氮和磷的去除进行了测定。COD 的去除率为：$\eta_{A段} = 52\%$，$\eta_{B段} = 91\%$，$\eta_{过滤} = 14\%$，$\eta_{总} = 96.2\%$。根据 260d 的混合取样得出的平均出水 COD 浓度为 25mg/L。扩建前后的有关参数和平均运行结果见表 3-1 和表 3-2。

Krefeld 污水处理厂扩建前后的参数比较   表 3-1

参数	1977 年	1989 年
BOD_5 负荷（kg/d）	48000	72000
进水流量（m^3/d）	143000	180000
最大旱季流量（m^3/d）	244800	240000
最大雨季流量（m^3/d）	391680	578880
氮负荷（kg/d）	—	10800
磷负荷（kg/d）		1800

出水标准和 Krefeld 厂的出水水质   单位：mg/L   表 3-2

参数	出水标准	年平均值	参数	出水标准	年平均值
BOD_5	15	1.16	TN	18	5.45
COD	75	25	TP	1	0.19
NH_4-N	10	0.14			

3.4.2 国内 AB 工艺的工程应用

青岛市有以排洪沟为主体的五大排水系统。海泊河污水系统是全市最大的排水系统。海泊河污水处理厂一期工程设计水量日平均为 80000m^3。

污水水质：BOD_5 = 800mg/L，COD_{cr} = 1500mg/L，SS 浓度为 1100mg/L，NH_4—N 浓度为 100mg/L，TP 浓度为 8mg/L。

出水水质：BOD_5 = 40mg/L，COD_{cr} = 150mg/L，SS 浓度为 40mg/L，TP 浓度为 3mg/L。

由于青岛市是沿海丘陵地形，排水管道坡度陡，管内流速达 2m/s，生活污水未经化粪池处理，污水浓度很高。故此，设计选用了 AB 工艺。污水经格栅（净距 25mm）和曝气沉砂池进行预处理后进入 AB 工艺系统。

3.4.2.1 A 段曝气池

A 段曝气池为矩形钢筋混凝土结构，该池共分 4 格（2 组），每格尺寸为 31.5m×6.35m×5.8m，污水停留时间为 0.8h。污泥负荷为 4.0kg/（kg·d），平均需氧率（以 BOD_5 计）为 0.377kg/kg，设计溶解氧浓度为 0.5mg/L，具体可根据进水水质情况予以调整。在输泥渠道上设有剩余污泥泵房。剩余污泥泵房将从中间沉池来的污泥打入预浓缩池，泵房内设 F10K—HD 潜水泵 2 台（1 用 1 备），在输泥渠道中预留了安装细格栅的位置。

3.4.2.2 中间沉淀池

中间沉淀池为矩形钢筋混凝土结构，全池共分 4 格（2 组），每格尺寸为 93m×7.0m×4m，水力负荷 2m^3/（m^2·h），停留时间为 1.3h，每组沉淀池设有一套移动桥式吸泥机（全池共 2 套）。桥上设有 2 台带顶旋系统的 H12K—SD 型吸泥泵，在吸泥口设有调节阀，沉淀池的排泥量通过调节阀开启进行控制,并随进水量大小按预定的比例关系通过计算机可自动控制排泥量。

3.4.2.3 B段曝气池

B段曝气池为矩形钢筋混凝土结构,全池分4格(2组),尺寸为62m×17m×5.8m,停留时间4.2h,污泥负荷为0.37kg/(kg·d),平均需氧率为0.93kg/kg,设计池内溶解氧浓度为1.5mg/L。输泥渠上设有剩余污泥泵,泵房内装有DDQS4型潜水泵2台(1用1备)。

3.4.2.4 最终沉淀池

最终沉淀池为矩形钢筋混凝土结构,全池分8格(4组),每格尺寸为60m×10.3m×5.5m,水力负荷为1.1m³/(m²·h),停留时间3.9h。每组沉淀池设有一套移动式吸泥桥(全池4套),池底污泥通过桥上吸泥泵(带调节阀)抽升入集泥渠,随桥移动,边走边吸。每个桥上设有带调节阀的FIOK—HD型潜水泵2台,沉淀池的排泥量可根据阀门启度进行控制,并随进水流量按预定的比例关系通过计算机自动调节。

桥上带有浮渣刮板,边走边刮,至池端浮渣槽时自动开启浮渣泵,将浮渣送至格栅间的浮渣脱水机。浮渣泵房内设CCQM2型潜水泵2台(1备1用)。

3.4.2.5 污泥消化池

污泥经浓缩后进行厌氧消化,污泥消化池为圆形,锥形顶和底为钢筋混凝土结构,共有消化池4座(2组),采用沼气搅拌和中温一级消化,消化时间20d,池径为28m,池容为10335m³。消化池用体外加热,生、熟污泥以1:3.7的比例通过套管式泥水热交换器进行加热,然后进入消化池。池内泥温控制在(33±1)℃。

消化池所产沼气经脱硫后用于沼气发动机带动鼓风机。污泥消化车间的中部为沼气压缩机房与沼气脱硫室(甲类防爆车间)。沼气压缩机房内有水环式沼气压缩机5台(分2组,每组设3台泵,其中1台为2组公用备用设备),每台气量为836m³/h,压力为200kPa,功率为92kW。消化池排出的污泥气通过沼气压缩机加压又打回到消化池,气体来回循环,搅拌管由圆周形的输气管与18根竖向配气管组成,搅拌由时间控制并可自动切换。

沼气脱硫采用湿法二级逆流式洗涤吸收罐,罐径为1.1m,用Na_2CO_3的NaOH溶液喷淋污泥气,使H_2S溶解于喷淋液,从而达到脱硫的目的。每去除1kg的H_2S需2~8kg的Na_2CO_3。具体药剂耗量可自动控制。

3.4.2.6 鼓风机房

鼓风机房为30m×16.5m的砖混结构,房内设有4台高速离心风机。其中2台是由沼气发动机带动的鼓风机,每台功率为300kW,风量为13500m³/h(标准状况);另外2台为电动鼓风机(其中1台备用),每台功率为400kW,风量为18000m³/h(标准状况)。进风道设有粗、细二级过滤装置,粗过滤器可根据过滤布前后压力差自动卷换滤布,袋式细过滤装置设有压差报警仪,根据报警由人工更换滤袋。

根据反馈至鼓风机房调节控制系统的曝气池内溶解氧量,可自动控制鼓风量以节约能源。

沼气发动机的余热作为加热消化污泥的热源(当热量不足时才启用沼气锅炉以补充热量)。经泥、水热交换后的回水又回至发动机的冷却系统,构成一个较为先进的闭路循环系统。

3.5 AB法的适用范围及局限性

3.5.1 AB法的适用范围

AB法污水生物处理工艺开始是为生活污水的处理开发的,但由于AB法工艺所具有的优势和特点,该工艺的使用范围较为广泛,除一般的城市污水处理以外,AB工艺较为适合工业废水比例较大的和水质波动较大的污水处理;另外在处理出水要求脱氮除磷时,也可采用AB工艺。目前全世界有50多座AB法污水处理厂在运行,另有40余座正在设计和规划之中,表3-3所列为国外已在运行之中和设计之中的主要AB法污水处理厂情况:

国外已运行和设计中的主要AB法污水处理厂情况　　　表3-3

国家	污水处理厂数量	处理人口当量
德国	34座	5000～1570000
荷兰	3座	60000～470000
奥地利	2座	350000～470000
丹麦	1座	37000
希腊	1座	100000
捷克	1座	120000
南斯拉夫	1座	1600000

国内近几年来对AB法工艺开展大量的研究工作,其研究工作主要集中在对AB法工艺机理、运行稳定性和对不同种类废水的处理效果等方面,表3-4所示为国内对AB工艺的有关研究情况。

国内对AB工艺的主要研究情况　　　表3-4

研究单位	废水类型	污泥负荷（A/B）	去除率［(C/B)%］
清华大学	印染废水	3.8～5.1/0.5～0.6	73～82/88～95
北京市市政工程设计研究院	城市污水	1.3～4.9/0.1～0.3	—/93.88
中科院成都生物所	屠宰废水	2.2/0.2～0.3	87.2/94.2
东南大学	饮料废水	6.09/2.09*	

注：A/B——(A段污泥负荷)/(B段污泥负荷);
　　C/B——(COD去除率)/(BOD_5去除率);
　　*——单位为密度负荷($kgBOD_5/(m^3 \cdot d)$),其余单位为($kgBOD_5/(kgMLSS \cdot d)$)。

AB工艺的设计在国外已有一定的经验,但我国的废水特性和水质环境与国外有明显的不同,即使在国内各地的情况也不尽相同,因此有必要进一步深入研究AB工艺,开发出适用于不同污水水质和不同处理要求的AB工艺及设计参数。表3-5所列为国内外AB法的工艺设计参数对比及推荐设计参数。

AB法的主要工艺参数对比及推荐值　　　　　　　　　表3-5

项目	级	设计参数 国内	设计参数 国外	推荐设计参数
容积负荷 ($kgBOD_5/(m^3 \cdot d)$)	A	~10	1~5	6~10
	B	~0.5	0.5~10	≤0.9
污泥负荷 ($kgBOD_5/kgMLSS \cdot d$)	A	3~4	3~6	2~5
	B	0.15~0.37	0.15~0.3	0.3
泥龄 θ_c (d)	A	0.3~0.5	0.3~0.5	0.3~0.5
	B	15~20	15~20	15~20
曝气时间（h）	A	~0.8	0.5~0.7	0.5~0.75
	B	~4.2	2.0~3.5	2~4
沉淀时间（h）	A	~1.3	1.5~2.0	1~2
	B	~3.9	2.0~2.5	2~4
BOD_5去除率（%）	A	40~65	40~70	45~55
	B	~95	90~98	90~95

AB工艺中的A段由于采用高负荷的设计参数，因此对进水的冲击负荷承受能力较强，同时A段采用兼氧或缺氧状态运行，可产生一定程度的酸化作用，因此可在一定程度上改善进水的可生化性，提高后续的好氧处理的效率。由于A段的综合作用，使得在一定的条件下，将污水处理系统分段建设成为了可能。即在国内某些地区资金不足的情况下，采用AB工艺可将污水处理工程分成A段和B段分期建设，这样既可缓解资金不足的问题，同时又可达到逐步解决环境问题的目的。

3.5.2 AB法的剩余污泥处置问题

由于AB法中A段的有机物负荷较高，泥龄短，因此产泥率高，另外在B段中还有部分的剩余污泥，因此在AB法中，剩余污泥的量较其他工艺产泥量相对较大。德国学者在试验研究的基础上，对AB工艺的产泥率进行了统计估计，见表3-6所示。从表3-6可看出，污泥的稳定化程度和进水中悬浮物的比例相关很大，同时也是影响污泥产量的重要因素。

污泥产量的统计数据　　　　　　　　　表3-6

SS (mg/L)	BOD (mg/L)	SS/BOD	污泥龄（Sludge age，温度为10℃）(d)							
			4	8	12	16	20	24	28	32
20	100	0.2	0.75	0.64	0.58	0.54	0.51	0.49	0.47	0.46
40	100	0.4	0.85	0.74	0.68	0.64	0.61	0.59	0.57	0.56
60	100	0.6	0.95	0.84	0.78	0.74	0.71	0.69	0.67	0.66
80	100	0.8	1.05	0.94	0.88	0.84	0.81	0.79	0.77	0.76
100	100	1.0	1.15	1.04	0.98	0.94	0.91	0.89	0.87	0.86
120	100	1.2	1.25	1.14	1.08	1.04	1.01	0.99	0.97	0.96
140	100	1.4	1.30	1.24	1.18	1.14	1.11	1.09	1.07	1.06
Y_{SS}	Y_{BOD}		稳定系数（Stability factor）f_s							
0.5	0.4		1.623	1.36	1.19	1.09	1.03	0.98	0.94	0.90

注：Y_{SS}和Y_{BOD}分别表示每去除单位质量SS和BOD的产泥系数。

产泥率（Sludge production）=（SS×0.5+BOD×0.4×f_s）/BOD。

剩余污泥的产生是污水处理过程中不可避免的问题，对污泥的处置基本存在两个问题，一是污泥产量，另一是污泥的稳定化问题。AB工艺的产泥量较大，同时污泥没有得到较好的稳定，因此AB工艺的污泥处置是该工艺较为突出的问题。如A段曝气池在污泥负荷为4.5kgBOD（kgMLSS·d）时，污泥龄4~4.5h，其产泥率约为1.99kg干污泥/（kg去除BOD），而B段曝气池平均污泥负荷0.125kgBOD$_5$/（kgMLSS·d），泥龄约21d。

对大量剩余污泥，进行污泥稳定化是非常重要的。特别是A段污泥的不稳定程度较为严重，如何处置好AB工艺的剩余污泥是该工艺的重要问题。

污泥处理的投资额一般占总投资的30%~35%（传统活性污泥法处理城市生活污水）。污泥稳定化主要采用厌氧消化和好氧消化。目前国内外采用AB工艺的大型污水处理厂，有条件的多采用厌氧消化处理，回收沼气，但对小型污水处理厂，厌氧消化污泥投资比例大。一般来说，AB工艺的平均污泥产率约较传统活性污泥法工艺高10%~15%，这意味着污泥消化装置的容积将比传统活性污泥法工艺消化装置大10%以上。如果采用好氧消化，增加了运行费用。AB法较之传统活性污泥法"运行费用降低"，主要是SS或有机物一开始就进行了相转移。因此准确评价、应用AB法，还应考虑污水处理厂的规模、污水性质、A级污泥的物理、生化性能以及今后污泥处理方法或脱水设备的研制。在国内AB工艺的污泥处置基本上采用污泥厌氧消化进行稳定，并将沼气进行综合作用。

3.5.3 AB工艺局限性及存在问题

在国外（德国等）多座AB法污水处理厂考察，发现一个普遍存在的问题是A段在运行时出现恶臭，影响附近的环境卫生，这主要是由于A段在高有机负荷下运行，使A段曝气池在缺氧甚至厌氧条件下工作，导致产生H_2S、大粪素等恶臭气体。因此，今后A段曝气池设计应考虑加设封盖，或采用收集A段附近的污染空气，用通气机抽送至生物过滤器中进行净化后再排入大气，以免影响周围大气环境。生物过滤器通常利用树皮和木片做涂料，经过一定时间运行后表面上生长和形成生物膜，当污染空气流经其中时，恶臭物质与生物膜中的细菌群落接触，在好氧条件下氧化降解而清除恶臭。

第二个问题，是在要求脱氮除磷时，A段一般不宜按AB工艺原有去除有机物的分配比去除BOD（去除率在50%~60%），因为这样，B段曝气池的进水含碳有机物含量与氮之比偏低，不能有效的脱氮。

AB工艺用于处理低浓度的城市污水及工业废水仍是值得进行研究的问题。我国许多城市的污水，由于种种原因，如绝大多数建筑物或建筑群在其污水排入城市下水道之前都设置化粪池，城市下水管道内渗，雨水、污水合流，用水浪费等，使其城市污水的有机物含量偏低，许多城市污水BOD浓度小于150mg/L，甚至有些城市污水BOD浓度低于100mg/L，而污水中的氨氮浓度并不低，一般在25~50mg/L。因此，我国一些城市在新建、扩建或改建城市污水厂时，如果对出水的TN和TP浓度有要求时，即需要防止受纳水体发生富营养化，也就是说，在污水处理厂内需要脱氮除磷，而原污水BOD_5<200 mg/L时，一般不宜采用AB工艺，而以采用A/O或A^2/O法才更为经济和有效。只有当$BOD_5 \geq 300$mg/L时，采用AB工艺比采用以上工艺更为经济有效，但是在原水BOD_5浓度在300mg/L左右时，A段的BOD去除率控制不宜超过50%，以30%~40%为宜，这样可保证B段有较多的含碳有机物供反硝化之用，以达到提高TN去除率的效果。

参 考 文 献

[1] 金雪标，高运川．吸附生物降解法的应用与讨论．环境科学，1997（8）
[2] 何国富，华光辉，张波．AB法工艺的水处理功能极其局限性．青岛建筑工程学院学报，2001.1
[3] 周健，龙腾锐．AB法A段机理及动力学研究状况．重庆建筑大学学报，1999.12
[4] 王彩霞．城市污水处理新技术．北京：中国建筑工业出版社，1990
[5] 王凯军，贾立敏．城市污水处理新技术开发与应用．北京：化学工业出版社，2001
[6] 沈耀文，王宝贞．废水生物处理新技术理论与应用．北京：中国环境科学出版社，2000
[7] 冯生华．城市中小型无水处理厂的建设与管理．北京：化学工业出版社，2001

第4章 序批式活性污泥法（SBR）

4.1 概 述

20世纪70年代初，美国Natre Dame大学的R.Irvine教授等在美国自然科学基金资助下，开始了间歇式活性污泥法的研究，在实验室中对序列间歇式（序批式）活性污泥法（Sequencing Batch Reactor Activated Sludge Process，简称SBR）和连续流活性污泥法（Continuous Flow System Activated Sludge Process，简称CFS）的运行特性作了系统的比较研究，详细定义和描述了序批式间歇反应器（SBR），并于1980年在美国国家环保局（USEPA）的资助下把印第安纳州的Culver城市污水厂改建并投产了世界上第一个SBR污水处理系统，取得了令人满意的效果。他们的研究结果指出，SBR具有投资少、耐冲击负荷，污泥不易膨胀，并且能有效去除N、P的优点。随着对该工艺的深入研究，SBR法已逐渐被认为是替代CFS法的一种较好的替代工艺。此后，日本、加拿大、澳大利亚、东南亚和法国等都对SBR工艺进行了研究和应用。

国外已对SBR工艺进行了大量的研究工作。对SBR处理有机废水的工艺特性、设计方法、工艺参数、反应器构造、微生物学及脱氮除磷等诸方面取得了很多研究成果。Irvine自20世纪70年代中期到80年代中期前后长达10年的时间里，一直从事于SBR处理城市污水和生活污水方面的研究。在这段时间里，其他学者对SBR的研究重点也于此。其研究内容包括：含碳有机物的去除和SBR的基本运行特征、氮磷的去除、污泥沉降性能的控制及连续流活性污泥系统的改造等。到80年代初，城市污水中含碳有机物的主要规律和工艺参数已基本掌握。现将研究成果列于表4-1。

处理城市污水的SBR在不同负荷条件下的特征　　表4-1

参　数	高负荷运行	低负荷运行
BOD_5负荷率	$0.1\sim0.5kgBOD_5/(kgMLSS \cdot d)$	$0.03\sim0.1kgBOD_5/(kgMLSS \cdot d)$
每天周期数	3~4	2~3
排出比	1/4~1/2	1/6~1/3
BOD_5、SS去除率	出水$BOD_5<200mg/b$，$SS<10mg/L$	比高负荷效果更好
污泥产率	高	低
维护管理	抗冲击负荷能力稍差	抗冲击负荷能力强，运行更灵活

SBR工艺提供了时间序列上的废水处理，通过改变操作程序和条件可以使工艺适应废水水量、水质的变化，又能防止污泥膨胀和脱氮除磷等不同要求。由于一些工业废水是间歇排放且流量不大，从这个意义上讲，时间序列上运行的SBR工艺似乎更适合处理中小规模的工业废水。近些年，针对这种工业废水的特性，该工艺已成功地应用于农产品加

工废水、屠宰废水、啤酒废水、制药废水、化工废水、印染废水等的处理，目前 SBR 处理难降解有机物的对象几乎涵盖了其他生物法所处理的对象，证明 SBR 是一种性能稳定的污水处理方法。

最初 SBR 工艺有两个主要的技术问题：曝气头堵塞和操作过于复杂。近年来，机械曝气装置和新型曝气头的开发，使间歇运行曝气装置的堵塞问题已经得到解决；同时，各种可控阀门、定时器、检测器的可靠程度已经相当高，程控机、电子计算机，特别是微型电脑自动控制技术的发展以及溶解氧测定仪、ORP 计、水位计等对过程控制比较经济而且精度高的水质监测仪表的应用，使得 SBR 工艺的运行可以完全实现自动化。困扰 SBR 发展的两个主要因素解决后，SBR 工艺得到了越来越广泛的应用。

随着人们对 SBR 研究的深入，新型的 SBR 工艺不断出现。20 世纪 80 年代初，出现了连续进水的 SBR-ICEAS（CIntermittent Cyclic Extended Aeration System）工艺，全称为间歇循环延时曝气活性污泥工艺。后来 Goronzy 教授相继开发了 CASS 和 CAST。CASS（Cyclic Activated Sludge System）或 CAST（Cyclic Activated Sludge Technology）或 CASP（Cyclic Activated Sludge Process）工艺是一种循环式活性污泥法。该工艺的前身为 ICEAS 工艺，它的整个工艺为一个间隙式反应器，在此反应器中进行交替的曝气-不曝气过程的不断重复，将生物反应过程及泥水的分离过程结合在一个池中完成。20 世纪 80 年代，SBR 与其他工艺结合上的研究也有了比较大的进步。20 世纪 90 年代，比利时 SEGHERS 公司以 SBR 的运行模式为蓝本，开发了 UNITANK 系统，把 SBR 的时间推流与连续系统的空间推流结合起来。

目前，SBR 法为越来越多的环境工程师所接受，并主要在美国、澳大利亚、日本、西德等国家应用于生活污水及工业废水的处理中。法国的 Degrement 水处理公司将 SBR 反应器作为定型产品供小型污水处理站使用。1985 年日本下水道理事会公布对 SBR 工艺法的技术评价报告书，充分肯定了该工艺的优点。至今，日本采用 SBR 工艺的小型污水处理厂数量仍保持着世界第一的记录。在澳大利亚公用事业部引入 SBR 工艺用于城市污水处理，目前 SBR 法已成为城市污水处理的主导工艺，近 10 年已建成 SBR 污水处理厂近 600 座。

我国于 20 世纪 80 年代中期开始对 SBR 系统进行研究与应用，1985 年在上海市吴淞肉联厂设计并建成了我国第一座 SBR 废水处理设施，设计水量为 $2400m^3/d$。近年来，我国对 SBR 的研究和应用开展迅速。

随着我国城镇和工业的迅速发展，废水量不断增加，需要建设很多中小型废水处理设施。同时，日益严重的富营养化问题迫使废水处理设施在去除有机物的基础上进一步对废水进行脱氮除磷。工业废水的成分更加复杂，芳香烃、卤代物等有毒有害及难降解有机物在废水中的种类和浓度不断增加，这些污染物的去除问题也日益受到重视。就我国的经济实力而言，要利用有限的资金解决日趋严重的水污染问题，就必须要研究开发和利用效率高、投资少、能耗低的废水处理实用技术。

SBR 集调节池、曝气池和沉淀池于一体，具有投资少、效率高、使用面广和操作灵活的优点，且能够有效地脱氮除磷。适合多种不同目的的废水处理要求，因而是一种适合我国国情的废水处理技术，有很好的应用前景。随着 SBR 在国内的广泛应用，国内 SBR 专用设备的研究也取得长足的进步，开发出一系列的污水设备。国家环保总局还把 SBR 专用设备的产业化和系列化列为"八五"和"九五"科技攻关项目。目前 SBR 工艺在我国废水处理领域应用比较广泛，已建成的 SBR 工艺处理的废水有：屠宰废水、苯胺废水、巢丝废水、含酚废水、啤酒废水、化工废水、淀粉废水等。在北京、上海、广州、无锡、扬州、山西、福州、昆明等地已建有多座 SBR 处理设施并投入运行。

4.2 SBR 的工作原理和特点

4.2.1 SBR 处理的基本流程

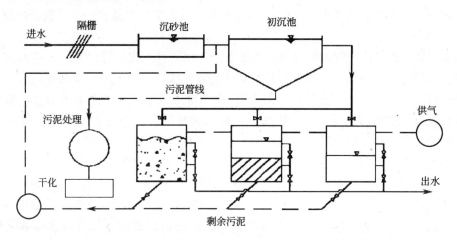

图 4-1 SBR 流程示意图

SBR 技术本身是活性污泥法的一种,去除污染物的机理与传统的活性污泥法完全一致,但其操作过程又与活性污泥法根本不同。

经典的 CFS 的反应原理、污染物去除机理、BOD 负荷等参数均适合于 SBR,但是 SBR 与传统的 CFS 又有明显的区别,直观地表现为设备的设置及运行方式有很大的不同。序批示活性污泥法（SBR）有两层含义:一是运行操作在空间上按序列,间歇的方式进行,由于污水大都是连续或未连续排放,流量的波动很大,在处理系统中至少需要 2 个或多个反应器交替进行（如图 4-1 所示）。从总体来看污水是按顺序依次进入每个反应器,而各个反应器相互协调作为一个有机的整体完成污水净化功能,但对每一个反应器则是间歇进水和间歇排水;二是每个反应器的运行操作在时间上也是按次序排列间歇运行的,一般 SBR 的一个完整操作周期有以下五个阶段:进水期、反应期、沉淀期、排水期和闲置期,如图 4-2 所示。

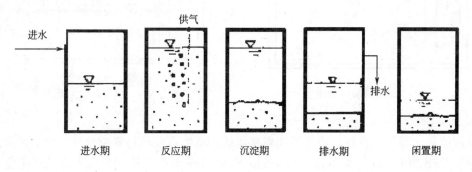

图 4-2 SBR 的周期过程

在一个运行周期中，各个阶段的运行时间、反应器内混合液体积的变化以及运行状态等都可以根据具体污水性质、出水质量与运行功能要求等灵活掌握。SBR 法的运行工况是以间歇操作为主要特征，能灵活适应污水在水质和水量上的大幅度变化，达到良好的 BOD_5、氮、磷去除效果。SBR 是在单一的反应器内，在时间上进行各种目的不同操作，故称之为时间序列上的污水处理工艺。

4.2.2 SBR 的工作原理

如前所述，SBR 污水生物处理工艺的整个处理过程实际上是在一个反应器内进行的。

1. 进水阶段

图 4-3 是污水进入反应池的过程，紧接上一周期的排水或闲置状态。反应池内留有活性污泥，且池内水位最低。在进水阶段，由于排水阀关闭，反应池一直接纳污水，水位不断上升，待反应器充水到一定位置后再进行下一步的反应过程。此时反应器中已有一定数量的满足处理要求的活性污泥，其数量一般为 SBR 反应器容积的 50% 左右，即充水量约为反应器的一半。在向反应器充水的初期，反应器内液相的污染物浓度是不大的，但随着污水的不断投入，污染物的浓度将随之不断提高。当然。在污水的投入过程中，SBR 反应器内也存在着污染物的混合和被活性污泥吸附、吸收和氧化作用。由于 SBR 工艺中，污水向反应器的投入时间一般是比较短的，在充水时间里单位时间内部反应器投入的污染物数量比连续式活性污泥法大，投入速度大于活性污泥的吸附、吸收和生物氧化降解速度，从而造成污染物在混合液中的积累。为防止在充水期间污染物的积累对反应过程产生抑制作用，还可考虑在进水期间对 SBR 进行曝气。污水流入的方式可有单纯充水、曝气、缓慢搅拌 3 种，若污水进水阶段同时曝气，则可使反应池内的活性污泥再生和恢复活性，污水中有机物开始被好氧微生物氧化分解；若进水时不曝气，而进行缓慢搅拌使之处于缺氧—厌氧状态，则可对污水进行脱氮与聚磷菌释放磷。运行时可根据不同微生物的生长特点、废水的特性和要求达到的处理目标选用进水方式。

2. 反应阶段

在池内水量最大时进行曝气或搅拌，此时其机理及规律完全遵从好氧活性污泥法（见图 4-4）。通过好氧反应，达到去除 BOD、硝化及吸收磷的目的。若需除氮，先用好氧反应（曝气）使其硝化，然后停止曝气而进行缓速搅拌，控制在兼氧—厌氧状态进行反硝化脱氮。

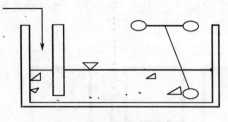
图 4-3 进水阶段示意图

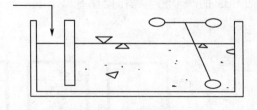
图 4-4 反应阶段示意图

3. 沉淀阶段

反应池停止曝气和搅拌，活性污泥絮状体通过重力沉淀进行固液分离，浓缩污泥，功能相当于 CFS 中的二次沉淀池（见图 4-5）。SBR 反应器本身是一个沉淀池，它避免了在连续活性污泥法中泥水混合也必须经过管道流入沉淀池沉淀的过程，从而有可能是部分刚刚开始絮凝的活性污泥重新破碎的现象。此外，由于是静止沉淀，沉淀效率较连续的上升流及斜板沉淀高，出水水质好。沉淀过程一般有时间控制，沉淀时间一般为1～1.5h。

4．排水阶段

当池水位达到设计的最高水位并经沉淀后，利用可自动控制的滗水器将上清液缓慢排出。当池水位恢复到处理周期开始的最低水位时停止滗水。池底部沉降的活性污泥，一部分作为下个处理周期的回流污泥使用，另一部分以剩余污泥的形式引至污泥处理装置进行处理（见图4-6），以保持反应器内一定数量的活性污泥。一般而言，SBR反应器中的活性污泥数量为反应器容积的50%左右。

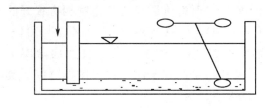

图4-5　沉淀阶段示意图　　　　　图4-6　排水阶段示意图

5．闲置阶段

可视污水的性质选择设置，并可根据需要进行搅拌或曝气。闲置阶段的功能是在静置无进水的条件下，使微生物通过内源呼吸作用恢复其活性，并起到一定的反硝化作用进行脱氮，为下一个运行周期创造良好的初始条件。通过闲置阶段后的活性污泥处于一个营养物的饥饿状态，单位重量的活性污泥具有很大的吸附表面，因而一当进入下一个运行周期的进水阶段，活性污泥便可以充分发挥较强的吸附能力，而有效地发挥初期吸附去除作用。闲置阶段的设置是保证SBR工艺出水水质的重要步骤。一般地，此阶段针对脱氮要求而设置，如无脱氮要求时不一定需要闲置阶段。

4.3　SBR工艺特点及主要影响因素

4.3.1　SBR工艺的特点

SBR是传统活性污泥法的一种变形，它的净化机理与传统活性污泥法基本相同，但SBR的各个运行期在时间上的有序性，使它具有不同于连续流活性污泥法（CFS）和其他生物处理法的一些特性。

4.3.1.1　处理效果稳定，对水量、水质变化适应性质、耐冲击负荷

SBR在运行操作过程中，可以根据废水水量水质的变化、出水水质的要求来调整一个运行周期中各个工序的运行时间、反应器内混合液容积的变化和运行状态，即通过时间上的有效控制和变化来满足多功能的要求，具有极强的灵活性。SBR可以通过调节曝气时间来满足出水要求，因此运行可靠，效果稳定。

SBR池是集调节池、曝气池和沉淀仪为一体的生物处理工艺，充水时相当于一个均化池，在不降低出水水质的情况下，可以承受高峰流量和有机物浓度的冲击负荷，尤其是采用非限制曝气运行方式，更能大大增强SBR处理有毒有机废水的能力。另外SBR法比CFS法更容易保持较高的污泥浓度，这也提高了它抗冲击负荷的能力。

完全混合式曝气池的耐冲击负荷和处理能力比推流式曝气池强。SBR法在时间上来说是一个理想的推流过程，但就反应及本身的混合状态又是一个典型的完全混合式反应器，因此，兼有耐冲击负荷强及反应推力大的优点。并且SBR法的沉淀为静止沉淀，沉降性能好及不需要污泥回流，使反应器中维持较高的MLSS浓度，所以更具耐冲击负荷能力。如果对SBR的活性污泥系统加以改进，在反应器内设置填料，引入生物膜的概念，则化学耗氧量（COD）及氮的去除率有很大的提高。香港大学H.H.P.Fang,C.L.Y.Yeong, K.M.Book和C.M.Chiu利用其纤维生物载体SBR模型对COD为250~1034mg/L, NH_3-N为22~114mg/L的废水进行实验，与传统的SBR相比，省去了静置阶段，从而循环周期缩短，在pH值为7~8，温度20℃时纤维载体与微生物相有很好的亲和性，当污水中COD负荷在0.56~4.51kg/（m^3·d），氨氮（NH_3-N）负荷在0.04~0.49kg/（m^3·d）的范围内时，COD平均去除率在2h内为95%，NH_3-N总去除率为57%，效果非常理想。总之，SBR独特的时间推流性与空间完全混合性，使得可以对其运行控制进行有效的变换，以达到适应多种功能的要求，极其灵活。

4.3.1.2 理想的推流过程使生化反应推力大、效率高

连续流反应器有两种类型，分别称为推流型与完全混合型。根据活性污泥动力学理论，生物反应速度受基质浓度的影响，基质浓度越小，反应速度越慢。完全混合型反应器，由于人为地强化混合，使基质浓度降低，减慢了生物反应速度，这是不适宜的。在理想的推流式装置中，不存在返混作用，起始端的污水浓度大，生物反应速度亦大，全池的单位容积处理效率高于完全混合型。目前，实际采用的推流式并不是理想状态，而是一种带返混的旋流式池子。

SBR反应器中的底物（BOD）和微生物（MLSS）浓度是随反应的时间而变化的，而且不连续，因此，它的运行是典型的非稳定状态，并且在其连续曝气的反应阶段也属于非稳定状态，但在同一周期中，其底物和微生物浓度的变化却是连续的。这期间，虽然反应器内的混合液呈完全混合状态，但是其底物与微生物浓度的变化在时间上是一个推流（Plugflow）过程，浓度的变化是随时间而逐步降低的，在反应器内存在一个污染物的浓度梯度，及F/M梯度，并且呈现出理想的推流状态。根据活性污泥法生化反应动力学，在理想的推流式曝气池中，污水与回流污泥形成的混合液从池首端进入，呈推流状态沿曝气池流动，至池末端流出，此间在曝气池的各断面上只有横向混合，不存在纵向的"返混"。作为生化反应推动力的底物浓度，从进水的最高逐渐降解至出水时的最低，整个反应过程底物浓度没有被稀释，尽可能地保持了最大的推动力。由此分析可知，SBR反应器是一个极为理想的污水处理设备。

4.3.1.3 污泥活性高，浓度高且具有良好的污泥沉降性能

反应器内污泥的质量浓度可达8~20g/L，是连续流活性污泥法的4~10倍。据报道，SBR系统中微生物的核糖核酸（RNA）含量比连续流活性污泥系统高3~4倍，微生物的生长速率与RNA的浓度有直接关系，RNA是微生物生长的基础，RNA高预示SBR系统微生物具有较强的活性。而在反应器内维持较高的污泥质量浓度对处理高浓度难降解有毒有害工业废水有利。

构成活性污泥微生物的细菌可分为菌胶团形成菌与丝状菌，当菌胶团形成菌占优势时，污泥的凝聚性和沉降浓缩性好；反之，当丝状菌占优势，则污泥沉降性能出现恶化，

易发生污泥的丝状菌膨胀。菌胶团形成菌与丝状菌的增殖速度，随 BOD 基质浓度不同而异，在低浓度中丝状菌增殖速度大；反之，高浓度的 BOD 基质有利于菌胶团形成菌的增殖。限制曝气的 SBR 在反应阶段是时间上理想的推流状态，污水是一次性投入反应器内，因而在反应的初期，有机物浓度高，而反应后期则有机物的浓度较低。即有机物浓度存在较大的浓度梯度，有利于菌胶团细菌的增殖，菌胶团的形成，从而可有效地抑制丝状菌的生长，防止污泥膨胀。

污泥膨胀多为丝状膨胀，在活性污泥法中，间歇式最不易发生膨胀，完全混合式最容易引起膨胀。按照发生膨胀难易程度的排列顺序是：间歇式、传统推流式、阶段曝气式和完全混合式，同时其降解有机物（对易降解污水）速率或效率的高低，也遵循这个排列顺序。SBR 能够有效地控制丝状菌的过量繁殖，这一特性是由缺氧好氧状态并存、反应中基质浓度较大、而且浓度梯度大、泥龄短、比增长速率大决定的。

SBR 在沉淀时没有进出水流的干扰，可以避免短流和异重流的出现，是一种理想的静态沉淀，固液分离效果好，容易获得澄清的出水。剩余污泥含水率低，浓缩污泥含固率可达到 2.5%～3%，这为后续污泥的处置提供了良好的条件。

4.3.1.4　脱氮除磷效果好

废水的自我脱氮除磷需要不同的生态环境和条件，在 CFS 中通常需要通过 A/A/O 工艺来达到去除有机物和氮磷的目的。但 SBR 工艺的时间序列性和运行条件上的较大灵活性为其脱氮除磷提供了得天独厚的条件，即 SBR 工艺在时间序列上提供了缺氧（DO=0，NO_X>0）、厌氧（DO=0，NO_X=0）和好氧（DO>0）状态交替的环境条件，而且很容易在好氧条件下增大曝气量、反应时间和污泥龄来强化硝化反应及除磷菌过量摄磷过程的顺利完成，也可以在缺氧条件下方便的投加原污水（或甲醇）或以提高污泥浓度的方式，以提供有机碳源作为电子供体使反硝化过程更快的完成，还可以在进水阶段通过搅拌维持厌氧条件以促进除磷菌充分的释放磷。其具体运行操作过程为：进水阶段搅拌（在厌氧状态下释放磷）→反应阶段（在好氧状态下降解有机物、硝化和磷吸收）→沉淀排水排泥阶段（通过排泥除磷，利用沉淀过程中的缺氧条件进行反硝化脱氮）→闲置阶段（再生污泥，准备进入下一个运行周期）。SBR 工艺在一个反应器中实现有机物和氮磷的同时去除这一独特优点，是它近年来倍受重视和得到广泛应用的主要原因之一。SBR 的除氮、除磷效果见表 4-2。

SBR 和连续流活性污泥法（CFS）的比较（生活污水）　　　　表 4-2

方　　法	BOD_5 去除	氮　去　除	磷　去　除
连续流活性污泥法	>90%	25%～50%	10%～30%
SBR 一般模式	>90%	55%	65%
SBR 除氮、磷模式	>90%	91%	92%

4.3.1.5　工艺简单，工程造价及运行费用低，是小规模污水治理的有效方法。

原则上 SBR 的主体工艺设备只有一个 SBR 反应池。与普通活性污泥法工艺相比不需要二沉池、污泥回流及其设备，一般情况下不必设置调节池，多数情况下可省去初沉池。Ketchum 等人统计结果表明，在美国及澳大利亚，利用 SBR 处理小城镇污水，要比普通活性污泥法节省基建投资 30% 多。此外，采用简洁的 SBR 工艺的污水处理系统还有布置紧凑、节省占地面积的优点。目前的城市污水处理在脱碳的同时通常还要求脱氮、除磷，采用SBR,工艺过程极为简单,一个SBR构筑物取代了普通活性污泥法中的厌氧反应池、曝气池、二沉池和污泥回流系统。由于其省去了多个水处理构筑物,因此节约了水处理构筑物的占地面积。据统计,一般可以节约占地面积1/3。

由于水处理构筑物减少以及构筑物之间的连接管道、流体输送设备减少,特别是省去了污泥回流系统和混合液回流系统,因而大大节约了工程投资。据工程资料统计,扣除由于自控设备增加引起的工程投资增加外,一般工程总投资可以降低约20%~50%。

除此以外,更重要的是运转费用的降低。对于普通活性污泥法,包括污泥回流和混合液回流在内的约5倍于原水量的流体必须依靠污水泵输送进行循环而消耗动力,而动力消耗是生化法污水处理的重要成本。由于SBR无需污泥回流,只需要在一定时间内交替地进行水下搅拌和曝气就可去除有机物,同时完成脱氮、脱磷过程,从而降低了运转费用。

SBR如采用限制曝气方式运行,则在曝气反应之初,池内溶解氧浓度梯度大,氧气利用率也较高;在缺氧条件段,微生物可以有效地从硝酸盐中获得氧,这也节省了充氧量;重要的是SBR的反应效率高于一般CFS,即在获得同样的出水水质条件下,SBR的曝气时间可明显少于CFS。上述几种因素使SBR的运行费用相对较低。

据资料统计,采用SBR比活性污泥法可降低运转费用30%以上。

由于SBR工艺的构筑物简单,各个工序通过时序来控制,各个工序的操作可以通过PLC编程很容易地实现自动控制和监视。此外,通过调节运行参数,可以容易地对工艺过程进行改进,以实现水质、水量和对处理要求的变化。因此,SBR对于情况复杂多变的工业废水处理工程也具有极为广阔的推广前景。

目前,我国乡镇企业发展很快,排放污水总量不大,且间断排放,加之技术管理水平较低,经费少,若采用常规的连续式活性污泥系统进行治理,难度很大。若采用间歇法,在一个池中就可完成连续式活性污泥系统的全部过程,与连续式相比,具有均化水质、勿需污泥回流、不需二沉池、建设与运行费用都较低等优点。SBR是一种高效、经济管理简便,适用于中、小水量污水处理的工艺。建设部及国家环保总局印发的《城市污水处理及污染防治技术政策》中SBR法作为日处理能力在10万m^3/d以下的污水处理设施之一。

4.3.2 SBR的主要影响因素

4.3.2.1 污水中可生物降解的基质浓度

系统中除磷效果取决于厌氧状态下聚磷菌的释磷量,聚磷菌厌氧释磷越多,则好氧状态摄磷量越大。一般认为BOD_5/TP的比值大于20,则磷的去除效果比较稳定,去除率可达90%以上。原因是在厌氧条件下,易生物降解的基质由兼性异养菌转化成低分子脂肪酸后,才能被聚磷菌所利用,而这样转化对聚磷菌起着诱导作用,如果这种转化速率越高,则聚磷菌释磷速率就越大,单位时间内释磷量就越多,导致聚磷菌在好氧状态下的摄磷量更多,从而有利于磷的去除。

4.3.2.2 NO_3^--N对脱氮除磷的影响

当进水处于好氧状态时,因上一周期的好氧曝气停止后至沉淀及排水工序的缺氧段的反硝化作用不完全而留下的部分NO_3^--N。由于NO_3^--N的存在,在该阶段会发生反硝化反应,反硝化消耗易发生生物降解的基质,而反硝化速率比聚磷菌的磷释放速率快,所以反硝化细菌与聚磷菌争夺有机碳源,而优先消耗掉部分易发生降解的基质。如果厌氧混合液中NO_3^--N浓度≥1.5mg/L时,会使聚磷菌释放时间滞后,释磷速率减缓,释磷量减少，最终导致好氧状态下聚磷菌摄取磷的能力下降，影响除磷效果。所以应尽量降低曝气池内进水前留于池内 NO_3^--N 浓度，主要靠好氧曝气停止后沉淀，排水段的缺氧运行。

4.3.2.3 运行时间和DO的影响

进水阶段的缺氧状态，DO应控制在 0.3~0.5mg/L，以满足释磷要求；好氧阶段DO应控制在 2.5mg/L 以上，以满足BOD降解和硝化需氧量以及聚磷菌摄取过程的好氧环境。

好氧曝气之后，沉淀、排水阶段均为缺氧状态，DO不大于 0.7mg/L，时间为 2h 为宜。在此条件下，反硝化菌将好氧曝气阶段时贮存体内的碳源释放，进行SBR所特有的贮存性反硝化作用，使 NO_3^--N 进一步去除而脱氮，但当时间过长，DO＜0.5mg/L 时，则会造成磷的释放，导致出水中磷含量大大增加，影响除磷效果。各阶段运行时间分配对处理效果的影响见表 4-3。

各阶段运行时间分配对处理效果的影响　　　　表 4-3

	进水		曝气好氧	沉淀	排水待机	总时间	有机物去除率（%）	PO_4^{-3} 去除率（%）	N去除率（%）
	搅拌（缺氧）	停止搅拌（厌氧）							
时间分配(h)	1.5	0.50	4.0	1.5	0.5	8.0	80.3	93.2	—
	1.0	0.5	3.0	1.0	0.5	6.0	71.5	96.8	—
	1.0	1.0	4.0	1.0	1.0	8.0	93	96.8	82
	1.0	2.0	3.2	1.0	1.01	8.0	80	77.8	92.5

4.3.2.4 BOD-污泥负荷与排除比 1/m（每一周期的排水量与反应器容积之比）

1. 高负荷运行，周期数和排出比都采用比较大值，此时反应池容积小，建设费用低。因剩余污泥量多，在合适的运行条件下，可获得良好的除磷效果。

2. 低负荷运行，周期数和排出比都比较小，反应池容积较大，建设费用增高，剩余污泥量少，能充分地硝化和反硝化，可获得良好的脱氮效果。

4.4　SBR工艺的设计方法

我国自1985建成首座处理肉类加工污水的SBR系统后，又陆续在城市污水、制药污水和游乐场生活污水等处理工程中建造了SBR系统。

然而，对于SBR的设计还没有一种可被广泛接受的标准和简单的方法、迄今设计参数的选用和确定还是经验的或基本上套用连续流系统的设计方法，设计者的随意性较大。目前实际应用的SBR设计方法主要分两大类：经验设计法、动力学参数法。

4.4.1　经验设计法

4.4.1.1　BOD-污泥负荷法

经验设计法兼指污泥负荷法，可采用BOD-污泥负荷（L_S）或采用BOD-污泥容积负荷（L_V）。污泥负荷是影响曝气反应时间的主要参数，污泥负荷的大小关系到SBR反应池容积的大小，污泥负荷与反应池内的混合液污泥浓度（MLSS）、运行周期数、排除比等皆是设计和运行的参数，具体设计时应考虑处理厂的地域条件和设计条件（用地面积、维护管理、处理水水质要求等），应地而置。表 4-4 中所列设计参数可供参考。设计计算公式可按表 4-5 计算。

SBR 法设计参数　　　　　　　　　　　　　　　　表 4-4

有机负荷条件	高负荷运行	低负荷运行
	间歇进水	间歇进水，连续进水
BOD-污泥负荷 N_S（kgBOD/(kgMLSS·d)）	0.1~0.4	0.03~0.1
污泥浓度 MLSS (mg/L)	1500~5000	
周期数 n（周期/d）	大（3~4）	小（2~3）
排除比（$1/m$）	（1/4~1/2）	小（1/6~1/3）
安全高度 ε (cm)	500 以上	
需氧量（kgO_2/(kgBOD)）	0.5~1.5	1.5~2.5
污泥产量（kgMLSS/kgSS）	约 1	约 0.75

注：排除比（$1/m$）：每周期的排水量与反应池容积之比。

SBR 设计计算公式　　　　　　　　　　　　　　　　表 4-5

名　称	公　式	符号说明
BOD-污泥负荷（kgBOD/(kgMLSS·d)）	$L_S = \dfrac{Q_S \times C_S}{e \times C_A \times V}$	Q_S—污水进水量，m^3/d C_S—进水的平均 BOD_5，mg/L C_A—曝气池内 MLSS 浓度，mg/L V—曝气池容积，m^3 e—曝气时间比 $e = n \cdot T_A/24$ n—周期数，周期/d T_A—一个周期的曝气时间，h
曝气时间 (h)	$T_A = \dfrac{24 \times C_S}{L_S \times m \times C_A}$	C_S、C_A 同上 L_S—BOD-污泥负荷（kgBOD/(kgMLSS·d)） $1/m$—排除比，每一周期的排水量与反应器容积之比
沉淀时间 (h)	$T_S = \dfrac{H \times (1/m) + \varepsilon}{V_{max}}$	H—反应池内水深，m ε—安全高度，m V_{max}—活性污泥界面的初期沉降速度，m/h $V_{max} = 7.4 \times 10^4 \cdot t \cdot C_A^{-1.7}$ (MLSS≤3000mg/L) $V_{max} = 4.6 \times 10^4 \cdot t \cdot C_A^{-1.26}$ (MLSS>3000mg/L) t—水温（℃） $1/m$、C_A 同上
一个周期所需时间 (h)	$T_C \geqslant T_A + T_S + T_D$	T_A、T_S 同上 T_D—排水时间（h）
周期数	$n = 24/T_C$	同上
反应池容量 (m^3)	$V = \dfrac{m}{n \times N} \times Q_S$	n、$1/m$、V 同上 N—池的个数

续表

名　称	公　式	符　号　说　明
超过反应池容量的污水进水量（m³）	$\Delta Q = \dfrac{r-1}{m} \times V$	$1/m$、V 同上 r——一个周期的最大进水量变化比（变化系数）
反应池的必需安全容量（m³）	$\Delta V = \Delta Q - \Delta Q'$ （1） 或 $\Delta V = m(\Delta Q - \Delta Q')$ （2）	ΔQ 同上 $\Delta Q'$——在沉淀和排水期中可纳的污水量，m³ （1）为安全量留在高度方向时 （2）为安全量留在宽度方向时
修正后的反应池容量（m³）	$V' = V$（$\Delta V \leqslant 0$ 时） $V' = V + \Delta V$（$\Delta V > 0$ 时）	
曝气装置的供氧能力（kg/h）	$R_0 = \dfrac{O_D \times C_{SW}}{1.024^{T_2-T_1} \times \alpha - (\beta C_S - C_A)} \times \dfrac{760}{P}$	O_D——每小时需氧量，kg/h C_{SW}——清水 T_1（℃）的氧饱和浓度，mg/L C_S——清水 T_2（℃）氧饱和浓度，mg/L T_1——以曝气装置的性能为基点的清水温度，℃ T_2——混合液的水温，℃ α——K_{La}的修正系数 　高负荷法：0.83 　低负荷法：0.93 β——氧饱和温度的修正系数 　高负荷法：0.95 　低负荷法：0.97 P——处理厂的大气压（mmHg 绝对大气压）

4.4.1.2 Arora 法

仅引入 BOD-污泥负荷的概念，还不能深刻地反映 SBR 的实质，也不能准确合理地反映出反应池的处理能力、众所周知，在一定意义上讲，活性污泥浓度表征着微生物数量的多少，因而它是反应池能进行生物氧化的决定因素。它们与新加入的有机物不断接触，并对有机物进行生物降解，因此，处理有机废水的反应池内活性污泥量的多少，应该是影响反应池处理能力的重要参数，即采用污泥负荷表示 SBR 的处理能力，比采用容积负荷更合理、更准确。

Arora 方法是根据污泥负荷 F/M 计算 SBR 的。其步骤为计算每天的 BOD_5 量（F）；假定一个适当的 F/M，计算 M；假定排水后 MLSS 浓度的适当值 X_0，根据此假定浓度，计算沉降后混合液所占的池容积 V_0；选定 SBR 的个数 n，计算每池中混合液所占的容积 V_{01}；确定每天的运行周期数，计算每个反应池每个运行周期内所能处理的废水量 V_W，每个反应池的容积为 V_{01} 和 V_W 之和，SBR 总容积 V 为每个反应池容积的 n 倍；对 n 个可能的 MLSS 浓度值（如 5000，7500，10000mg/L），针对每天不同的运行周期数，昼夜流量变化等参数。要进行多次迭代计算，以检验所设计的 SBR 在运行中能否满足较常见的各种组合。

4.4.2 动力学参数法

该方法设计步骤为：确定进水水质及对出水水质的要求；选定 SBR 反应池的个数及每池的运行周期数；计算每个运行周期中的进水时间，并根据出水指标确定曝气反应、沉降、排放及闲置期的时间；选定一个适当的污泥浓度（X）；根据实验结果，确定动力学参数 k_0 和 k_1；根据式 $c_1 = c_E + t_1(QC_0 - k_0 XV)/V$ 和式 $c_1 = c_E(1 + k_1 X t_R)$ 计算每池的容积及其排放完后池内混合液所占的容积 V_0；验算 V_0/V 是否大于 40%，如果不是，重新选定反应池的个数及每池的运行周期数，直至符合要求。

式中　c_1——进水结束时反应池内有机物浓度，mg/L；

　　　c_E——曝气反应结束时反应池内有机物浓度，mg/L；

　　　t_1——进水时间，h；

　　　t_R——曝气反应期时间，h；

　　　Q——进水流量，m³/h；

　　　c_0——进水有机物浓度，mg/L；

　　　V——反应池容积，m³；

　　　k_0——零级动力学常数；

　　　k_1——一级动力学常数。

上述两种 SBR 设计方法是在传统的连续流设计基础上，根据 SBR 的特点加以修改而成的。在这两种方法中，对进水时间的确定及每天运行的周期数等参数，都是凭经验假定的。上海市政设计院试验结果表明，进水期时间 t_1 的大小，t_1 占工作时间 t_r 的比例，每天运行的周期数等参数，对 SBR 的运行及其效果是有影响的。

除此之外，还有曝气时间内 BOD 负荷法、λ 和 t_1 参数法、冲水期负荷法等。

4.5　SBR 技术经济比较分析

美国 EPA 在对 SBR 技术评估的基础上，比较分析了不同规模的 SBR 反应器的基建投资和运行费用（见表 4-6 和表 4-7）。比较结果说明在一定的流量范围内，当处理厂的规模增加时，单位造价降低。

对 4 个不同规模的 SBR 系统的投资和运行费用的估算　　　表 4-6

单位：美元

运行单元	流量/(m³/d)			
	379	1893	3785	18925
进水控制系统	2000	3000	4000	20000
集水池	2000	4000	5000	24000
曝气池	25000	50000	60000	256000
构筑物	70000	150000	250000	840000
PLC 等	10000	10000	10000	10000
水位监控	2000	4000	4000	16000
滗水系统	9000	16000	18000	90000
小计	120000	237000	351000	1256000
其他费用	30000	59000	88000	314000
总计	150000	296000	439000	1570000
工程结构建立和不可预见费用	45000	89000	132000	471000
总固定资产投资	195000	385000	571000	2041000
年运行维护费用	13000	24000	40000	148000
单价	870	330	260	190

4 个不同规模的 SBR 系统的运行费用的估算（据美国 EPA 报告）　　　表 4-7

单位：美元/a

运行单元	流量/（m³/d）			
	379	1893	3785	18925
运行人工费	7885	10046	15518	33208
维护人工费	1319	1941	2346	5062
动　　力	2232	9660	18900	96600
材　　料	1890	2640	3722	13136
运行和维护费总计	13000	24000	40000	148000

表 4-8 和 4-9 分别比较了流量为 1893m³/d 和 925m³/d 时，SBR、氧化沟和传统活性污泥工艺的基建投资和运行费用。以上两种规模的 SBR 污水处理厂基建投资分别为传统活性污泥法基建投资的 83% 和 86%。氧化沟投资与 SBR 工艺是相当的，仅略高于 SBR 工艺，而氧化沟和 SBR 工艺的运行费用是一样的。当处理厂的规模较小时，与传统活性污泥工艺相比，SBR 的运行费用也较省。如处理水量为 1893m³/d 时，其年度运行费用约为传统活性污泥法污水厂的 90%，但当处理厂规模增大至 18925m³/d 时，其运行费用约为传统曝气法的 93%，可见 SBR 工艺在小规模的处理厂是有优越性的。

925m³/d 的污水处理厂费用比较　　　表 4-8

单位：万美元

工　艺	传统活性污泥工艺	氧　化　沟	SBR
污水泵	24.8	24.8	24.8
预处理	3.6	3.6	3.6
初沉池	12.8		
好氧/沉淀	44.8	41.6	23.7
加氯消毒	8	8	8
重力浓缩	6.4	6.4	6.4
好氧消化	20.8	15.2	20.8
真空过滤	27.2	27.2	27.2
污泥塘	1.2	1.2	1.2
化学加药系统	4.4	4.4	4.4
小计	154	132.4	120.1
其他费用	38.5	33.1	30
总计	192.5	165.5	150.1
工程结构监理和不可预见费用	57.8	49.7	45
总固定资产投资	250.3	215.2	195.1
年运行维护费用	16.6	15	15
现值费用	421.2	369.6	349.5

1893 m³/d 的污水处理厂费用比较　　　　　　　　　　　　　　　表 4-9

单位：万美元

工　艺	传统活性污泥工艺	氧 化 沟	SBR
污水泵	60	60	60
预处理	14.8	14.8	14.8
初沉池	35.2		
好氧/沉淀	172	195.2	125.6
加氯消毒	16	16	16
重力浓缩	8.8	8.8	8.8
好氧消化	62.4	25.6	62.4
真空过滤	49.6	28	49.6
污泥塘	8.8	7.2	8.8
化学加药系统	5.6	4.4	5.6
小计	433.2	360	351.6
其他费用	108.3	9	87.9
总计	541.5	450	439.5
工程结构监理和不可预见费用	162.5	135	131.9
总固定资产投资	704	585	571.4
年运行维护费用	49	45.5	45.5
现值费用	1208.3	1053.3	1039.7

4.6 SBR 工艺的应用与工程实例

4.6.1 SBR 工艺在工业废水处理中的应用

SBR 处理工业废水效果　　　　　　　　　　　　　　　　　表 4-10

废水种类	COD			BOD		
	进水质量浓度 ($mg \cdot L^{-1}$)	出水质量浓度 ($mg \cdot L^{-1}$)	去除率 (%)	进水质量浓度 ($mg \cdot L^{-1}$)	出水质量浓度 ($mg \cdot L^{-1}$)	去除率 (%)
苯胺废水	800~1800	60~116	>90	500~1460	7~40	>92
缫丝废水	1000~1100	100~150		400~450	<20	
制药发酵废水	10000~12000		>90	5000~6000		>98
屠宰废水	457~882	61~94	82~94			
中药废水	1000~25000	<250	73~82	650~1600	<100	
豆制品废水	2000	<90	96	470[①]	<75[①]	85[①]
肉类加工废水	779~1530	44~68	94~96	531~848	12~20	97~98
造漆废水	1000~4000		84~96			
啤酒废水	1000~2000	<100	93~96			
锦纶废水	500~700	<100		21~27[②]	8~11[②]	
农药废水	600~1200	65~241	>80	235~332	25~58	
印染废水	600~1500	180~360	>70	200~400	<50	>90
造纸黑液	1090~1170		54~63			78~83

①总氮；②氨氮

经过国内外许多学者研究，SBR法已广泛用于许多行业多种废水的处理，取得显著效果。如用SBR法处理屠宰废水、烤鳗废水、啤酒厂废水、造纸废水、啤酒废水、土霉素废水、中药材有机废水、餐饮废水、化粪池出水、印染废水、味精废水、制药废水等。这些实例均以单一的SBR反应池为处理装置，在不同废水水质条件下获得了各自的成果。皆提出各自适用的操作工序间的时间分配、适宜的曝气时间、曝气方式、COD负荷和污泥负荷、温度以及pH值的适用范围等。

由表4-10看出，SBR法既适合处理可生化性好的城市污水和食品、屠宰等工业废水，又对有毒有害生物难降解的工业废水有好的去除效果；SBR法对含氮量高的废水脱氮效果明显；在进水质量浓度波动较大时不会影响出水水质。

4.6.2 用膜法SBR工艺处理印染废水

将SBR工艺和接触氧化法相结合组成的膜法SBR工艺（Biofilm Sequencing Batch Reactor，BSBR）

某企业生产工艺为印花与染色；主要染料有分散、酸性、中性、直接、活性、阳离子等品种；废水色度约500~1000倍、COD_{cr}为500~1000mg/L、BOD_5为140~250mg/L，BOD/COD值约为0.29。

废水收集后，通过格栅去除大块固体杂质，进入调节池。在中和池内投加亚铁盐，经脱色和初沉后，用泵提升进入SBR池，池内填料充填率为80%。

膜法SBR池在调试启动时，先在池内投入脱水活性污泥，再加入适量清水，曝气几小时形成污泥。加清水淹没填料闷曝一天。以后逐日增加5%的印染废水，并按$BOD_5:N:P=100:5:1$投加尿素和过磷酸钙。驯化2~3d后水中可见大量悬浮生物，填料上有浅黄色膜，镜检已见大批菌胶团。到10d左右，可见钟虫等后生动物，再过1~2d生物相更趋丰富，活性污泥沉降比明显增高，出水水质达标，驯化成功，可转入正式运行。运行时，进水3h，限制曝气，充氧4h，沉淀2h，排水2h，闲置10h左右，限制曝气方式BOD_5梯度大，有利于提高曝气处理效率，而进水阶段的厌氧状态有助于降解难生化的有机物，提高BOD/COD值，工程运行期间抽测部分运行参数，水质合格。

此工程实例每处理1m^3废水；占地面积0.4m^2，吨水工程投资1150元，电耗0.6125kWh，技术经济指标均属良好。

4.6.3 SBR一体化生物污水处理实例

山海关某基地污水处理工程污水来源主要为生活污水、洗浴废水和日常洗涤废水。

(1) 设计参数

工程规模：120m^3/d；设计进水：COD_{cr}=400mg/L，BOD_5=150mg/L，SS=300mg/L；设计出水：COD_{cr}≤100mg/L，BOD_5≤30mg/L，SS≤30mg/L。

(2) 工艺流程及工艺参数

工艺流程为：生活污水→化粪池→格栅→调节池→SBR一体化生物污水处理设备→排放或回用。

工艺参数：

1) 格栅　为截留较大的漂浮物，设计采用了网孔为10mm的不锈钢提篮式格栅，置于调节池的入口处，定期清理；

2) 调节池　地下式钢筋混凝土结构，尺寸 4.0m×3.0m×2.5m。内置 WQ15101.0 型提升潜污泵 2 台（1 用 1 备）；

3) SBR 一体化生物污水处理设备　地埋式钢制结构，$\phi \times H = 4200\text{mm} \times 4200\text{mm}$，内设排水量 30m³/h 的滗水器 1 台，4.0kW 的水下射流曝气机 1 台，运行周期 6h；

4) 电控系统　采用时间和水位双控制，全自动运行，手动备用。平均日耗电 38.5kWh。

(3) 出水水质

自 1998 年运行以来，出水一直稳定，无需专人管理。经当地环保部门多次抽查检测，出水水质良好。其中处理后废水经简易消毒后有 50% 回用，主要用于基地的喷泉、洗车、花草及果树灌溉等。化验结果见表 4-11。

水 质 监 测 表　　　　　　　　　表 4-11

	COD_{cr}/(mg·L^{-1})	BOD_5/(mg·L^{-1})	SS/(mg·L^{-1})	pH 值
进水	365.1	156.9	335.3	7.0
出水	36.95	12.11	10	7.3
去除率/%	89.9	92.3	97	

(4) 污泥处置

按原设计，剩余污泥排至化粪池，排泥周期 3 个月以上，每次排泥小于 5m³。但该工程自 1998 年初投入使用以来（至今已超过 2 年），未排过剩余污泥。通过定期监测污泥体积指数（SVI），系统一直运转正常，从未发生过污泥膨胀现象。

4.6.4　ICEAS 工艺的应用

SBR 工艺在工程应用中，根据处理规模、水质等因素的不同，以经典的 SBR 工艺为基础，逐步开发了多种 SBR 工艺形式，如 ICEAS 工艺（Intermittent Cyclic Extended Aeration System）全称为间歇循环延时曝气活性污泥工艺。该工艺是澳大利亚新南威尔士大学与美国 ABJ 公司的 Mervyn C. Goronszy 合作开发的。

ICEAS 工艺前置缺氧生物选择器用以促进微生物的繁殖，菌胶团的形成并抑制丝状菌的生长。该工艺反应池也可由两部分组成，前一部分为预反应区，也称进水曝气区，后一部分为主反应区。在预反应区内，污水连续进入，并可根据污水性质进行曝气、缺氧搅拌。在主反应区内，依次进行曝气、搅拌、沉淀、滗水、排泥等过程，并周期性循环。主、预反应区之间的隔壁底部有较大的孔洞相连，污水以极低的流速由预反应区连续进入主反应区。当主反应区排泥时，先排放剩余污泥，然后将部分污泥回流至预反应区，也可令混合液回流。

昆明第三污水处理厂是目前我国采用 ICEAS 工艺的规模最大的污水处理厂，设计规模为旱季平均 15 万 m³/d，旱季高峰 20 万 m³/d。总投资 1.89 亿元，其中利用澳大利亚政府贷款 500 万美元。1997 年建设投产。

(1) 设计进、出水水质，见表 4-12。

设 计 出 水 水 质　　　　　　　　　　　表 4-12

项　　目	进水水质（近期）	进水水质（远期）	平均出水水质
BOD_5 (mg/L)	75～125（100）	135～225（180）	≤15
SS (mg/L)	200	250	≤15
TN (mg/L)	30	40	≤7
TP (mg/L)	3～4	5～6	≤1

(2) 污水处理工艺

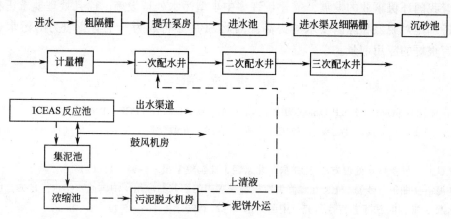

图 4-7　昆明市第三污水处理厂工艺流程图

(3) 主要技术参数（近期进水的 BOD_5 以 100mg/L 设计）

1）ICEAS 反应池共 16 座（近期使用 14 座），每座尺寸：44m×32m×5m，设纵向隔墙以防水流短路，隔墙下孔洞以低流速（0.03～0.06m/min）进入主反应区，每池处理水量 9000～12000m³/d。

2）污泥负荷 0.08kgBOD_5/（kgMLSS·d）。

3）污泥浓度 MLSS 为 2983～4612mg/L。

4）水力停留时间（HRT）0.57d（13.7h）。

5）整个周期为 4.8h，（其中曝气 2h，搅拌 0.8h，沉淀 1h，滗水 1h）每日循环 5 次（即每组 5 个周期），总曝气时间 10h。

6）产泥量　去除 1kgBOD_5（含挥发性物质 60%～70%）的剩余污泥量为 0.4～0.6kg 干泥，含固率 0.70%～0.85%。

工艺部分装机功率：3013.6kW（共 96 台设备），工艺部分单位耗电（以处理 1m³ 污水计）：0.19kWh/m³（近期），当远期 BOD_5=180mg/L 时，耗电 0.30kWh/m³。

工艺部分占地面积：3.6ha（54 亩），相当于每日处理 1m³ 污水规模占地 0.24m²。全厂占地 90 亩。

SBR 是一个间歇运行的污水处理工艺，具有对水量水质变化的适应性强，有机质去除效率高，脱氮除磷效果好，并能防止污泥膨胀等特点。

自从 1914 年活性污泥处理技术问世迄今，活性污泥法的许多概念已得到更新，如连续供氧转向不均匀（或间歇）供氧；由全过程维持好氧状态，转化为厌氧、缺氧、好氧相结合的形式；由连续式均匀投入转向半连续或间歇投入等。目前活性污泥法应顺应这些概念的发展来更新工艺和装置，间歇法将广为人们所接受，是很有前途的方法之一。

传统的 SBR 工艺在今天也被赋予了新的内容，在 SBR 基础上设缺氧池、厌氧池、好氧池和平流式沉淀池几个构筑物构成的内循环式 SBR 系统，简称 MSBR（Modified Sequencing Batch Reactor）连续流 SBR 法新概念（亦称 TCBS 反应器）及加压 SBR 工艺（PSBR）厌氧 SBR 工艺（ASBR）都使传统的 SBR 工艺的应用更加广泛、可靠。

随着我国环保事业的发展，需建设许多中小型污水处理设施，而且处理要求正在日益提高，特别是对脱氮和除磷要求的提高，因此 SBR 必将成为一个有竞争力的污水处理工艺，具有很好的应用前景。

参 考 文 献

[1] Irvine R L. Sequencing Batch Biological Reactors—An Overview.J.WPCF, 1 979, 51（2）：235—243
[2] 何耘，刘成．序批式活性污泥法（SBR）的研究综述．安徽建筑工业学院学报（自然科学版）1998, 6（1）
[3] 任立斌，一种新型水处理方法-SBR 法．北京轻工业学院学报，1998, 16（2）
[4] 王东海，文湘华，钱易．SBR 在难降解有机物处理中的研究与应用．中国给水排水，1999, 15（11）
[5] 刘永淞．纯 SBR 法工艺特性研究．中国给水排水，1990, 6（6）：5-11
[6] 王凯军，贾立敏．城市污水生物处理新技术开发与应用．北京：化学工业出版社，2001
[7] 米建仓．SBR 污水处理工艺述评．河北化工，2000.1
[8] 李军．序批式生物膜法处理杂排水工艺探讨．城市环境与城市生态，1994（4）：1～7
[9] 严煦世．水和废水技术研究．北京：中国建筑工业出版社，1992：257-264
[10] 郝瑞霞．SBR 工艺在废水处理中的应用．河北科技大学学报，1999, 20（1）
[11] Heinrich D.Wastewater treatment in a company with advanced demands for water quality.Wat Sci Tech, 1995（32）：143～150
[12] 罗文联，徐静．应用 SBR 法处理废水技术分析．内蒙古环境保护 2001.9 13（3）
[13] 彭永臻．SBR 法的五大优点．中国给水排水 1993，9（2）：29-31
[14] 浜本洋一等．间歇式活性污泥法废水处理技术．国外环境科学技术，1987（1）：19-24
[15] 李绍秀，彭勃．SBR 法在屠宰废水处理中的应用．给水排水 1997, 23（9）：34-36
[16] 郑春媛．屠宰废水的处理．工业用水与废水，2000, 31（1）：27-28
[17] 郑育毅．SBR 工艺处理烤鳗废水．工业用水与废水，2000，31（1）：25-26
[18] 纪荣平，邵志良．SBR 法在扬州啤酒厂废水处理中应用．环境工程，1996, 14（6）：8-11
[19] 方士，詹伯君，陈国喜等．SBR 法处理造纸废水试验研究．水处理技术，1999, 25（2）：122-124
[20] 刘永淞，陈纯．间歇活性污泥法处理啤酒污水试验研究．中国给水排水，1989, 5（3）：18-20
[21] 胡晓东，胡冠民，景有海．SBR 法处理高浓度土霉素废水的试验研究．给水排水，1995, 7：21-22
[22] 曹国良，姚萍萍，毛欢庆．SBR 法处理中药材有机废水工艺研究．上海环境科学，1996, 15（2）：18-20
[23] 于金莲，高运川．SBR 法处理餐饮废水的工艺实验研究．上海环境科学，1999, 18（4）：167-169
[24] 徐放，高廷耀，瞿永彬．SBR 法处理化粪池出水的工艺研究．上海环境科学，1993，12（3）：8-1

[25] 陶大钧等.SBR法处理工艺分类与应用.江苏环境科技，2001.14（2）
[26] 刘晓阳，吕伟娅.SBR法及其在废水处理中的应用与发展.南京建筑工程学院学报，2001-57
[27] 詹伯君，陈国喜.膜法SBR法处理印染废水工程设计.给水排水，1997，23（7）：2 5-28
[28] 常新国，杨海真.污水处理的改良型SBR工艺.交通环保1995.20（5）
[29] 熊建英，杨海真.顾国维.连续流SBR法处理城市污水试验研究.中国给水排水1999-15
[30] 沈耀良，王宝贞.废水生物处理新技术-理论与应用.北京：中国环境科学出版社，1999

第5章 A/O及A^2/O系统处理技术

5.1 概 述

长期以来，用以往的生物处理工艺进行城市污水处理时，其目标均为降低污水中以BOD、COD综合指标表示的含碳有机物和悬浮固体SS的浓度，却不考虑对氮磷等无机营养物质的去除。一般情况下，污水经处理后，COD去除率可达70%以上，BOD去除率可达90%以上，SS可达85%以上，然而氮的去除率却只有20%左右，磷的去除率则更低。因此，二级生化处理出水中除含有少量的含碳有机物外，还含有氮和磷。近年来，随着化肥、洗涤剂和农药的大量普及应用，废水中氮（氨氮和有机氮）、磷（溶解性磷和有机磷）的含量有了显著增加，这样的处理污水排放对环境的影响逐渐引起了人们的注意。若排到封闭水域的湖泊、河流及内海，其中最为突出的是水体富营养化，给饮用水源、工业用水带来了很大的危害；其次是氨氮的耗氧特性会使水体的溶解氧降低；此外，当水体的pH值较高时，氨对鱼类等水生生物具有毒性。在水源缺乏的地区，欲将二级出水作为第二水源，用于工业冷却水的补充水，则必须再经脱氮、除磷等三级处理，从而需增加较多的基建费及运行费用。因此，有效降低废水中氮、磷含量已成为现代废水处理技术的一个新课题。

某些化学法和物理法可以有效地从废水中脱氮除磷，如化学沉淀法、吹脱法、离子交换法等，但一般来说化学法或物理法由于存在运行成本高，对环境造成二次污染等问题，实际使用规模有一定的局限性。

5.1.1 A/O系统的形式

通常被称为A/O工艺的实际上可分为两类：一类是厌氧—耗氧工艺，另一类是缺氧—耗氧工艺。厌氧状态和缺氧状态之间存在着根本的差别：在厌氧状态下既无分子态氧，也没有化合态氧；而在缺氧状态下则存在微量分子态氧（DO浓度<0.5mg/L），同时还存在化合态氧，如硝酸盐及亚硝酸盐。

(1) 脱氮工艺

废水生物脱氮技术是70年代美国和南非等国的水处理专家们在对化学催化和生物处理方法研究的基础上，提出的一种经济有效的处理技术。最初是Barth等人提出的三步活性污泥法，即在生物二级处理流程后增加硝化—脱硝工艺，这一流程可有效地脱氮。后来Ludzack和Etlingar等人又提出厌氧—好氧活性污泥脱氮系统。1972年Barnard研究了不需投加化学药剂的Bardenpho法，即利用原污水中的BOD成分，将BOD的去除与脱氮在同一池中完成的缺氧—好氧系统（即A—O系统）。Wahrmann提出，在一般的二级生化处理厂的曝气池和二沉池中间加一厌氧池，构成的耗氧厌氧—脱氮系统，脱氮率可达90%以上。

在脱氮工艺中，人们不但可采用活性污泥法（包括氧化沟），也可采用生物膜法、流化床法、生物转盘法等。这些方法的脱氮效率均在80%以上。我国从八十年代初开始对A/O系统进行生物脱氮的小试研究，随后进行了大量的研究工作，目前如北京、天津、上海、广州等城市的污水处理厂均采用了A/O工艺。

(2) 除磷工艺

水体中磷的含量是控制或导致水体富营养化的限制因素，因此目前世界各国对于控制水体和二级处理出水中磷的含量都特别重视。

常规的好氧生物处理主要功能是去除废水中的有机碳化合物。而废水中的磷化合物除少部分用于微生物自身生长繁殖的需要外，其他部分是难以被去除而以磷酸盐的形式随二级处理出水排入受纳水体。废水的二级生物处理出水中磷的含量常超过 $0.5\sim1.0mg/L$，而成为受纳水体中藻类生长的控制营养源。

除磷技术一般可分为：物理化学法，如混凝沉淀法，晶析除磷法；生物与化学方法并用方法；厌氧—好氧生物除磷法。

废水生物除磷的设想是由Greenburg于1955年提出的。20世纪60年代美国的一些污水处理厂发现，由于曝气不足而呈厌氧状态的混合液中 PO_4^{3-} 的浓度增加，从而引起人们对生物除磷原理的广泛研究。

A/O法是生物化学除磷工艺。A/O是Anaerobic/oxic的简称。该工艺系统是美国研究者Spector在1975年研究活性污泥膨胀的控制问题时，发现厌氧—好氧（A/O）工艺不仅可有效地防止污泥丝状菌膨胀问题，而且有很好的除磷效果，在此发现基础上开发出A/O法除磷工艺，1977年获得专利，并转让给美国空气化学产品公司。

5.1.2 A^2/O 工艺

在生物除磷、脱氮的基础上，国外许多学者在生物处理工艺上进行了大量的研究。美国的Levin和Shapiro于1965年发表了活性污泥释放和适量吸磷的研究报告，并于1972年开发了Phostrip法；南非的Barnard也在同年开发了Bardenpho法，发现Bardenpho工艺不仅具有脱氮作用而且有除磷效果，后又于1975年提出在曝气池前设厌氧段的Phoredox工艺（厌氧—好氧）继而又将Bardenpho工艺和Phoredox工艺相结合，发展成现在的 A^2/O 法，同时具有除磷和脱氮的功能。

A^2/O 工艺是Anaerobic/Anoxic/Oxic的简称。它是在A/O工艺的基础上增设1个缺氧区，并使好氧区中的混合液回流至缺氧区使之反硝化脱氮。1978年美国进行了 A^2/O 系统的生产性试验。20世纪70年代末用于生产，规模为6万 m^3/d。日本为解决霞开浦湖等地区的富营养化。70年代进行脱氮—硝化和混合液循环的变型活性污泥法研究，并进行了生产性试验。80年代改造了几个较大规模（20~30万 m^3/d）的污水处理厂，将活性污泥系统改造成 A^2/O 系统达到脱氮除磷的目的。西德70年代后期也开展了 A^2/O 系统的研究。并进行生产性改造。

在我国，由于水资源短缺及水污染问题的日趋严重，尤其是众多内陆湖泊的富营养化已到了造成严重危害的程度，因此污水的脱氮除磷工艺的研究及实际应用也显得尤为重要。

我国于20世纪80年代初开始进行污水脱氮、除磷工艺的研究，污水脱氮除磷技术列入"七五"、"八五"和"九五"国家及省市重大科技攻关项目。一方面为防治水环境污染，另一方面为北方缺水地区探索污水处理与回用的新流程，使污水处理出水达到回用水标准。

研究获得满意效果，近几年来 A/O、A^2/O 相继用于处理城市污水、石油化工废水、食品加工废水等方面。目前，包括从国外引进和国内设计单位独立设计、建设完成的除磷脱氮污水处理厂有数十座之多，具有典型意义的有从丹麦引进的邯郸东三沟式氧化沟污水处理厂，昆明第三污水处理厂，广州大坦河污水处理厂，泰安污水处理厂，青岛李村污水处理厂等。

5.2 A/O、A^2/O 工艺流程及基本原理及特点

5.2.1 A/O 生物脱氮工艺及基本原理

5.2.1.1 A/O 生物脱氮基本原理

废水中的氮一般以有机氮、氨氮、亚硝酸盐氮和硝酸盐氮等 4 种形式存在。生活污水中氮的主要存在形式是有机氮和氨氮。其中有机氮占生活污水含氮量的 40%～60%，氨氮占 50%～60%，亚硝酸盐氮和硝酸盐氮仅占 0%～5%。废水生物脱氮的基本原理是在传统的二级生物处理工艺中，将有机氮转化为氨氮的基础上，通过硝化和反硝化的作用，将氨氮通过硝化转化为亚硝态氮、硝态氮，再通过反硝化的作用将硝态氮转化为氮气，从而达到从污水中脱氮的目的。硝化和反硝化反应过程中所参与的微生物种类不同、转化的基质不同，所需的反应条件也不相同。

(1) 硝化过程

硝化反应是将氨氮转化为硝酸盐氮的过程。

在好氧段进行，反应过程分两步，在亚硝菌的作用下，第一步氨先氧化成亚硝酸盐氮，第二步在硝化菌的作用下，氧化成硝酸盐氮。这两种细菌都是化能自养菌，它们利用 CO_2、CO_3^{2-} 和 HCO_3^- 等作碳源，通过与 NH_3、NH_4^+ 或 NO_2^- 的氧化还原反应获得能量。其反应式为：

$2NH_4^+ + 3O_2 = 2NO_2^- + 4H^+ + 2H_2O$ （在亚硝化菌的作用下）+ 微生物细胞

$2NO_2^- + O_2 = 2NO_3^-$ （在硝化菌的作用下）+ 微生物细胞

$NH_4^+ + 2O_2 = NO_3^- + 2H^+ + H_2O$ （在硝化菌的作用下）+ 微生物细胞

硝化过程是除氮（N）的关键，这样反硝化效果才会好，同时要有较高的溶解氧 (DO) 和较低的有机物浓度。在硝化反应过程中，将 1g 氨氮氧化为硝酸盐氮需耗氧 4.57g（其中亚硝化反应需耗氧 3.43g，硝化反应需耗氧 1.14g），同时需耗重碳酸盐（以 $CaCO_3$ 计）碱度 7.07g。亚硝酸菌和硝酸盐分别增殖 0.14g 和 0.019g。

(2) 影响硝化过程的主要因素

1) 温度 硝化反应的适宜温度范围为 30℃～35℃。在 5℃～35℃ 范围内硝化反应速率随温度升高而加快，低于 5℃ 时硝化细菌的生命几乎停止，对于同时去除有机物和进行硝化反应的系统，温度低于 15℃ 时即发现硝化反应速率急剧下降。低温对硝酸菌的抑制更为强烈，在 12～14℃ 时会发现亚硝酸盐的积累，故水温以不低于 15℃ 为宜。

2) pH 值 硝化反应的最佳 PH 值范围为 8.0～8.4（20℃），此时，反应速率最快。pH 值低于 7 时，硝化速率明显降低，低于 6 和高于 9.6 时，硝化反应将停止进行。硝化

反应对碱度的消耗会引起水的pH值变化，因此应投加必要的碱量以维持适宜的pH值，保证硝化反应的正常进行。

3）污泥停留时间　硝化菌的增值速度很小，为使硝化菌在连续流反应系统中存活并维持一定数量，微生物在反应器的停留时间即污泥龄θ_c必须大于硝化菌的最小世代周期。一般应取系统的污泥龄为硝化菌最小世代的两倍以上，并不小于3~5d，为保证一年四季都有充分的硝化反应，污泥龄应大于10d。

4）溶解氧　硝化反应必须在好氧条件下进行，氧是生物硝化作用的电子受体，其浓度太低，将不利于硝化反应的进行。一般在活性污泥曝气池中进行硝化，溶解氧应保持在2~3mg/L以上。

5）BOD负荷　硝化菌是一类自养型菌，而BOD氧化菌是异氧型菌。若BOD负荷过高，会使生长速率较高的异氧型菌迅速繁殖，从而使自养型的硝化菌得不到优势，结果降低了硝化速率。所以要充分进行硝化，BOD负荷应维持在$0.3kgBOD_5/(kgMLSS·d)$以下。

(3) 反硝化过程

在缺氧段进行，反硝化菌是兼性缺氧反硝化菌，通过它的作用，利用硝酸作电子受体，并利用各种有机生物质作为电子供体，进行无氧呼吸，使这部分有机生物质得以缺氧分解，将硝酸盐还原成气态氮逸出。从NO_3^-还原为N_2的过程经历了一系列连续的4步反应过程：

$$NO_3^- \xrightarrow{\text{硝酸盐还原酶}} NO_2^- \xrightarrow{\text{亚硝酸还原酶}} NO \xrightarrow{\text{氧化还原酶}} N_2O \xrightarrow{\text{氧化亚氮还原酶}} N_2$$

反硝化过程中，反硝化菌需要有机碳（如甲醇）作电子供体，利用NO_3^-中的氧进行缺氧呼吸。其反应过程如下：

$$NO_3^- + CH_3OH + H_2CO_3 \longrightarrow N_2\uparrow + H_2O + HCO_3^- + 微生物细胞$$
$$NO_2^- + CH_3OH + H_2CO_3 \longrightarrow N_2\uparrow + H_2O + HCO_3^- + 微生物细胞$$

在反硝化过程中每还原$1gNO_3^-$可提供2.6g氧，消耗2.47g甲醇（约为3.7gCOD），同时产生3.57g左右的重碳酸盐碱度（以$CaCO_3$计）和0.45g新细胞。反硝化过程中，每转化$1gNO_3^-$约需要$3.0mgBOD_5$。

(4) 影响反硝化过程的主要因素

1）温度　温度对反硝化的影响比对其他废水生物处理过程要大。一般，应维持15~35℃为宜，且当温度在此范围内变化时，反硝化率的变化符合Arrhenias方程。研究表明，当温度低于10℃时，反硝化速率明显下降，而低于3℃时，反硝化作用将停止。若在气温过低的冬季，可以采取增加污泥停留时间、降低负荷等措施，以保持良好的反硝化效果。

2）pH值　反硝化过程的pH值应控制在7.0~8.0。

3）溶解氧　溶解氧对反硝化脱氮有抑制作用，当混合液中溶解氧浓度过高时，氧将会与硝酸盐竞争电子供体，并抑制硝酸盐还原酶的形成及其活性。一般在反硝化反应池内溶解氧应控制在0.5mg/L以下。

4) 有机碳源 生物脱氮的反硝化过程中，需要一定数量的碳源以保证一定的碳氮比而使反硝化反应能顺利进行。当废水含足够的有机碳源，$BOD_5/TN>3\sim 5$ 时，可无需外加碳源。当废水所含的碳、氮比低于这个值时，就需另外投加有机碳。外加有机碳多采用甲醇。考虑到甲醇对溶解氧的额外消耗，甲醇投量一般应控制为 $NO_3^-\sim N$ 的三倍。也可以利用微生物死亡、自溶后释放出来的那部分有机碳，即"内源碳"，但这要求反应池内污泥停留时间长或负荷率低，使微生物处于生长曲线的静止期或衰亡期，因此池容相应增大。反硝化菌是范围很广的细菌，无论是硝酸盐浓度，还是有机物含量，都成了反应的限制因素。因此，必须保证足够的有机碳和严格控制溶解氧浓度。

5.2.1.2 A/O生物脱氮工艺

目前实际工程应用较多的生物脱氮 A/O 工艺，如图 5-1 所示：

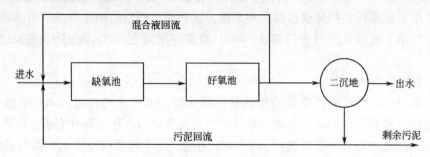

图 5-1 生物脱氮 A/O 工艺流程图

从流程可知，A/O 生物脱氮系统是一种前置反硝化工艺，具有以下特征：

(1) 反硝化池在前，硝化池在后，只有一个污泥回流系统，因而使好氧异氧菌，反硝化菌和硝化菌都处于缺氧—好氧交替的环境中，这样构成的一种混合菌群系统，可使不同菌属在相同的条件下充分发挥等价的优势；

(2) 反硝化反应可以直接利用原废水中的有机物为碳源，而可省去外加碳源；

(3) 硝化池内含有大量硝酸盐的硝化液回流到反硝化池，进行反硝化脱氮反应，此工艺中回流比的控制是较为重要的；

(4) 在反硝化反应过程中，产生的碱度可补偿硝化反应碱度的一半左右。对含氮浓度不高的废水可不必另行投加碱；

(5) 硝化池在后，使反硝化残留的有机污染物得以进一步去除，无需建后曝气池。本系统由于流程简单，无需另加碳源，因此，建设费用与运行费用均较低。

A/O 系统存在一些不足，处理水来自硝化池，在处理水中含有一定浓度的硝酸氮，如沉淀池运行不当，不及时排泥，在池内能够产生反硝化反应，污泥上浮，处理水水质恶化。系统的脱氮率一般在 85% 以下，若想提高脱氮率，必须加大内循环比，而这样做可能导致运行费用增高，内循环液带入大量溶解氧，使反硝化池内难于保持理想的缺氧状态，影响反硝化过程。

5.2.2 A/O生物除磷工艺及基本原理

城市污水中磷通常以有机磷、磷酸盐及聚磷酸盐的形式存在，典型的生活污水中总有机磷含量在 4~15mg/L，其中有机磷 35% 左右，无机磷为 65% 左右，我国城市污水中总磷含量为 3~8mg/L 左右。传统活性污泥法通过微生物细胞合成而去除污水中的磷，一般为10%~20%，处理后出水中，90%左右的磷以磷酸盐形式存在。

5.2.2.1　A/O厌氧—好氧生物除磷基本原理

除磷厌氧—好氧机理，到目前为止尚无一明确的解释。图5-2为目前人们所广泛接受的一种生物除磷原理。生物除磷是利用除磷菌一类的细菌，过量且超出其生理需要从外部摄取磷，并将其以聚合形态贮藏在体内，形成高磷污泥，排出系统，达到从废水中除磷的效果。图5-2表明，当除磷菌交替地处于厌氧条件与好氧条件时，它们能在厌氧条件下分解细胞内的聚磷酸盐同时产生ATP（三磷酸腺苷），并利用ATP将废水中的低分子有机物（如脂肪酸）摄入细胞内，以PHB（聚-β羟基丁酸盐）及糖原等有机颗粒的形式存于细胞内，同时将聚磷酸盐分解所产生的磷酸排出细胞体外。因此，在厌氧条件下，除磷菌能去除BOD，分解聚磷酸盐产生磷酸并排至细胞体外，客观上会使废水BOD下降，而磷含量则升高。在随后的好氧条件下，聚磷菌又利用PHB氧化分解所释放的能量从废水中吸收超过其生长所需的磷并以聚磷酸盐的形式贮存于细胞内。这种对磷的积累作用大大超过微生物正常生化所需的磷量，可达细胞中量的6%~8%。多余的污泥作为剩余污泥排出，被细菌过量摄取的磷也随之排出系统，因而可获得相当好的除磷效果。

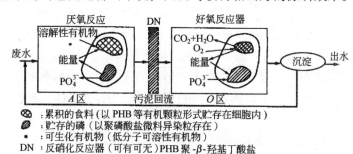

图5-2　生物除磷的基本原理

5.2.2.2　影响生物脱磷的主要环境因素

(1) 溶解氧　溶解氧的影响包括两方面。首先是在厌氧区内必须控制严格的厌氧条件，既没有分子态氧，也没有NO_3^-等化合态氧，以保证系统内的细菌能吸收有机磷并释放磷。其次是在好氧区内要供给充足的氧，以维持细菌的好氧呼吸，有效地吸收污水中的磷。

(2) 氧化态氮　氧化态氮包括硝酸盐氮和亚硝酸盐氮，其存在会消耗有机物而抑制细菌对磷的释放，从而影响在好氧条件下对磷的吸收。据报道，NO_3-N浓度应小于2mg/L，否则会影响生物除磷。但当COD/TKN>10时，NO_3-N对生物除磷的影响较小。

(3) 污泥龄　由于生物除磷系统主要是通过排除剩余污泥而去除磷的，因此系统中排除的剩余污泥量多少与系统的除磷效果有直接关系。一般污泥龄短的系统产生较多的剩余污泥，可以取得较高的脱磷效果。有人报道，当泥龄为30d时，除磷率为40%，泥龄为17d时，除磷率为50%，泥龄降至5d时，除磷率可提高到87%，所以一般以泥龄在5~10d时除磷效果比较好。

(4) BOD_5负荷和有机物性质　一般认为，较高的BOD负荷可取得较好的除磷效果，提出BOD_5/TP=20是正常进行生物除磷的低限。不同有机物为基质时，磷的厌氧释放及好氧摄取也有差别，一般低分子易降解的有机物诱导磷释放的能力较强，高分子难降解的有机物诱导磷释放的能力较弱，当磷的释放较充分时，磷的摄取量也较大，反之亦然。

在 A/O 工艺中，一般要求进水中有较高的易降解的有机污染物的含量，也就是说当进水中磷与 BOD_5 之比很低的情况下才能取得除磷的很好去除率。当磷与 BOD_5 之比较高的情况下，由于 BOD 负荷较低，剩余污泥量少，因而比较难以达到稳定运行效果。

一般根据有机物降解与微生物增殖即剩余污泥量计算公式，可按污水中含磷量反计算所需降解的有机基质量。对于我国的城市污水而言，其含磷量一般在 3~8mg/L，若以 5mg/L 计，可需降解有机基质 $S_r \geq 173.5mg/L$。当进水中有机基质浓度较低，尤其是易降解的基质浓度较低时，对于废水除磷是不利的。这对于选择 A/O 工艺具有指导意义。

分析主要是受以下几个因素的制约：(1) 系统中磷的去除主要依靠剩余污泥的排除来实现的，它实质上与有机物的处理过程一样，其去除效果受工艺运行条件及环境条件的影响。如在温度较低或负荷较低的情况下，由于微生物的新陈代谢活动并不旺盛，因而污泥增长量 ΔX 较少，剩余污泥的排放量相应也较少，从而导致在这种情况下磷的去除量也较少。(2) 当处理进水中的易降解、分子量较低的有机基质含量较少时，因除磷菌较难以直接利用这类基质而影响磷的释放程度，从而导致在好氧段对磷的摄取能力的下降。(3) 由于厌氧—好氧系统中剩余污泥的含磷量高于传统活性污泥法，因而在污泥的浓缩和硝化过程中，污泥所摄取的磷将重新释放到上清液中。而上清液一般要回流到处理过程中加以处理，因而经过长期的运行对系统的整体除磷效果将产生一定的影响。(4) 当处理过程中的进水水质波动较大时，A/O 工艺中磷释放效果将受到一定影响，从而影响系统的除磷效果。

(5) 温度 温度对除磷效果的影响不如对生物脱氮过程的影响明显，因为在高温、中温、低温条件下，有不同的菌群都具有生物脱氮的能力，在 5℃~30℃ 范围内，除磷效果都很好。

(6) pH 值 pH 值在 6~8 范围内，磷的厌氧释放比较稳定。

5.2.2.3 A/O 厌氧—好氧生物除磷工艺

图 5-3 A/O 法工艺流程示意图

A/O 法工艺流程见图 5-3 所示，是使污水和污泥顺次厌氧和好氧交替循环流动的过程。污水经格栅、沉砂等预处理后直接进入厌氧池。在厌氧池中，由二沉池回流的活性污泥一旦处于厌氧状态，其中的磷即以正磷酸盐的形式释放到混合液中，随后进入好氧池，处于好氧状态时，又将混合液中的正磷酸盐大量吸收到活性污泥中，使污水中含磷量达到很低，最后进入二沉池，通过固液分离，污泥部分从二沉池回流到厌氧区，部分富磷污泥以剩余污泥的形式从系统中排出，达到除磷和去除 BOD 的目的。A/O 生物除磷工艺既不投药，也勿须考虑内循环，因此，建设费用及运行费用都较低，而且无内循环的影响，厌氧反应器能够保持良好的厌氧（或缺氧）状态。本工艺具有如下特征：

(1) 在反应器内的水力停留时间一般从 3h 到 6h，污泥龄是比较短的。

(2) 反应器（曝气池）内污泥浓度一般在 2700~3000mg/L 之间。

(3) BOD 的去除率大致与一般的活性污泥系统相同。磷的去除率较好，处理水中磷含量一般都低于 1.0mg/L，去除率大致在 76% 左右。

(4) 沉淀污泥含磷率约为 4%，污泥的肥效好。

（5）由于厌氧池设在好氧池之前，有利于抑制丝状菌的生长，防止活性污泥膨胀，且能减轻好氧池的有机负荷。混合液的 SVI 值≤100，易沉淀，不膨胀。

同时，经试验与运行实践还发现本工艺具有如下问题：

（1）除磷率难于进一步提高，因为微生物对磷的吸收，既或是过量吸收，也是有一定限度的，特别是进水 BOD 值不高或废水中含磷量高时，即 P/BOD 值高时，由于污泥的产量低，将更是这样。

（2）在沉淀池内容易产生磷的释放现象，特别是当污泥在沉淀池内停留时间较长时更是如此，应注意及时排泥和回流。

5.2.3 A^2/O 工艺除磷脱氮机理及工艺流程

5.2.3.1 A^2/O 工艺除磷脱氮机理

在厌氧/好氧除磷系统和缺氧/好氧脱氮系统原理的基础上，人们提出的 A^2/O 污水处理系统，即将两个处理系统组合起来，使污水经过厌氧（Auaerobic）缺氧（Anoxic）及好氧（Oxic）3 个生物处理过程（简称 A^2/O），达到同时去除 BOD、氮和磷的目的。其基本原理如下：

A^2/O 系统一般采用推流式活性污泥系统。原污水首先进入厌氧区，兼性厌氧的发酵菌将污水中的可生物降解的大分子有机物转化为 VFA（挥发性脂肪酸）这类分子量较小的中间发酵产物。聚磷菌可将菌体内积贮的聚磷酸盐分解，并放出能量供专性好氧的聚磷菌在厌氧的"压抑"环境下维持生存，另一部分能量还可以供聚磷菌主动吸收环境中的 VFA 这类小分子有机物，并以 PHB 形式在菌体内贮存起来。随后污水进入缺氧区，反硝化细菌就利用好氧区中经混合液回流而带来的硝酸盐，以及污水中可生物降解的有机物进行反硝化，达到同时去碳脱氮的目的。厌氧区和缺氧区都设有搅拌混合装置，以防污泥沉积。接着污水进入曝气的好氧区，聚磷菌除了可吸收、利用污水中残剩的可生物降解的有机物外，主要是分解体内贮积的 PHB，放出能量可供本身生长繁殖，还可以主动吸收周围环境中的溶解性磷，并以聚磷酸盐的形式在体内贮积起来。此时排放的出水中溶解态的磷浓度已相当低。好氧区中的有机物经厌氧区、缺氧区分别被聚磷酸菌和反硝化细菌利用后，浓度也相当低，这有利于自养型的硝化细菌的生长繁殖，此时 NH_4^+ 经硝化作用转化为 NO_3^-。非磷酸酸菌的好氧异养菌虽然也能存在，但它们在厌氧区受到严重的压抑，在好氧区又得不到充分的营养，因此在与其他生理类群的微生物竞争中处于劣势。排放的剩余污泥中，由于含有大量过量贮积聚磷酸盐的聚磷菌，污泥中磷含量很高，因此可较一般的好氧活性污泥人人的提高磷的去除效果。

A^2/O 生物脱氮除磷系统的活性污泥中的菌群主要由硝化菌、反硝化菌和聚磷菌组成。在好氧段，硝化菌将污水中的氨氮及由有机氮转化成的氨氮，通过生物硝化作用，转化成硝酸盐；在缺氧段，反硝化菌将内回流带入的硝酸盐通过生物反硝化作用，转化成氮气逸入大气中，从而达到脱氮的目的。而在厌氧段，聚磷菌放出磷，并吸收低级脂肪酸等易降解的有机物；在好氧段，聚磷菌超量吸收磷，并通过剩余污泥的排放，将磷去除。以上 3 类细菌均具有去除 BOD 的作用，其中以反硝化细菌为主。在具有生物除磷功能的污水处理系统中，污泥中的聚磷菌交替地处于厌氧条件与好氧条件。它们在厌氧条件下吸收污水中的乙酸、甲酸、丙酸及乙醇等极易生物降解的有机物质，贮存在体内作为营养源，同时将细胞原生质中聚合磷酸盐异染粒的磷释放出来，提供必需的能量。在随后的好氧条件下，将所吸收的有机物氧化，同时从废水中吸收超过其生长所需的磷并以聚磷酸盐的形式贮存起来。

5.2.3.2 A^2/O 法同步脱氮除磷的主要影响因素

(1) 污水中可生物降解有机物对脱氮除磷的影响

厌氧段进水溶解态磷与溶解性 BOD 之比应小于 0.06，才会有较好的除磷效果。污水中 COD/TKN>8 时，氮的总去除率可达 80%，COD/TKN<7 时，则不宜采用生物脱氮。

(2) 污泥龄

在 A^2/O 工艺中污泥龄受硝化菌世代时间和除磷工艺两方面的影响。权衡这方面，A^2/O 工艺的污泥龄一般为 15～16d 为好。

(3) 溶解氧

溶解氧对该工艺影响较大。一般好氧段 DO 控制在 2mg/L 左右，而厌氧段和缺氧段，则 DO 越低越好，但由于回流和进水的影响，应保证厌氧段 DO<0.2mg/L，缺氧段 DO<0.5mg/L。所以在系统中应采取措施，以保证各段 DO 在控制范围内。一般回流污泥多用潜污泵提升，以减少提升过程中的复氧，使厌氧段和缺氧段的 DO 保持在最低值，以利于脱氮除磷。

(4) 进水有机物浓度、C/N 比、凯氏氮污泥负荷

低浓度的城市污水，若采用 A^2/O 工艺时应取消初沉池，以保持厌氧段的 C/N 比较高，有利于脱氮除磷。硝化时总凯氏氮（TKN）的污泥负荷率应小于 0.05kgTKN/(kgMLSS·d)，反硝化进水溶解性 BOD_5 浓度与硝态氮浓度之比应大于 4。

(5) 一般水温不宜超过 30℃，在 13～18℃ 时，污染物去除率较稳定。

5.2.3.3 A^2/O 法同步脱氮除磷工艺

A^2/O 工艺是在厌氧—好氧除磷工艺基础上增设一个缺氧池，并使好氧池中的混合液回流至缺氧池，使之反硝化脱氮。处理工艺由厌氧池、缺氧池、好氧池及二沉池组成。见图 5-4 所示。

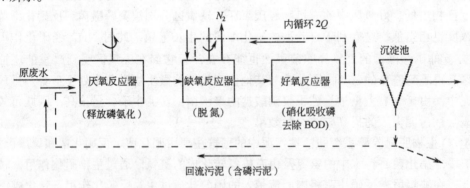

图 5-4 A^2/O 法同步脱氮除磷工艺流程

(1) 工艺流程

1) 厌氧反应器，原废水进入，同步进入的还有从沉淀池排出含磷回流污泥，本反应器的主要功能是释放磷，同时部分有机物进行氨化。

2) 废水经过厌氧反应器进入缺氧反应器，本反应器的首要功能是脱氮，硝态氮是通

过内循环由好氧反应器送来的，循环的混合液量较大，一般为 $2Q$（Q-原废水流量）。

3）混合液从缺氧反应器进入好氧反应器－曝气池，这一反应器单元是多功能的，去除 BOD，硝化和吸收磷等项反应都在本反应器内进行。这 3 项反应都是重要的，混合液中含有 NO_3-N，污泥中含有过剩的磷，而废水中的 BOD（或 COD）则得到去除，流量为 $2Q$ 的混合液从这里回流缺氧反应器。

4）沉淀池的功能是泥水分离，污泥的一部分回流厌氧反应器，上清液作为处理水排放。

(2) 工艺的特点

1）A^2/O 工艺由将厌氧、缺氧、好氧 3 种不同的环境条件和不同种类微生物菌群的有机结合，能同体具有去除有机物、脱氮除磷的功能，该系统可以称为最简单的同步脱氮除磷工艺，总的水力停留时间少于其他同类工艺。

2）在厌氧（缺氧）、好氧交替运行条件下，丝状菌不能大量繁殖，无污泥膨胀之虞，SVI 值一般均小于 100。

3）污泥中含磷浓度高，一般为 2.5% 以上，具有很高的肥效。

4）运行中勿需投药，厌氧段和缺氧段只用轻缓搅拌以不增加溶解氧为度，故运行费用低。

(3) 存在问题

1）除磷效果难于再行提高，污泥增长有一定的限度，不易提高，特别是 P/BOD 值高时更是如此。

2）脱氮效果也难于进一步提高，内循环量一般以 $2Q$ 为限，不易太高。

3）对沉淀池要保持一定浓度的溶解氧，减少停留时间，防止产生厌氧状态和污泥释放磷的现象出现，但溶解氧浓度也不宜过高，以防循环混合液对缺氧反应器的干扰。

5.3 工程设计及要点

5.3.1 生物脱氮工艺计算

废水生物脱氮系统设计的主要内容是：缺氧反硝化池容积和好氧硝化池容积，混合液回流比 R 及需氧量计算。其设计可通过对系统中氮的物料平衡等来计算。一般设计前先确定污泥龄 θ_c 及混合液污泥浓度 X 等参数。A/O 法生物脱氮工艺设计参数可见表 5-1 所示。

A/O（缺氧－好氧）生物脱氮工艺设计参数　　表 5-1

项　目	参　数
水力停留时间 HRT (h)	A 段：0.5～1.0（≯2.0） 0 段：2.5～6.0 A：0＝1:3～4
污泥龄 θ_c (d)	>10
污泥负荷 N_s (kgBOD$_5$/ (kgMLSS·d))	0.1～0.7（≯0.18）
污泥浓度 X (mg/L)	2000～5000（≯3000）
总氮负荷 TN (kg/ (kgMLSS·d))	≯0.05
混合液回流比 R_n (%)	200～500
污泥回流比 R (%)	50～100
反硝化池 S-BOD$_5$/NO$_x^-$-N	≮4

(1) 泥龄

对于 A/O 生物脱氮系统来说，由于自养硝化菌的世代生长期较长，为保证生长速率较慢的硝化菌不致从系统中流失，应有足够长的泥龄使硝化菌得到增殖。一般设计中，泥龄 $\theta_c \geqslant 3\theta_c^M$。$\theta_c^M$ 为硝化菌的最大比生长速率的倒数，亦称最小世代期。

(2) 好氧池容积

对于 A/O 生物脱氮系统，当硝化反应和 BOD 去除同步进行时，可以根据污泥龄 θ_c 及 K_d 值和某些动力学常数及通过活性污泥法动力学模式计算好氧池容积，即：

$$V = YQ(S_0 - S_e)\theta_c / X(1 + K_d\theta_c) \tag{5-1}$$

式中 V——好氧池容积，包括去除 BOD_5 及硝化作用所需的容积，m^3；

Y——产率系数，kgVSS/（kg 去除 BOD_5）；

Q——废水流量，m^3/d；

S_0——进水 BOD 浓度，mg/L；

S_e——出水 BOD 浓度，mg/L；

θ_c——泥龄 d；

K_d——内原呼吸系数，d^{-1}；

X——混合液挥发性污泥浓度（MLVSS），mg/L，一般取 2000～4000mg/L。

动力常数 Y 及 K_d 可根据试验来决定或参见表 5-2 所示。

动力学常数 Y 及 K_d 参考数据　　表 5-2

常　　数	生活污水	脱脂牛奶废水	合成废水	造纸及纸浆废水	城市污水
Y（kgVSS/（kg 去除 BOD_5））	0.5～0.67	0.48	0.65	0.47	0.35～0.45
K_d（d^{-1}）	0.048～0.06	0.045	0.18	0.20	0.05～0.10

(3) 缺氧池容积

缺氧池容积可根据反硝化速率和需脱氮的硝酸盐态氮量计算，公式如下：

$$V_{DN} = N \times 1000 / \gamma_{NR} \times X \tag{5-2}$$

式中 V_{DN}——缺氧池所需容积，m^3；

N——需还原的硝酸盐氮，$kgNO_3\text{-}N/d$；

γ_{NR}——反硝化速率，kgN/（kgMLSS·d）；

X——混合液悬浮固体浓度（MLSS），mg/L。

其中，需还原的硝酸盐氮可按下式计算，

$$N = N_0 - N_W - N_e \tag{5-3}$$

式中 N_0——原废水中硝酸盐氮，kg/d；

N_W——随剩余污泥排放而去除的氮量，kg/d；

N_e——随出水排放带走的氮量，kg/d。

此外，还需计算硝化反应的需氧量，投药量及回流比等。

5.3.2 A/O 厌氧－好氧生物除磷工艺设计计算

设计要点：(1) 在厌氧池中必须严格控制厌氧条件，使其既无分子态氧，也无 NO_3^-

等化合态氧,以保证聚磷菌吸收有机物并释放磷。在好氧池中,要保持DO≤2mg/L以供给充足的DO,保持好氧状态,维持微生物菌体对有机物的好氧分解,并有效地吸收污水中的磷;(2)要保证污水中BOD_5/TP≤20~30,否则除磷效果下降,聚磷菌对磷的释放和摄取在很大程度上决定于起诱导作用的有机物;(3)污水中的COD/TKN≥10,否则NO_3^--N浓度必须≤2mg/L,才会不影响除磷效果;(4)污泥龄θ_c短对除磷有利,θ_c一般为3.5~7d;(5)BOD污泥负荷N_s>0.1kgBOD/(kgMLSS·d)。设计时,A/O生物除磷工艺参数可见表5-3选用。

A/O生物除磷设计参数 表5-3

项 目	数 值
污泥负荷N_s(kgBOD/(kgMLSS·d))	≥0.1 0.5~0.7
TN污泥负荷(TNkg/(kgMLSS·d))	0.05
水力停留时间(h)	3~6 (A段1~2,0段2~4) 厌氧:好氧1:2~3
污泥龄θ_c(d)	3.5~7 (5~10)
污泥指数SVI	≤100
污泥回流比R(%)	40~100
混合液污泥浓度X(mg/L)	2000~4000
溶解氧DO(mg/L)	A段≈0,0段=2

A/O生物除磷工艺计算:当进水中BOD_5/TP、COD/TKN满足以上要求时,一般厌氧池水力停留时间取1h左右,且厌氧池与好氧池的容积比采用1:3~1:2.5为宜。由于生物除磷系统是从普通活性污泥法和生物脱氮工艺发展起来的,故其他设计计算可参见普通活性污泥法和生物脱氮工艺。

5.3.3 生物脱氮除磷工艺设计计算

生物脱氮除磷工艺的设计计算尚无成熟的模式,无试验资料时,可采用经验值见表5-4。

常用的A^2/O工艺的设计和运行参数 表5-4

运 行 参 数	范 围
水力停留时间/h 厌氧区 缺氧区 好氧区	6~8 厌氧:缺氧:好氧=1:1(3~4) 0.5~1.0 0.5~1.0 3.5~6.0
F/M(kgBOD_5/(kgMLSS·d)) 污泥回流比(%) 混合液回流比(%) MLSS(mg/L) 水温/℃	(0.15~0.7)(0.15~0.2) 50~100 100~300 (3000~5000)2000~4000 5~30
溶解氧浓度(mg/L)	好氧段DO≥2,缺氧段DO≤0.5mg/L 厌氧段DO<0.2mg/L
BOD_5/p	5~25,最好>10
TN负荷(TNkg/(kgMLSS·d))	<0.05
TP负荷(TPkg/(kgMLSS·d))	0.003~0.006
污泥龄θ_c(d)	15~20 (20~30)

5.4 应用及工程实例

5.4.1 保定市污水处理总厂 A^2/O 工艺运行管理

为保护华北明珠—白洋淀，在保定市建立了 2 座污水处理厂，即鲁岗污水处理厂（A^2/O 工艺）和银定庄污水处理厂（A/O 工艺）。鲁岗污水处理厂除磷脱氮工艺运行 3 年来，工艺运行较为稳定，主要水质指标 SS、COD_{Cr}、BOD_5 及 $NH_3\text{-}N$ 均达到了 GB 8978—1996 中的一级排放标准，但出水总磷尚不稳定，在 0.17～2.00mg/L 之间变化。鲁岗污水处理厂 1996 年 9 月投入运行，设计处理能力为 8 万 m^3/d（最大可处理 10 万 m^3/d），处理保定市西干道和北干道两个系统的城市污水，服务面积 2800ha，服务人口 24 万，采用生物除磷脱氮（A^2/O）工艺，处理净化后的出水近期用于农灌和补给护城河，改善城市景观，最终进入白洋淀，远期目标为工业回用。设计工艺参数：

设计流量为连续最大 8.5h 流量，即流量 $Q=3833m^3/h$；

污泥龄：$SRT=16.7d$；

污泥负荷：$F/M=0.15kgBOD_5/$（$kgMLSS\cdot d$）；

污泥浓度：$MLSS=3500mg/L$；溶解氧：厌氧段 0.3～0.5mg/L；

缺氧段 0.7mg/L；好氧段 2.0mg/L 以上；

停留时间：厌氧段 1.1h；缺氧段 2.2h；好氧段 5.2h；

污泥产率：$C=0.4kg$ 污泥/（kg 去除的 BOD_5）；

污泥指数：$SVI=80～100mL/g$；污泥回流比：$R=50\%～100\%$；

混合液回流比：$r=200\%$；池数：$n=2$，每池有效体积为 $15600m^3$；

检测仪表分布情况：

厌氧段：2 台氧化还原电位仪；

缺氧段：2 台溶解氧仪；

好氧段：2 台悬浮物浓度仪，2 台溶解氧仪。

5.4.2 广州大坦河污水处理厂

广州大坦河污水处理厂，采用 A^2/O 生物脱氮除磷工艺处理城市污水，设计流量 $150000m^3/d$。工艺设计参数和进、出水水质见表 5-5，表 5-6 所示。

A^2/O 工艺设计参数　　　　　　　　　　　表 5-5

HRT/h			污泥回流比（%）	混合液回流比（%）
厌氧区	缺氧区	好氧区	25～100	100～200
1	2	3		

进出水水质（mg/L）　　　　　　　　　　　表 5-6

项目	BOD_5	SS	TN	TP
进水	200	250	40	5
出水	<20	<30	<15	<1.2

5.4.3 天津纪庄子污水处理厂

天津纪庄子污水处理厂将原来部分工艺（处理规模为13万 m^3/d）改造为 A^2/O 工艺，取得 BOD_5、COD、TP、TN、SS 去除率分别为93%、88%、54%、61%和69%的良好效果。其设计参数如下：

天津纪庄子污水处理厂设计参数　　　　表5-7

项　目	参　数
厌氧段停留时间	0.65~1.0h
缺氧段停留时间	1.0~1.5h
好氧段停留时间	3.0~8.5h
污泥龄 θ_c (d)	20
污泥负荷 N_s（$kgBOD_5$/(kgMLSS·d)）	0.15~0.20
污泥浓度 X（mg/L）	2000~5000（≯3000）
总氮负荷（kgTN/(kgMLSS·d)）	0.05~0.08
混合液回流比	180%~200%
污泥回流比 R（%）	100%
TP 负荷（kgTP/(kgMLSS·d)）	0.003~0.006
MLSS（mg/L）	3000~3500
气水比	2~3

5.4.4 太原北郊污水净化厂

太原北郊污水净化厂 A^2/O 平均处理效果及生产试验运行一系列参数，及技术和经济效益分析，分别见表5-8，表5-9所示。

太原北郊污水厂处理效果　　　　表5-8

处理效果 \ 分析项目	BOD_5 (mg/L)	COD_{Cr} (mg/L)	SS (mg/L)	NH_4-N (mg/L)	OR-N (mg/L)	TN (mg/L)	TP (mg/L)	pH值
总进水	90.02	198	89.42	25.7	11.5	37.4	1.04	7.04
总处理出水	9.00	24	5.73	1.78	0.446	5.94	0.223	7.52
去除率	90	87	93.6	96.1	96.1	83	78.6	—

运　行　参　数　　　　表5-9

构筑物名称	水力停留时间（HRT, T）	有机负荷（kgBOD/(kgMLSS·d)）	溶解氧 DO (mg/L)	污泥浓度（MLSS）(g/L)	污泥龄 SRT (d)	回流比 污泥回流	回流比 硝化混合液回流
厌氧池	2.39~2.99		0.2~0.4	2.0~4.0			
缺氧池	1.6~2.02	0.096~0.130	0.3~0.7	2.0~3.5	50~75	1~1.25	1~1.25
好氧池	3.5~4.41		1.5~2.5	2.0~3.5			
总　计	7.49~9.42						

从三年生产试验可知：A^2/O 工艺电耗为 0.41～0.56（kWh）/m^3 水，根据太原北郊污水净化厂生产试验成果，对处理规模 6.0 万 m^3/d 的 A^2/O 工艺（采用污泥机械脱水），其工程概算直接费用为 2948 万元（定额参考 1992 年北京地区概算价格），总动力消耗 0.525kWh/m^3 水。

参 考 文 献

[1] 国家环境保护总局科技标准司编著．城市污水处理及污染防治技术指南．北京：中国环境科学出版社，2001

[2] 汪大翚，雷乐成编著．水处理新技术及工程设计．北京：化学工业出版社，2001

[3] 张自杰主编．排水工程（下册）．北京：中国建筑工业出版社，1996

[4] 冯生华，姚念民．生物脱氮除磷工艺探讨．给水排水，1994，No.2（18～21）

[5] 许保玖，龙腾锐．当代给水与废水处理原理．北京：高等教育出版社，2000

[6] 陈立学，戴镇生．厌氧—好氧活性污泥法除磷工艺．中国给水排水 1993 第九卷第三期（26～28）

[7] 关于两级活性污泥法（A·B）．中国给水排水，1989，Vol5 N4

[8] 张学洪，李金城，刘荃．A^2/O 工艺生物除磷的运行实践．给水排水，Vol.6，No.4，2000

[9] 龚云华，污水生物脱氮除磷技术的现状与发展．环境保护，2000.7

[10] 周国成．A/O、A^2/O 工艺技术在生物脱氮除磷技术的试验研究、应用与发展．化工给排水设计，1997 年第 1 期

[11] 任南琪等编著．水污染控制微生物学．哈尔滨：黑龙江科学技术出版社，1993

[12] 郑兴灿．城市污水生物除磷脱氮工艺方案的选择．给水排水，2000.26（5）1～4

[13] 娄金生，谢水波．提高 A^2/O 工艺总体处理效果的措施．中国给水排水，1998.14（3）

[14] 高廷耀等．城市污水脱氮除磷的工艺评述．环境科学，1999.1

[15] 仝恩丛，郭会杰，赵福欣，郁伟杰．保定市污水处理总厂 A^2/O 工艺运行管理．给水排水，2000.26（2）

[16] 王凯军，贾立敏编著．城市污水生物处理新技术开发与应用．北京：化学工业出版社，2001

第6章 生物流化床技术

6.1 概 况

6.1.1 国外研究概况

生物流化床法处理废水技术是20世纪70年代初发展起来的。用供氧流化床处理有机物废水的研究最早是由美国环保局在1970～1973年进行的,后因容易发生堵塞而中断。以后,Jeris成功地把厌氧流化床推广到去除废水中BOD和氨氮的硝化处理,试验结果表明在16min停留时间内BOD去除率达93%。美国Ecolotrol公司于1975年首次取得生物流化床处理废水的专利,称之为Hy-Flo生物流化床工艺,应用于废水的二、三级处理。其工艺的特点是以黄砂为载体,采用纯氧供氧,并以水力使黄砂流化,液流上升速度为25～40m/h,流出液以10～36倍的回流比进行回流。初沉后的城市污水经该流化床处理后,出水可达到二级处理要求。Hy-Flo生物流化床工艺需要专门的脱膜和黄砂回流装置,流化床底部结构复杂,对布水、布气均匀度要求严格,流化起动困难,实验成果难以扩大规模运用。

其后,美国Dorr-Oliver公司在流化床的实用性方面做了许多研究,尤其是在充氧器与进水分布系统上取得了很大进展。Dorr-Oliver设计的名为Oxitron的反应器(如图6-1),在床底部的锥体部分采用喷嘴造成一种强有力的喷射床作为流化床的分布器,这种无支撑板的分布器具有阻力小、无沟流现象等优点,效果比筛板支持的固定床好。此外,还采用与Jeris的曝气锥相似的下向流泡沫接触式充氧器,在 19.6×10^4 Pa 表压下,废水的溶解氧可达50～60mL/L。该种设备已成套出口,美国、加拿大已相继建起多套日处理废水几百到几千立方米的装置。

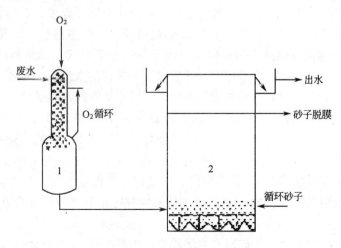

图6-1 Dorr-Oliver装置
1—充氧器;2—生物流化床

英国和美国的水研究中心又分别在充氧方式上进行了改进，英国水研究中心通过厌氧-充氧两段流化床对废水进行全面的二级处理，包括有机碳的去除、氨氮的硝化和脱氮，流程如图6-2所示。该法的特点是第一段厌氧床内的兼气菌利用硝酸盐中的氧作为氧源，使废水中部分有机碳化合物氧化，因而不需补充甲醇（而单独用厌氧床去除硝酸盐氮需补充甲醇作为有机碳源），同时也减少了第二段好氧床的有机物负荷，降低氧耗。利用好氧床的出水作为厌氧床的一部分进水，使得在好氧床出水中的硝酸盐氮在厌氧床中去除。最终使排水中硝酸盐的质量浓度降至 $5\sim10mg/L$，试验结果令

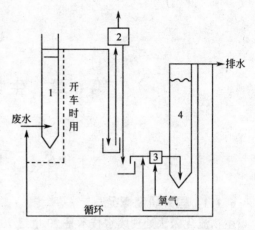

图6-2 厌氧—好氧两段流化床
1—厌氧床；2—脱气器；3—充氧器；4—好氧流化床

人满意。美国水处理中心的 Cooper 等人也把厌氧-好氧结合起来，用二段流化床系统对废水进行处理，此后又设计了两种自动脱膜装置，使流化床操作更为完善。

日本在20世纪70年代中期开始对生物流化床进行研究，80年代初开展了大量的研究，有代表性的是栗田公司和三菱公司的研究成果。日本的研究着眼于中小型工厂的废水处理，采用空气曝气，有床外曝气的两相流化床，也有床内曝气的三相流化床，装置构形和脱膜方式与欧美不同，有其独到之处。例如三菱公司研制的流动循环曝气反应器，把曝气、脱膜、循环合为一体，很有特色。

1993年日本 Hokkaido 大学的学者报道了一种由颗粒流化床分离器、好氧生物滤床和薄膜过滤器组成的新型处理系统，其特点是先用化学混凝法除去分子量较高的有机物和悬浮物，再用颗粒流化床（Fludizde Pullet Bed）进一步除去分子量较低的有机物，因而降低了流化床的 BOD 负荷，提高了系统的处理效率。

6.1.2 国内研究概况

我国在这方面的研究起步较晚。兰州化工研究院环保所1978年开始进行纯氧生物流化床处理石油化工废水的研究工作，先后进行了石油化工综合废水、丁烯氧化废水、甲醇废水和油漆厂废水处理的研究。除兰州化工研究院外，国内主要研究的是空气曝气流化床。1979年由国家建委城建局下达给成都市政工程设计研究院、北京市环境保护科学研究院、哈尔滨工业大学、武汉给水排水设计研究院等单位生物流化床专题研究任务。1980年上述各单位以城市生活污水为对象各自进行了比较广泛的探索和研究，在此基础上推出了以兼气床为主的工艺流程。其特点是采用兼气床为主体，以低供氧方式运转，每 $kgBOD_5$ 消耗氧气量仅为 $0.3\sim0.4kg$，为好氧床好氧量的 $1/3\sim1/4$。1984年抚顺石油研究所与石油六厂合作，采用射流曝气三相流化床处理炼油废水，流化床直径2.2m，日处理量达 $860m^3$，其规模与 Oxitron 装置相近。其流程（如图6-3所示）特点是以二级射流曝气器充氧，氧利用率可达 30%；在流化床顶部装有三相分离器，可有效控制载体流失，使运行正常。

近年来，国内三相生物流化床研究发展较快，内外循环三相生物流化床、磁场生物流化床以及其他复合式流化床等研究较多。张仲燕等用内循环三相生物流化床处理染化厂含

铜有机废水，进行了工艺条件研究，取得良好效果。周平等对内循环三相生物流化床处理丙烯酸废水进行了研究，氧利用率高达17%。胡宗定及翁达聪、欧阳藩等多年来对磁场生物流化床、内外循环生物流化床的特性和应用有过多方面研究，取得了许多成果。循环式三相磁场生物流化床，主要分为内、外循环两种形式。内循环式结构紧凑，符合一体化发展方向；外循环式有利于气液分离，有利于改善操作。在磁场条件下，可以在流速较高的情况下操作，限制相间返混和气泡长大，增强气液界面的传质。三相流

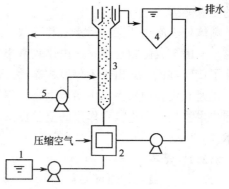

图 6-3 射流曝气三相流化床
1—废水池；2—射流曝气器；3—生物流化床；
4—回流罐；5—脱膜泵

化床反应器的操作方式：常见的气-液-固三相流化床反应器共有 A-a、A-b、B-a、B-b 4 种操作方式（如表 6-1 所示），其中操作方式 A-a 的研究比较深入，应用比较普遍，被看作传统的床型。近 20 年，通过在传统的反应器内或外安装内或外导流装置（或加置外磁场），实现反应物料的内外循环，进一步强化了反应器的传质性能，进而提高了反应器的处理能力。

常见气-液-固三相流化床反应器操作方式　　表 6-1

操作方式		流体流向	
		气体	液体
并行	A-a	向上	向上
	A-b	向下	向下
逆行	B-a	向上	向上
	B-b	向下	向上

刘德华等测定并比较了喷射式三相环流反应器在以上 4 种操作方式下的平均体积传质系数，结果表明：A-a 传质系数最大，传质效果最佳；A-b 随液速增大，传质系数增大，同时气-液在喷嘴口上混合较充分，故液速高时传质系数较高；B-b 状态气体浮升力与液体喷射动力相互作用，故液速高时传质较好，而气速对传质系数影响不大；B-b 传质效果很差。

6.2 生物流化床工作原理

生物流化床处理技术是借助流体（液体、气体）使表面生长着微生物的固体颗粒（生物颗粒）呈流态化，同时进行去除和降解有机污染物的生物膜法处理技术。以砂、活性炭、焦炭一类的较小的颗粒为载体充填在床内，载体表面被附着生物膜，其质变轻，污水以一定流速从下向上流动，使载体处于流化状态。载体颗粒小，总体的表面积大（每 m^3 载体的表面积可达 $2000\sim3000m^2$），以 MLSS 计算的生物量高于任何一种的生物处理工艺。能够满足提高处理设备单位容积内的生物量的技术强化要求，同时还相应的提高对污

水的充氧能力。

载体处于流化状态，污水从其下部、左、右侧流过，广泛、频繁又多次地与生物膜相接触，又由于载体颗粒小在床内比较密集，互相摩擦碰撞，因此，生物膜的活性也较高，强化了传质过程。又由于不停地在流动，还能够有效地防止堵塞现象。这样，强化传质作用，加速有机底物从污水中向微生物细胞的传递过程。生物流化床的出现，对提高生化反应器内生物量、强化传质作用的要求提供了可能实现的条件，从而进一步强化了生物处理技术。

6.2.1 基本原理

6.2.1.1 液态化原理

在圆柱形流化床的底部，装置一块多孔液体分布板，在分布板上堆放颗粒载体，液体从床底的进口进入，经过分布板均匀地向上流动，并通过固体床层由顶部出口管流出。当液体流过床层时，随着流体流速不同，床层会出现下述3种不同的状态。流化床上装有压力计，用以测量液体流经床层的压力降，见图6-4所示。

（1）固定床阶段

当液体以很小的流速流经床层时，固体颗粒处于静止不动的状态，床层高度也基本维持不变，这时的床层称固定床。在这一阶段，液体通过床层的压力降 ΔP 随液体空塔流速 v 的上升而增加，呈幂函数关系，在双对数坐标图纸上呈直线即图6-4中的 ab 段。

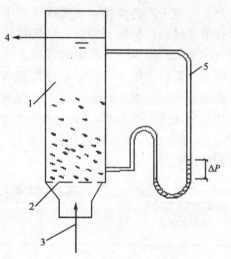

图6-4 生物流化床示意图
1—液体；2—分布板；3—进水管；
4—出水管；5—压差计

当液体流速增大到压力降 ΔP 大致等于单位面积床层重量时（图6-5中的 b 点），固体颗粒间的相对位置略有变化，床层开始膨胀，固体颗粒仍保持接触且不流态化。

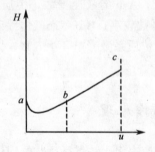 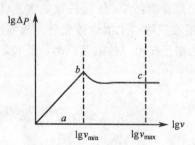

图6-5 h、ΔP 与 v 的关系

（2）流化床阶段

当液体流速大于 b 点流速，床层不再维持于固定床状态，颗粒被液体托起而呈悬浮状态，且在床层内各个方向流动，在床层上部有一个水平界面，此时颗粒所形成的床层完全处于流态化状态，这类床层称流化床。在这阶段，流化层的高度 h 随流速上升而增大，

床层压力降 ΔP 则基本上不随流速改变。如图 6-5 中的 bc 段所示。b 点的流速 $v_{\min}$ 是达到流态化的起始速度,称临界流态化速度。临界速度值随颗粒的大小、密度和液体的物理性质而异。

由于生物流化床的载体颗粒表面固着生长着一层微生物膜,生物膜的生长情况对膨胀率产生显著的影响。因此其流化特性与普通的流化床不同。流化床床层的膨胀特性可以用膨胀率 K 或膨胀比 R 表示:

$$K = \left(\frac{V_e}{V} - 1\right) \times 100\% \tag{6-1}$$

式中　V_e 和 V——分别为固定床和流化床体积。

$$R = \frac{h_e}{h} \tag{6-2}$$

式中　h、h_e——分别为固定床层和流化床层的高度。

图 6-6 是一组脱氮试验中以砂粒为载体,生物颗粒粒径与膨胀率的关系。在生物流化床中,相同的流速下,膨胀率随着生物膜的厚度的增加而增大。一般 K 采用 50%～200%。

(3) 液体输送阶段

当液体流速提高至超过 c 点后,床层不再保持流化,床层上部的界面消失,载体随液体从流化床带出,这阶段称液体输送阶段。在水处理工艺中,这种床称"移动床"或"流动床"。c 点的流速 $v_{\max}$ 称颗粒带出速度或最大流化速度。流化床的正常操作应控制在 $v_{\min}$ 与 $v_{\max}$ 之间。

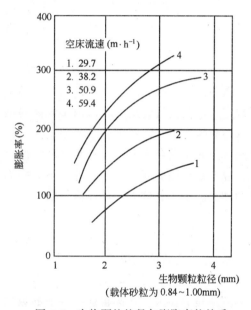

图 6-6　生物颗粒粒径与膨胀率的关系

6.2.1.2　有机物去除动力学

生物流化床内的生物反应和其他一些生物反应虽然形式差别很大,但仍然遵循模诺特 (Monod) 依据的反应关系式提出的有机物降解速率与反应器中的有机物浓度,微生物浓度等的基本关系。

$$-\frac{ds}{dt} = v_{\max} \frac{xs}{K_s + s} \tag{6-3}$$

式中　$\frac{ds}{dt}$——有机物降解速率;

　　　$v_{\max}$——有机物的最大降解速度,t^{-1};

　　　K_s——饱和常数,当 $\mu = 1/2\mu_{\max}$ 时的底物浓度,质量/容积;

　　　x——混合液体中活性污泥总重;

　　　s——经 t 反应后混合液体中残存的有机物浓度。

好氧生物流化床所需氧量的计算,可用下式计算:

$$O_2 = a'Qs_r + b'vx_v \tag{6-4}$$

每日在反应器中净增殖污泥量，可用下式表示：

$$\Delta x_v = ys_rQ - K_dvx_v \tag{6-5}$$

式中　Qs_r——每日的有机物降解量，kg/d；

vx_v——生物反应池内，混合液中挥发性悬浮固体总量，kg，生物膜可折成悬浮固体量。

O_2——流化床内的混合需氧量，kgO_2/d；

a'——微生物对有机物氧化分解过程的需氧率，即微生物每代谢 1 kgBOD 所需氧量，kg；

b'——微生物自身氧化的需氧率，即每 1kg 微生物每天自身氧化所需的氧量，kg；

y——产率系数，即微生物代谢 1kg 所合成的 MLVSS kg 数；

K_d——微生物的自身氧化率，d^{-1}，亦称衰减系数。

6.2.1.3　内循环三相生物流化床的工作原理

内循环三相生物流化床由反应区、脱气区和沉淀区组成。反应区由内筒和外筒两个同心圆柱体组成。微孔曝气装置设在内筒的底部。反应区内填充陶粒作为载体，为微生物生长和繁殖提供了很大的表面积，从而提高了单位容积内的生物量。当压缩空气由曝气装置释放进入内筒（升流筒）时，由于气体的推动作用和压缩空气在水中的裹夹与混合作用，使水与载体的混合液密度减小而向上流动，到达分离区顶部后以大气泡逸出，而含有小气泡的水与载体混合液则流入外筒（降流筒），由于外筒含气量相对减少导致密度增大，因此，混合液在内筒向上流，外筒向下流构成内循环，内、外筒混合液的密度差正是循环流化的动力。由于载体处于循环流化状态，从而大大加快了微生物和废水之间的相对运动，强化了传质作用，同时又可有效地控制生物膜的厚度，使其保持较高的生物活性，污水被处理后经沉降区分离沉降后通过出水堰排出。

6.2.2　生物流化床的载体

载体是生物流化床的核心部件，表 6-2 所列举的是我国常用载体及其物理参数。表中所列数据是载体无生物膜覆盖条件下的数据，当载体为生物膜所包覆时，生物膜的生长情况对其各项物理参数，特别是膨胀率产生影响，此时对各项参数应根据具体情况实地测定后确定。

常用载体及其物理参数　　　　表 6-2

载　体	粒径（mm）	比　重	载体高度（m）	膨胀率（%）	空床时水上升速度（m/h）
聚苯乙烯球	0.5~0.3	1.003	0.7	50 100	2.95 6.90
活性炭（新华8#）	φ(0.96~2.14)×(1.3~4.7)	1.50	0.7	50 100	84.26 160.50
焦炭	0.25~3.0	1.38	0.7	50 100	56 77
无烟煤	0.5~1.2	1.67	0.45	50 100	53 62
细石英砂	0.25~0.5	2.50	0.7	50 100	21.60 40

6.3 污水处理生物流化床的类型

按照使载体流化的动力来源的不同,生物流化床一般分为以液流为动力的两相流化床以气流为动力的三相流化床和机械搅动流化床3种。而其中的两相流化床又可分有氧气参与的好氧流化床和没有氧气参与的厌氧流化床。以下分别介绍其构造及工艺。

6.3.1 两相流化床

好氧的两相流化床处理工艺,一般包括充氧设备、流化床、脱膜设备和二次沉淀池等,如图6-7。原污水首先流经充氧设备进行预曝气充氧,然后进入两相流化床,流化床出水进入二次沉淀池进行泥水分离,处理后进行排放。

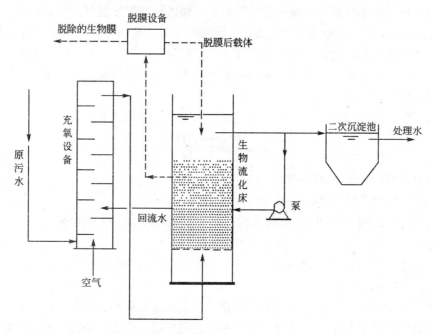

图6-7 液流动力流化床(两相流化床)处理工艺流程

6.3.1.1 流化床

两相流化床主要由床体、载体、布水装置及脱膜装置等组成。床体平面多呈圆形,多由钢板焊制,有时也可以由钢筋混凝土浇灌砌制。

载体是生物流化床的核心部分,经常采用的有:石英砂、无烟煤、焦炭、颗粒活性炭和聚苯乙烯球。载体在床内的填装高度为0.7m左右。污水从床底部进入,当床断面流速等于流化流速时,滤床开始松动,载体开始流化;当进水流量大到床断面流速大于临界流化速度时,滤床高度不断增加,载体流化程度加大;当载体的下沉力和流体上托力平衡时,整个滤床内颗粒出现流化状态。在这种情况下,滤床膨胀率通常为20%~70%,颗粒在床中做规则的自由运动,滤床的空隙率比原来固定床的高得多,载体颗粒的整个表面都将和污水相接触,致使滤床内载体具有更大的可为微生物与污水中有机物接触的表面面积。

布水装置通常位于滤床底部，既起到布水作用，同时又承托载体颗粒因而是生物流化床的关键技术环节。布水的均匀性对床内的流态产生重大的影响，不均匀布水可能导致部分载体堆积而不流化，甚至破坏整个床体工作。作为载体的承托层，又要求在床体因停止进水不流化时而不至于使载体流失，并且保证再次启动时不发生困难。目前在流化床的试验与应用中常采用多孔板、多孔板上设砾石粗砂承托层、圆锥布水结构的方式布水。

脱膜对于生物流化床工艺也至关重要，有时单靠滤床内载体之间的相互摩擦还不够，此时应考虑设专门脱膜装置。目前应用的主要有叶轮搅拌器、振动筛和刷形脱膜机等。

6.3.1.2 充氧设备

充氧方式可以采用纯氧或空气为氧源，即原污水必须在专门的设备中与纯氧或空气中的氧相接触，氧转移至水中使水中溶解氧浓度达到一定程度后才可进入流化床。污水中溶解氧的含量因使用的氧源和充氧设备不同而异。如以纯氧为氧源时，充氧后水中溶解氧可达 30~40mg/L；若以压缩空气为氧源时，水中溶解氧一般低于 9mg/L。由于生物流化床内的载体全为生物膜所包覆，微生物高度密集，耗氧速度很大，往往对污水的一次充氧不足保证微生物对氧的需要；此外，单纯依靠原污水的流量不足以使载体流化，因此常采用部分处理水回流的方式。

回流水循环率一般按生物流化床的需氧量确定，计算公式为：

$$R = \frac{(s_0 - s_e)D}{O_0 - O_e} - 1 \tag{6-6}$$

式中　s_0——原污水的 BOD_5 浓度，mg/L；

　　　s_e——处理水的 BOD_5 浓度，mg/L；

　　　D——去除每千克 BOD_5 需的氧量，kg，对城市污水，D 可取 1.2~1.4；

　　　O_0、O_e——分别为原污水及处理水的溶解氧浓度，mg/L。

R 值确定后应通过试验校核载体是否流化，一般 R 值应以使载体流化为准。

6.3.2 三相流化床

三相流化床是以气体为动力使载体流化，在流化床反应器内有作为污水的液相、作为生物膜载体的固相和作为空气或纯氧的气相三相同步进入床体，相互接触。与好氧的两相流化床相比，由于空气直接从床体底部引入流化床，故不需另外再设充氧设备；又由于反应器内空气的搅动，载体之间的摩擦较强烈，一些多余的或老化的生物膜在流化过程中即已脱落，故亦不需另设专门的脱膜装置。图 6-8 是典型的三相流化床构造及工艺，流化床本身由床体、进出水装置、进气管和载体等组成。床体中心通常设导流管（输送混合管），起到向上输送载体的作用，其外侧为载体下降区，床体上部为载体分离区，防止载体流出。由于空气的搅动，也有可能使少部分载体从流化床中随水流出，此时应考虑设置载体回流泵。当原污水污染物浓度较高时，可以采用处理水回流的方式稀释进水。

本工艺的技术关键之一，是防止气泡在床内并合，形成大气泡，影响充氧效果，为此可采用减压释放充氧和射流充氧等形式。

三相流化床设备较简单，操作比较容易，此外，能耗也较二相流化床低，因此对三相流化床的研究较多。实际运行证明有以下特征：

(1) 高速去除有机污染物 BOD—容积负荷达 5kg/($m^3 \cdot d$) 处理水 BOD 小于 20mg/L 以下（对城市污水而言）；

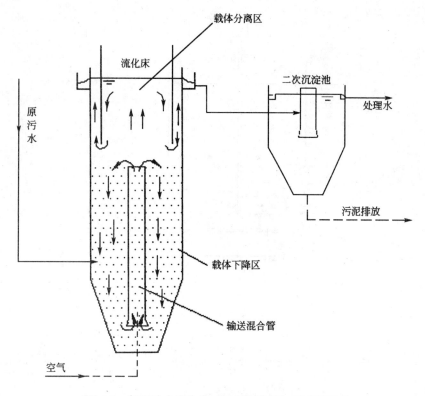

图 6-8 气流动力流化床（三相流化床）工艺及构造

（2）便于维护运行，对水质，水量变动有一定的适应性；

（3）占地少，在同一水量水质的条件下，在同一处理水质的要求下，设备占地面积仅为活性污泥法的 1/5～1/8。

6.3.3 机械搅拌流化床

又称悬浮粒子生物膜处理工艺，如图 6-9 所示。池分为反应室与固液分离室两部分，池中央接近于底部安装有叶片搅拌器，由安装在池面上的电动机驱动转动以带动载体，使其呈流化悬浮状态。充填的载体为粒径 0.1～0.4mm 之间的砂、焦炭或活性炭，粒径小于一般的载体。采用一般的空气扩散装置充氧。

6.3.4 厌氧流化床

厌氧流化床亦属于两相流化床，与好氧的两相流化床相比，它不需设充氧设备，滤床一般多采用粒径为 0.2～1.0mm 左右的细颗粒填料，如石英砂、无烟煤、活性炭、陶粒和沸石等，流化床密封并设有沼气收集装置，如图 6-10。

厌氧流化床使用与好氧床同样的高比表面积惰性载体，在厌氧条件下，对接种活性污泥进行培养驯化，使厌氧微生物在载体表面顺利生长。挂膜的载体在流化状态下，对废水中的基质进行吸附和厌氧发酵，从而达到去除有机物的目的。与好氧流化床不同的是，厌氧流化床需要较大的回流比。回流量占进水量的比例大，将一部分出水加以回流并与进水混合，既可使整个床内的颗粒分布均匀，又可保持恒定的流化速度。根据载体在不同流化速度下的膨胀比，厌氧流化床可分为膨胀床反应器和流化床反应器两类，其主要技术数据见表 6-3。

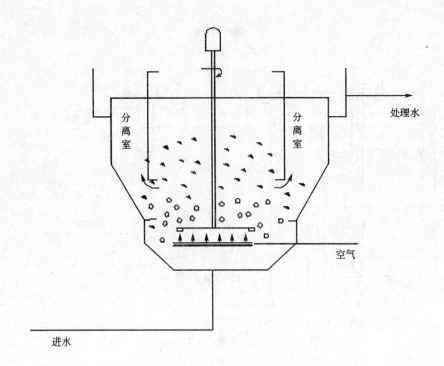

图 6-9 机械搅拌流化床

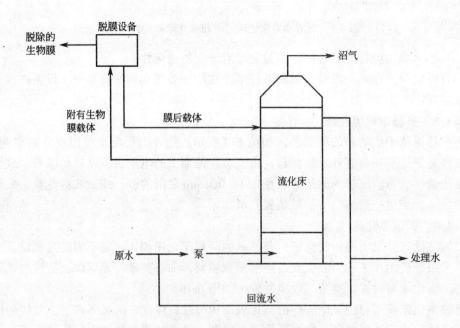

图 6-10 厌氧生物流化床

厌氧流化床技术数据 表 6-3

反应器	高度 (m)	直径 (m)	空床上升流速 (m/h)	回流比	生物量浓度 (g/L)	出水 SS (mg/L)
膨胀床	2~4	2~3	2~10	2~100	10~30	20~100
流化床	4~12	2~4	6~20	5~500	10~20	20~100

6.4 生物流化床设计计算

设计的第一步是根据生物流化床对载体的要求选择载体种类和确定载体参数。对于形状各异的人工载体,其流化特性应根据试验定出。

(1) 生物膜厚度及生物颗粒:取生物膜厚度 $\delta = 0.10 \sim 0.20$mm。生物膜厚度的合适值与进水 BOD_5 浓度有关,对生活污水或性质与之相近的工业废水,δ 取 $0.10 \sim 0.12$mm。生物颗粒的平均粒径 d_p (mm) 和真体积质量 ρ_p (g/cm³) 计算如下:

$$d_\rho = d_s + 2\delta \tag{6-7}$$

其中 d_s 表示载体本身的平均直径。

$$\rho_\rho = \frac{\rho_s d_s^3 + (d_\rho^3 - d_s^3)\rho_f}{d_\rho^3} \tag{6-8}$$

式中 ρ_s、ρ_f——载体和湿生物膜的真体积质量,(g/cm³),ρ_f 取 $1.02 \sim 1.04$g/cm³。

(2) 生物颗粒的沉降特性:生物颗粒的静置沉降终速度 u_t (cm/s) 由下式计算,

$$u_t = \sqrt{\frac{40(\rho_\rho - \rho_l)g d_\rho}{3\rho_l C}} \tag{6-9}$$

式中 ρ_l——废水体积质量,g/cm³;

g——重力加速度;

C——系数,由下式给出:

$$C = \frac{24}{Re_t} + \frac{3}{\sqrt{Re_t}} + 0.34 \tag{6-10}$$

式中 Re_t——生物颗粒静置沉降雷诺数,由下式给出:

$$Re_t = \frac{u_t d_p \rho_l}{10u} \tag{6-11}$$

式中 u——废水绝对黏度,g/(cm·s)。

通过对式 (6-3)、(6-4)、(6-5) 进行试算,可确定 u_t、C 和 Re_t。

(3) 床层的膨胀行为:首先由下式计算 Richardson-Zaki 常数 n (忽略反应器壁的影响):

$$n = 4.4 Re_t^{-0.1} \tag{6-12}$$

再确定床层的临界流化速度 u_{mf} (cm/s):

$$u_{mf} = u_t \varepsilon_{mf}^n \tag{6-13}$$

式中 ε_{mf}——临界空隙率,对近似球形载体可取 $\varepsilon_{mf} = 0.4$。取废水在床内上升流速 $u_t = (2 \sim 3) u_{mf}$,则由下式可得到床层空隙率:

$$\varepsilon = \left(\frac{u_l}{u_t}\right)^{1/n} \tag{6-14}$$

(4) 反应器的有效容积:反应器中所需装填的载体多少由参数 Ms 给定,Ms 为载体的总质量 (kg)。选取 Ms 以后载体的真体积 Vs (m³) 为:

$$Vs = \frac{Ms}{\rho_\rho} \times 10^{-3} \tag{6-15}$$

床层的体积（即反应器的有效容积）V（m^3）由下式确定：

$$V = \frac{(d_\rho/d_s)^3 Vs}{1-\varepsilon} \tag{6-16}$$

（5）核算污泥负荷：

$$Fs = \frac{(Si-Se)Q \times 10^{-6}}{[(d_\rho/d_s)^3-1]\rho_\rho Vs(1-P)} \tag{6-17}$$

式中　Si——进水有机物浓度，mg/L；

Se——出水有机物浓度，mg/L；

Q——废水流量，m^3/d；

P——生物膜含水率，一般取 $P=95\%$；

Fs——污泥负荷，(kg/(kg·d))，Fs 应在 $0.1 \sim 0.3$ 的范围内，如核算得到的 Fs 过大，应调整 Ms 的取值使 Fs 满足要求。

（6）反应器尺寸：一般生物流化床中单凭废水的流量不足以使载体流化，因此应将部分出水回流至反应器入口。取回流比 $R=100\% \sim 200\%$，则床层截面积为：

$$A = \frac{Q(1+R)}{864 u_l} \tag{6-18}$$

式中　回流比 $R=Q_r/Q$，Q_r 为回流水量（m^3/d）。床层高由下式计算：

$$H = V/A \tag{6-19}$$

如果得到的床高 H 及截面积 A 使 H/D 比例不当，则可相应调整 R 值。另外 R 的取值有时应考虑进水的稀释、充氧等因素。

6.5　好氧生物流化床工程应用实例

6.5.1　好氧三相生物流化床工程

1998年12月南昌针织内衣二厂工程正式试车投产，正常运转至今。试验结果及几年来的生产实践表明，采用三相生物流化床处理腈纶印染废水是完全可行的，三相生物流化床处理工艺的各项指标均与日本接近。该工艺以后又陆续推广应用于杭州可乐饮料总厂食品工业废水处理、江西昌特毛巾厂印染废水处理、广州市东湖丝绸公司印染废水处理，均获得了很好的效果。下面是该厂的运行情况。

（1）污水量和污水水质

南昌针织内衣二厂污水主要来自漂染车间，每天排出的污水量达 $450 \sim 600 m^3$，设计规模按 $600 m^3/d$ 计，采用两个系列，每系列处理量为 $300 m^3/d$。水质情况：COD_{Cr}：$700 \sim 1000 mg/L$，BOD_5：$300 mg/L$，色度（稀释倍数）$300 \sim 500$ 倍，pH值：5左右，NH_3-N：$3mg/L$。

（2）工艺流程及主要设备

污水处理站工艺流程见图 6-11。

漂染车间排水经格栅除去较大杂质后进入污水调节池，经调节池均化水质后由泵抽送至流化床进行处理，压缩空气也同时供入流化床，流化床出水部分进入沉淀塔处理后排放，另一部分回流至调节池的吸水井与原水一起送入流化床。由于印染废水排水量及水质变化较大，为均化水质水量，使处理效果稳定，必须设置污水调节池，调节池污水平均停

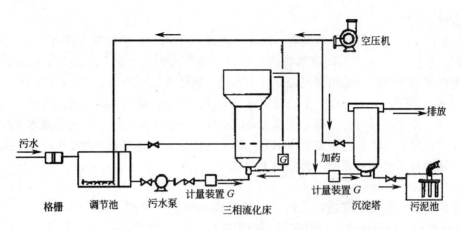

图 6-11　污水处理站工艺流程

留时间按 16h 计。三相生物流化床是此工艺流程中最重要的设备，它是一种塔式生物氧化池，池内设中心管，池底部是锥形体，池内装有细粒的焦炭作为生长微生物的载体，通过压缩空气供氧并使载体随水流在中心管上升，在沉降区再沉淀至池底，不断往复循环，在流化区形成气体、液体、固体三相，故称三相生物流化床。流化床总高度 8m，外径 2～4m，扩大带外径 5m，中心管直径 0.8m，总容积 70.8m³。沉淀塔类似于综合净水器，它集反应、沉淀、过滤于一体，总高度 5～6m，外径 2m，容积 13～85m³。

(3) 微生物的培养驯化

由于废水中含有具有杀菌作用的 1227 表面活性剂以及微生物难以降解的阳离子染料，因此，对微生物的培养驯化至关重要，一旦为微生物提供了适宜的条件使它们对有毒物质产生抗体，它就能繁殖生存下去，也就使生化处理能进行下去，否则将会失败。在试验研究及生产调试中我们采用的主要控制条件如下：溶解氧 2～4mg/L，如果溶解氧太低，则好氧菌难以生存；太高则微生物自身氧化消亡。pH 值：7.0～9.0，进水如达不到此要求，则需加酸或碱来调整。NH_3-N:15～20mg/L，$BOD_5:N:P=100:5:1$，如达不到此要求，则需适当地投加营养料，如尿素（或粪便水）、淀粉（或洗米水）以及磷酸氢二钾。此外，为了让微生物能逐渐适应环境，水力负荷应逐步提高，每天按 20% 的设计进水量递增，如果镜检发现微生物量少或不够活跃，应停止进水一段时间，并补充营养，直到正常。接种污泥最好取用印染污水处理站的活性污泥，以利于驯化。本工程取用上海针织五厂及江西化纤厂的活性污泥。由于采取了以上方法，培菌驯化过程均很顺利，启动时间约 20d，载体上已明显挂上了生物膜。

(4) 重要的设计运行参数

1) 水气比

水气比是流化床的一个重要的控制参数，压缩空气除提供微生物氧化分解有机物所需的氧源以外，还作为载体的提升动力，当用作供氧时，需使水中的溶解氧控制在 2～4mg/L，作为提升动力时，也要控制在一定值，气流过大，会使载体磨损或影响生物膜生长，过小又会造成载体不能提升流化。根据试验研究的结果，水气比在 1:15～1:20 的范围内较合适。但在实际生产运行中，发现采用水气比为 1:10 时也能达到同样的处理效果，究其原因，可能是由于流化床比较高，塔底曝气相当于深井曝气，使溶氧效率较高。

2）回流比

流化床的关键之一是载体表面有一层适当厚度的生物膜，一般膜厚度在 $100\sim200\mu m$ 左右为好，而在 $100\mu m$ 左右时有机物的分解速度和生物膜的密度最大。为了保证载体表面有适当厚度的生物膜，采用回流部分排出水是有效的办法。因为废水性质不同，生物膜的生长速度亦不同，有时会产生生长与脱落不平衡，而使生物膜太薄，甚至生长不了。如果回流一部分出水，就可将一部分随水带走的生物膜补充至流化床中，增加废水中微生物浓度，便于挂膜。由于腈纶印染废水中有一部分难以生物降解的表面活性剂，生物膜生成较困难，试验和生产实验表明，回流比不宜小于 1:2。

3）pH 值

为了探讨更大的 pH 值适应范围，以降低成本和便于管理，试验期间进行了 pH 值 $5.0\sim10.0$ 范围内处理试验，结果表明 pH 值在 $8.5\sim9.0$ 时效果最好，在 pH 值为 $7.0\sim8.0$ 时也能取得较好的效果，平均去除率仅降低 3% 左右；但当 pH 值低于 $6\sim5$ 时效果明显降低。这是因为大多数细菌适于中性或微碱性的生活环境，因此当污水 pH 值低于 $6\sim5$ 时需加碱调整。

4）中心管流速及喇叭口距底部高度

中心管上升流速和喇叭口距底部高度是流化床设计的技术关键，因而日本把它们列为专利。如果上升速度过大，载体紊动剧烈，这样生长与剥落不平衡，生物膜可能太薄或难以形成；如果上升流速过小，载体表面老化的生物膜不易脱落，膜厚度太大。以上两种情况均影响到处理效果，适当的中心管流速能保持生物膜一定厚度，达到稳定的处理效果，而喇叭口距离底部高度控制流化区的内回流量，内回流量的大小也直接影响中心管流速及微生物浓度。通过试验研究探索出了这两项关键技术，因而使本三相流化床处理效果领先于其他流化床及污水处理设备。

（5）运行结果及讨论

1）流化床处理腈纶印染废水投产后稳定运行的平均处理效果见表 6-4，数据表明，处理水完全可达国家排放标准，流化床对 COD_{Cr}、BOD_5、色度的去除率均比其他生化处理高得多，这是因为流化床中微生物大部分生长在载体表面上，而载体的比表面积比生物滤池、塔滤或接触氧化法填料的比表面积 A/V 值大得多。几种处理方法的 A/V 值对比如表 6-5。

三相生物流化床处理腈纶印染废水投产后稳定运行的平均处理效果　　　　表 6-4

项目名称	原　水	流化床出水	总排放水	流化床去除率（%）	总去除率（%）
COD_{Cr}（mg/L）	517	165.6	80.55	71	84.4
BOD_5（mg/L）	206	37.8	6.2	82	97.0
色度	476	119	48	75	90.0
SS/（mg/L）	329.5		61.4		82.77

几种处理方法的 A/V 值对比　　　　表 6-5

	生物滤池或塔滤	生物转盘	流化床
A/V（$m^2 \cdot m^{-3}$）	$40\sim100$	$130\sim160$	$4000\sim5000$

因而流化床具有较高的去除率。由于载体是循环流动的,互相碰撞,可自行剥落老化的生物膜,使它保持一定厚度,保证处理效果相对稳定。

2) 图 6-12 为运转过程中某一段时期的 COD_{Cr} 去除结果。从中可以看出,流化床和其他生物膜法一样,耐冲击,管理方便,在原水水质变化较大时,出水水质较稳定,当原水 COD_{Cr} 浓度较高时,去除率反而显著。故流化床可承担较大的 BOD_5 容积负荷,设计采用 BOD_5 量为 $6kg/(m^3 \cdot d)$ 是比较合适的。

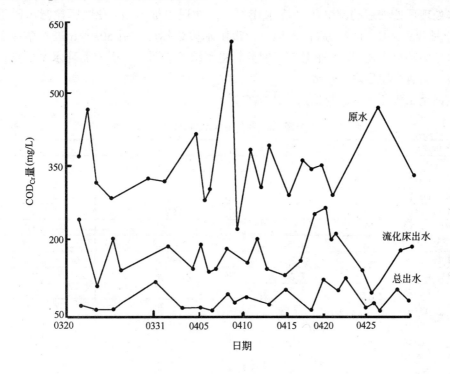

图 6-12 COD_{Cr} 去除结果

3) 剩余污泥少,运转 3 个月左右排一次泥,这是由于流化床载体与水一起流动,与活性污泥法相似,但不同的是大部分微生物附着在载体上,随水排出的很少,因此剩余污泥少,但活性污泥总量并不少,故处理能力虽高但剩余污泥反而少,可减少污泥处理设备的投资及能源消耗。本工程污泥处理设备采用简单的叶片过滤器即可满足需求。

4) 占地面积小,处理规模为 $600m^3/d$,占地面积仅 $144m^2$,约为其他生物处理法的 $1/3 \sim 1/5$

5) 投资少,总投资 44 万元,较一般污水二级处理节省投资 $20\% \sim 30\%$

6) 运行成本低,每吨水处理成本为 0.245 元(不包括固定资产折旧)

(6) 需要进一步探索的课题

1) 三相生物流化床的曝气形式采用穿孔管曝气,存在氧的利用率低(仅 10% 左右)、孔眼容易堵塞的问题,是否可改用其他形式的、满足其构造要求的曝气器。或者采用自吸式射流曝气,取消空气压缩机,需要进一步探索研究。如果能采用自吸式射流曝气,则流化床运转成本将进一步降低,更显示出它的优越性。

2) 对于流化床中的载体选择,在试验时仅做了活性炭作为载体的试验,因后者机械强度较大，磨损小且价格便宜被选为推荐产品。焦炭的粒径要求破碎至 1～3mm。

6.5.2 生物流化床在石化废水回用中的应用

(1) 污水回用工程概况：

中油抚顺石化乙烯化工有限公司现有一套年产近 18 万 t 乙烯的联合装置，其生产废水量 100m³/h，另有生活污水 40m³/h，未回用前生产废水和生活污水混合进入生化处理工艺，处理合格后排入沈抚灌渠。2001 年投资 200 万元建设污水回用工程，将生活污水与原污水处理厂处理过的部分生产废水作原水，处理水量 100m³/h，所建污水回用工程 2001 年 4 月开工，10 月竣工后投入运行，出水水质达标后，引 50m³/h 进入循环系统代替新鲜水作为补充水使用，5 个月左右的分析检测结果表明，未引起循环水水质指标的波动，目前一直运行稳定。

(2) 回用工程原水水质与回用水出水指标

生活污水、生产废水和混合污水水质（2000.8～2001.2） 表 6-6

分析项目	生产废水（经处理后）	生活污水	混合水
pH	8.1	7.3	7.7
浊度（mg/L）	15	13	13.4
COD（mg/L）	67	32	43
油（mg/L）	305	2.3	3
BOD（mg/L）	21	9	11
NH_3-N（mg/L）	16.5	10.3	12.5
磷（mg/L）	3.3	6.3	3.8
酚（mg/L）	7.2	1.5	1.9
硫化物（mg/L）	3.5	1.1	1.8
SS（mg/L）	21	10	13
细菌总数（个/mL）	7.9×10^5	8.3×10^5	8.1×10^5
Ca^{2+}（mg/L）	48	29	32
SO_4^{2-}（mg/L）	185	56	173
总硬度（mg/L）	455	320	390
总铁（mg/L）	1.9	0.85	0.97
Cl^-（mg/L）	159	39	93
电导率（μs/cm）	760	256	595

回用水水质指标 表 6-7

分析项目	设计值
pH	6.5～7.5
浊度（mg/L）	≤3
COD（mg/L）	≤20
COD_{Mn}（mg/L）	≤5
BOD（mg/L）	≤5
NH_3-N（mg/L）	≤1
磷（mg/L）	≤1
油（mg/L）	≤0
总碱度（以 $CaCO_3$ 计）（mg/L）	≤200
SS（mg/L）	≤1
细菌总数（个/L）	≤100
总硬度（以 $CaCO_3$ 计）（mg/L）	≤300
总铁（mg/L）	≤0.5

(3) 工艺流程和技术参数

1) 工艺流程

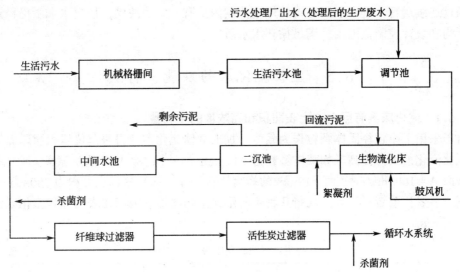

图 6-13 污水回用处理工艺流程

2) 工艺流程说明及技术参数：

·机械格栅。不锈钢自动机械格栅，拦截生活污水中较大的悬浮物和其他杂质，格栅条间距 10mm。

·调节池。为了达到较好的均质效果，在利用原生活污水池的基础上，再新建一座调节池，同时起沉淀作用，容积 240m³，水力停留时间 2h，新旧两池合计停留时间 5h。

·生物流化床。采用生物载体为改性聚乙烯悬浮填料，其单个填料的总表面积为 670mm²，空隙率 80.4%，全池的填料填充率为 70%，在流化床的出口处设一 $\phi 5.5mm$ 的格网，以防填料流失。曝气装置采用 ZY 无堵塞倒伞型曝气器，氧的利用率 E_A 为 18%。生物流化床停留时间 (HRT) 2.5h，BOD 容积负荷为 0.4kgBOD/(m³·d)。

·混凝加药。经生物流化床工艺处理后的出水需进行混凝沉淀处理，在污水中投加 6mg/L 聚合氯化铝 (PAC)，然后进行沉淀。

·沉淀池。辐流式沉淀池，直径 12m，沉淀时间 2h。

·中间水池。主要是为初滤系统，精滤系统提供反冲洗水，容积为 80m³。

·初滤系统。采用高效纤维球过滤器，滤速为 30m/h，悬浮物的去除率 90%，反冲洗强度 15L/(m²·s)，其滤材选用涤纶纤维，纤维球呈扁圆形，直径为 35～40mm，比表面积为 3000m²/m³，密度略大于水，具有柔性强、可压缩、孔隙大、截污能力强的特点，工作时滤层孔隙上疏下密，易反冲洗。

·精滤系统。采用活性炭吸附过滤器，对初滤出水进行深度处理以进一步去除有机物。选用柱状煤质活性炭，直径 1.5～2.0mm，堆积密度 500kg/m³，碘值 1000mg/L，再生周期一年，在滤速为 8m/h 时，接触时间 15min，反冲洗强度 15L/(m²·s)。

·杀菌消毒。采用美国 JC 系列加药设备，无动力消耗，可连续投加，药剂为菌藻净，具有缓解、高效、广谱、低毒、环保的特点。通过在水中水解反应，生成次溴酸和次氯酸,并由其中的平衡体控制释放速度,实现杀菌消毒的作用。其投加点在初滤前和精滤后两处,投加量为5mg/L。

经过连续运行,进水水质在设计规定范围内虽有一定的波动,但出水水质仍稳定,各项指标均在设计控制范围内,满足循环水水质。

6.6 生物流化床的性能、特点

6.6.1 流化床具有巨大的比表面积和高浓度的生物量

由于采用了小粒径固体颗粒作为载体,加上载体流化,使得每单位体积滤床提供的载体面积比流化前大为提高。如载体颗粒为$\phi1.5mm$的砂粒,流化床的空隙率$\varepsilon=75\%$,滤床比表面$A=1000m^2/m^3$。而$\phi19mm$的蜂窝滤料(固定床)的比表面积为$200m^2/m^3$。相比之下,后者比前者小得多。现将几种不同形式生物滤池的滤床比表面积和流化床作一比较,见表6-8。

几种生物滤池滤料比表面积的比较　　　　表6-8

滤池形式	比表面积 (m^2/m^3)	平均值 (m^2/m^3)	大致比值	备注
普通生物滤池	40~70	50	1	块状滤料平均粒径8cm
生物转盘	100	100	2	以$D=3.8m$的转盘为例
塔式生物滤池	160	160	3	以$\phi25mm$蜂窝为例
生物流化床	1000~3000	2000	4	以粒径1.1~1.5mm砂粒为例

由此可见,生物流化床具有高浓度的生物量,据有关测量,通常VSS在12g/L以上,有的可达30g(VSS)/L。故在达到同样处理效果的情况下,生物流化床比其他形式的生物滤池,具有高的容积负荷率,一般可达$10kgBOD_5/(m^3 \cdot d)$,现将几种生物处理法的容积负荷与生物流化床作一比较,见表6-9。

几种生物处理器容积负荷率的比较　　　　表6-9

容积负荷率	工艺名称							
	普通生物滤池		生物转盘	塔式生物滤池	接触氧化池	普通活性污泥法	纯氧曝气活性污泥法	生物流化床
	低负荷	高负荷						
$kgBOD_5/(m^3 \cdot d)$	0.2	0.8	1.0	2.0	2.5	0.5	3.0	10.0

6.6.2 生物膜活性和传质效果好

由于生物颗粒在床内不断相互碰撞和摩擦,其生物膜厚度较薄,一般在0.2mm以下,且分散均匀。据研究,对于同类废水,在相同处理条件下,其生物膜的呼吸率约为活性污泥的两倍,可见其反应速率快,微生物的活性较强,这也是生物流化床负荷较高的原因之一。

由于附着生物膜的载体颗粒在床中处于流化状态,颗粒与液体之间的界面不断更新,加上水、气流紊动情况较好,提高了物质的传递速率。主要是氧的传递,从而提高了生物膜的生化反应速率。

6.6.3 好氧流化床耐冲击负荷能力强

由于生物流化床内生物量非常大,传质效果较佳以及床内良好的混合流态,使废水一旦进入,就能很快得到混合、稀释,从而对负荷突然变化的影响起到缓冲作用,故滤床对冲击负荷的影响,就可能尽量予以减小。

6.6.4 流态化消除了阻塞、混合不均等问题

流态化消除了阻塞、混合不均等其他生物处理工艺存在的问题。它和生物膜中其他形式的生物滤池一样,不需要进行活性污泥回流,也不存在污泥膨胀问题,故生物流化床运行稳定,管理方便。

上述几个特点,充分显示了好氧生物流化床污水处理技术具有其他普通生物处理方法无法比拟的优点。因此,它极具研究价值和应用前景。近10年来发展起的一种新型好氧流化床——内循环三相生物流化床反应器,国内外已进行了多种废水的处理试验,并在工程实践中得到应用,特别是工业废水的处理尤具特色。

6.6.5 生物流化床存在的问题

生物流化床的缺点是设备的磨损较固定床严重,载体颗粒在湍动过程中会被磨损变小。此外,设计时还存在着生产放大方面的问题,如防堵塞、曝气方法、进水配水系统的选用和生物颗粒流失等。为工程实用化,以上问题有待进一步研究。

参 考 文 献

[1] 何卫中,刘有智.好氧生物流化床反应器处理有机废水技术进展.化工环保,1999,19卷
[2] 郑礼胜,施汉昌,钱易.内循环三相生物流化床处理生活污水.中国环境科学 1999,19(1)
[3] 何小立,何小英.三相生物流化床处理腈纶印染废水设计与运行探讨.南昌大学学报,1999,6
[4] 耿安朝,张洪林编著.废水生物处理发展与实践.东北大学出版社,1997
[5] 高廷耀,顾国维主编.水污染控制工程 下册(第二版).北京:高等教育出版社,1989
[6] 刘雨,赵庆良,郑兴灿编著.生物膜法污水处理技术.北京:中国建筑工业出版社,2000
[7] 晏波,蒋文举,谢嘉.三相好氧生物流化床污水处理技术研究应用进展.四川环境,2001,3
[8] 张自杰主编,顾夏声主审.排水工程 下册(第三版).北京:中国建筑工业出版社
[9] 潘涛,邬扬善,王绍堂.基于床层膨胀特性的生物流化床设计方法.中国给水排水,2000,16(6)

第7章 深井曝气法

7.1 概　述

深井曝气也称"超深水曝气"、"超深层曝气",是英国在20世纪70年代所开发的一项新技术。国外一度曾利用废井将生产污水注入地下进行处置,后来由于环境保护的要求日益严格,废井处置法逐渐被淘汰,进而改为在深井的基础上,把井壁和井底用钢筋混凝土或钢板作为井衬来加以密封,使污水不会渗出造成地下水污染,并有效地利用深井的巨大深度,进行超深水曝气,即为"深井曝气"。

深井曝气法是由英国有限化学公司(I.C.I)的农业部于1968年在以好氧性甲醇菌生产单细胞蛋白质的研究中派生出来的,1973年公开发表,1974年将这种技术应用于活性污泥法,在皮林翰姆市(Billingham)污水处理厂建造了第一座半生产性的深井曝气装置,进行了基础研究。1975年4月,I.C.I公司发表了深井曝气工艺的使用结果:该深井直径0.4m,井深135m,处理能力363m^3/d,停留时间1.2h,MLSS为2~6g/L,出水BOD_5为15mg/L,SS为18mg/L,取得了良好的处理效果。此法具有投资省、占地面积少、运行稳定、费用低、无恶臭等特点,且该法对氧的利用率可比常规曝气法高10倍。

自从I.C.I公司的论文发表后,引起了北美、欧洲、南非及日本各国的兴趣,他们相继引进和推广该技术,并作了大量的改进,相继建成了许多生产性装置。

第二代深井的构造是由CIL(加拿大工业有限公司)所属ECO技术部开发的。其主要不同是消除了头部水箱至下降管布气点间的缺氧段以及改变了上升管和下降管的进气比例。保证水流在稳定状态下工作,防止了水流倒转的可能性,消除了进水的短路现象。

深井处理技术的发展也反映在工艺流程上,即脱气技术多数用传统的鼓风曝气来代替真空脱气,以便在脱气的同时可起到进一步生物降解的作用,从而提高出水水质。

世界上已建成的部分深井曝气厂的简单情况如表7-1所示。

深井曝气厂简介　　　　　表7-1

污水厂厂址	污水量 (m^3/d)	入水BOD/SS (mg/L)	出水BOD/SS (mg/L)	深井尺寸 (直径m×深度m)
英国 Billing ham	400~800	200~300/250	20/30	0.4×130
英国 Anglian WA	6480	1000/—	60/60	1.9×130
英国 Kimberly Clark	21600	1000/—	—	0.8×50
德国 Leer	15000	400/—	—	2.6(3)×81
加拿大 Barrie	1090	300/—	30/—	0.4×150
加拿大 Manitoba	11400~22800	500/400	30/30	1.4(2)×150

续表

污水厂厂址	污水量 (m³/d)	入水 BOD/SS (mg/L)	出水 BOD/SS (mg/L)	深井尺寸 (直径 m×深度 m)
法国 Norsolor	—	—	—	0.13（2）×100
美国 Ithaca, NY	950	200/—	30/30	0.4×150
日本丰中	2400	300/300	20/30	1.0×100
日本东海地区	2640	3730/—	360/100	2.1×100
日本滋贺	20000	125/60	10/10～18	2.8×100
日本琦玉	15800	—	—	3.4×100
日本东京	15000	—	—	3.4×100
中国苏州	500～800	COD943.1	COD212.1	1.0×94.6

我国的水处理工作者为了发展污水处理技术，也进行了深井曝气法处理工艺的研究。国内科研院所及大专院校从1978年起开始进行深井曝气工艺的开发，并在研究的基础上，吸取国外的新成果，推出了多种形式的深井装置。目前在国内，深井曝气工艺在制药、化工等领域的不易生化降解的废水及食品、啤酒业等高浓度有机废水处理中得到了较为成功的应用。为推广这一技术还成立了专门设计、制造这种装置的深井曝气设备厂。

7.2 深井曝气的工艺及运行管理

7.2.1 深井曝气的工艺流程及构造

深井曝气是以地下深竖井构筑物作为曝气池的高效活性污泥工艺。深井直径一般为 0.5～6m，深度为50～150m。深井纵向被分为两部分——上升管和下降管（见图7-1和7-2）。废水进入深井后，随原污水和回流污泥的混合液在下降管和上升管内反复循环运动，在下降管中注入空气，作为生物氧化的气源，在此过程中污水得到净化。

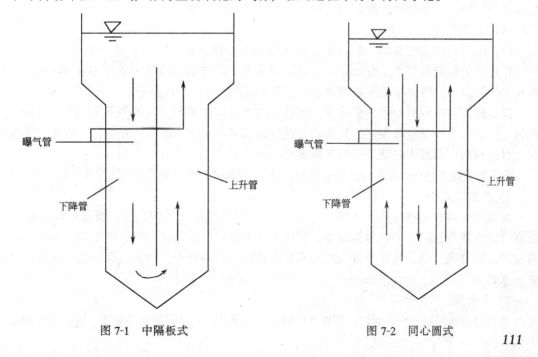

图 7-1 中隔板式　　图 7-2 同心圆式

深井曝气工艺流程如图7-3所示。原污水经过格栅和沉砂池除去大悬浮物和砂之后直接进入深井曝气池中。在深井曝气池中污水与回流污泥混合，提供空气为污水中的微生物氧化分解有机物提供氧。从深井曝气池出来的混合液进入脱气设备，采用机械搅拌、鼓气搅拌及抽真空等方式使活性污泥所包含的微气泡分离出来。脱除气体的混合液再进入沉淀池中，进行泥水分离，澄清液排放。沉淀下来的活性污泥部分回流到深井曝气池，多余的活性污泥进入污泥处置系统。

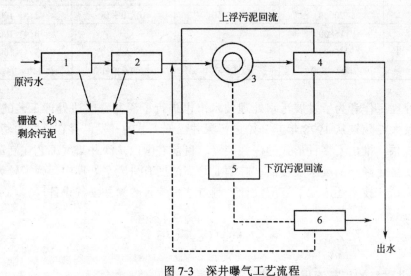

图 7-3 深井曝气工艺流程

1—格栅；2—沉砂池；3—深井；4—浮选澄清池；5—脱气池；6—沉淀池；
——— 浮选方式；-------- 沉淀方式

由图7-3可知，深井曝气污水处理系统一般由以下构筑物组成：格栅、沉砂池、深井曝气池、脱气池、沉淀池等。其中格栅、沉砂池、浮选池、沉淀池的功能与一般活性污泥法和生物接触氧化法相同，故以下只对深井曝气池和脱气池加以介绍。

(1) 深井曝气池

深井曝气构筑物的结构一般可分为U形管和同心圆型深井。

U形管的构造如图7-4所示。U形管深井采用一侧进水、进气，通过U型管底部后，再从另一侧出水，两侧水位的高度差 ΔH（压头损失）使得水体流动。

同心圆深井的构造如图7-5所示。它是由两个不同直径的圆柱型钢管构成的圆柱体，两管之间有几十块限位板固定，其外管直径可达数米。水流一般由内管进入，再从外管流出。目前国内应用较多的就是这种气提式同心圆深井。

深井曝气池是整个处理系统的核心部分，以同心圆深井为例对深井曝气池结构作简要说明。

1) 头部水箱

头部水箱具有多种构造，体积可达 $50m^3$，但其作用是一致的，即：使通过深井曝气池底部的水体回流到水面时得到缓冲，脱除水体中部分溶解气体，以便使大部分水体能够再次进入深井曝气池，保证新加入的污水和回流活性污泥能充分混合后直接进入内管；设置出水口。

2) 上升管

上升管的作用是使同心圆内、外管水体保持循环流动。上升管的安装深度一般在30～40m

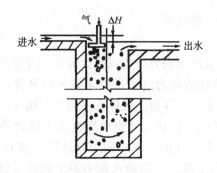

图 7-4 U形管深井结构示意图

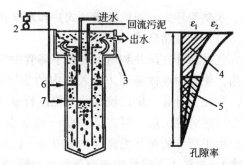

图 7-5 同心圆深井结构和空隙率示意图
1—贮气罐；2—空压机；3—头部水箱；4—上升管；
5—下降管；6—上升布气管；7—下降布气管

范围内。曝气头一般可用穿孔管，向水中释放空气或氧气。由于气体气泡在上浮过程中可造成外管的水体向上流动，这样便实现了内、外管水体的循环流动。设计较好的深井，上升管曝气头仅在运行初始阶段使用，一旦深井内污水循环起来以后，其供气量逐渐减小，直至可以全部关闭。这时，深井内污水的循环动力主要依靠下述的 $\Delta\varepsilon$ 来维持。另外，上升管还具有一定的充氧效果，而且因气体释放点的深度（压力）远远大于一般活性污泥法和生物接触氧化法，故其充氧效果也较一般传统生物法为佳。

3）下降管

下降管的作用是对循环水体进行充氧，利用井底的压力，使水体溶解氧的浓度提高，这也是开发深井曝气法处理污水的主要原因。下降管设有向下曝气头，释放的空气随内管水流到达井底，在井底压力的作用下，大量氧溶解在水中，其溶解氧浓度可达 18mg/L 左右，达到了高浓度活性污泥运行所需的溶解氧浓度。水流通过井底后在外管（上升管）向上流动并逐渐减小压力，溶解在水体中的气体释放，体积也逐渐增大，这样便形成了上升管水体孔隙率 ε_1 和下降管水体孔隙率 ε_2 之间的空隙率差 $\Delta\varepsilon$，$\Delta\varepsilon$ 是水循环的主要推动力。

下降管的设置是整个深井曝气工艺中较为重要的环节，其安装位置的合理与否将影响到系统运行的上升气量与下降气量比，从而关系到整个系统处理效果的好坏，这也是它不同于上升管（整个深井系统运行中水流循环的较为直接的动力）的地方。下降管位置一般应设在井深 30～60m 之间，具体位置应视井深而定。经验数据表明，当井深大约为下降管安置深度的 2.6 倍时系统能够较为正常的运行。

(2) 脱气池

与其他生物处理法相比，深井曝气处理系统中增加了脱气池。脱气方式有 3 种：空气曝气搅拌、机械搅拌及抽真空脱气。前两种应用较多。脱气池有两种形式，一种是在深井头部脱除大气泡，另一种是在混合液进入沉淀池之前脱除过饱和的溶解气体。第一种脱气池的主要功能是通过不同的脱气方式释放大量在头部水箱中还来不及释放（溶解于水）的气体，从而使得水中的活性污泥能够在随后的二沉池中沉降下来，由回流管再次进入深井。另外，采用曝气搅拌方式时，脱气池还具有传统曝气池的作用，有机物可以进一步生物降解。第一种脱气池容积一般为深井容积的 20%～40%。

7.2.2 深井曝气的运转方式

按照井内混合液循环时采用的不同动力，深井曝气的运转方式可分为 3 种：气提循环式、水泵循环式（即机械循环式）和水泵循环自吸曝气式。

(1) 气提循环式

气提循环式深井利用上升和下降管中气体含量差形成的压差或直接利用上升管的扬升作用，使井内液体循环。注入井内的空气既是循环的动力，又是生化作用的氧源。启动时，先在上升管一侧比较浅的部位进行曝气，由于气提作用，液体在井内开始循环，待液流循环达到稳定后，再在下降管一侧逐步供给空气，直到全部空气完全由下降管供应为止。由于液体的循环流速（一般 0.6~1.5m/s）大于气泡在水中的上浮速度（按 0.3m/s 考虑），故注入下降管内的空气气泡会随循环液流下降，并随静水压力的增加被溶解，在到达深井底部后，转向沿上升管上升的减压过程再逐渐释放。由于下降管和上升管的空隙率（气体体积百分数）存在差异，故促使液流能保持不断循环运转，详见图 7-6。

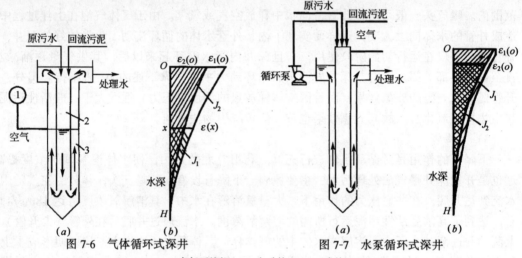

图 7-6 气体循环式深井　　　　　　图 7-7 水泵循环式深井

1—空气压缩机；2—上升管；3—下降管

J_1—下降管空隙率面积水头；J_2—上升管孔隙率面积水头；

$\varepsilon_2(o)$—上升管井头孔隙率；$\varepsilon_1(o)$—下降管井头孔隙率；

$\varepsilon(x)$—水深为 x 处的空隙率

(2) 水泵循环式深井

水泵循环式深井以水泵作为井内液体循环的动力，生物所需要的空气可在下降管较浅的位置注入，一般比脱气池位置稍高处注入，这样可使气液接触时间增长，详见图 7-7。水泵的扬程由克服液体循环所产生的摩擦阻力和注入井内的空气所产生的气阻决定。

(3) 水泵循环自吸曝气式深井

国内开发了一种新型深井装置——水泵循环自吸曝气式深井。其原理为在上述水泵循环式基础上改进了进氧方式。其无需专门的供氧设备和管路系统，使深井曝气装置大为简化。所谓自吸曝气就是靠在连接循环水泵压水管和深井下降管的虹吸管中形成的负压，自吸带入空气进井。该运转方式不使用空压机或风机，减少了设备和维修工作量，简化了操作管理，同时还消除了噪声污染，见图 7-8。

7.2.3 深井曝气后固液分离方式

由于在井底处是高压条件下充氧，当混合液在沿上升管上升的过程中，随着静水压力的减小，混合液中溶有的过饱和空气就会被解析出来，因此有相当数量的微气泡裹挟在活性污泥菌胶团中，影响污泥沉降性能，故用重力沉淀进行固液分离时，在进入二沉池前尚需脱除微气泡。脱气的方法有真空脱气、机械搅拌脱气、曝气脱气。真空脱气法是用真空泵保持脱气池具有一定的真空度，将污泥上附着的微气泡进行脱气的方式；机械搅拌法是采用强烈的搅拌打碎菌胶团，促使菌胶团内微气泡聚并而分离的方式；曝气脱气法是吹入空气以粉碎菌胶团，使菌胶团内微气泡粘附于大气泡上而实现脱气的方式；利用混合液中含有微气泡而具有的自发浮选能力，也可用气浮澄清法作为深井工艺的固液分离方式。

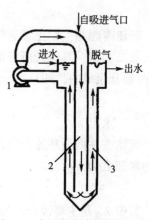

图7-8 水泵循环自吸曝气式深井
1—循环泵；2—下降管；
3—上升管

3种固液分离的组合方式如图7-9所示。由于深井中混合液固形物浓度往往大于6g/L，因此沉淀池或浮选澄清池仅按水力负荷设计难以保证合格的SS出水，设计时需同时考虑固体负荷。

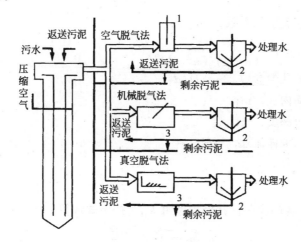

图7-9 深井曝气的固液分离方法
1—真空脱气塔；2—沉淀池；3—脱气槽

7.3 深井曝气的机理

深井曝气法的工作原理，应从水力学特性和生物降解特性两方面来分析。水力学特性包括井管内流动时各部分产生的水阻以及气体上浮作用时液体造成的阻力。生物降解特性除生物相、生物降解有机物的效果外，更主要的是氧在深井内的转移特性，它决定了有机物的降解效果。

7.3.1 深井曝气的水力学特性

深井曝气法同常规法相比，生物过程相同，不同的只是运转方式。深井曝气是污水在井中作上升和下降的循环流动的同时，鼓入空气。在运转中必须克服水阻和气阻。计算出深井的总阻力，以确定运转时所需的总驱动力，因此掌握深井流体力学特性是深井工艺的关键。

若忽略固相,则正常运转的深井流态属垂直管中以液体为连续相,气体为分散相的均匀气液二相流。其运转所需的总驱动力即为深井总阻力 Y,是由水力阻力 h_f 和气浮阻力 ΔJ 两部分组成的,即

$$Y = h_f + \Delta J \tag{7-1}$$

(1) 水阻 h_f

流体在井内循环流动所产生的水头损失即为水阻,它包括沿程摩阻 h_{f1} 和井底与井头部的局部阻力 h_{f2},即

$$h_f = h_{f1} + h_{f2} \tag{7-2}$$

其中 h_{f1} 是主要部分。当循环量确定后,按水力学公式可求出 h_{f1} 和 h_{f2}。

1) 同心圆式

对于同心圆式深井,其沿程摩阻 h_{f1} 可按下式计算

$$h_{f1} = K\lambda \frac{H}{d_1} \frac{v_1^2}{2g} \tag{7-3}$$

式中 λ——液体单相流摩阻系数;

K——系数,$K = 1 + \dfrac{1}{(n-1)(n^2-1)^2}$;

n——深井段面几何参数,$n = D/d_1$;

D——深井井筒内径,m;

H——深井有效深度,m;

v_1——下降管内液体流速,m/s;

d_1——下降管直径,m。

2) U 形管式

对于 U 形管式结构的深井,其沿程摩阻 h_{f1} 可按下式计算

$$h_{f1} = \zeta \frac{v^2}{2g} + \frac{2v^2}{CR} H \tag{7-4}$$

式中 ζ——井底局部阻力系数,折反 180 度,转弯取 4.8;

C——流速系数,$C = \dfrac{1}{n_i} R^{1/6}$,$n_i$ 为粗糙系数;

R——水力半径,m;

H——深井深度,m;

v——液体循环流速,m/s。

不论是对同心圆结构还是 U 字形结构的深井,在粗略估算总阻力 h_f 时,由于局部阻力 h_{f2} 的值较小,故均可不计 h_{f2} 的值,或亦可按 $h_f = 1.2 h_{f1}$ 值计算。

(2) 气阻 ΔJ

由于注入井内的空气泡的上浮作用对液体循环所造成的阻力即为气阻。当气体和液体处于两相流的状态下,气泡在水中由于比重轻而上浮的同时会带动一部分液体上升。但是气泡一旦超过某一界限量,就会互相合并而不能保持均匀的两相流状态,这个界限空气量用空隙率 ε 来表示。在液流循环形成后,下降管中气泡的上浮与液流同向,故其移动速度

比液流快，所以在深井曝气筒中，同一水深处，上升管中的空隙率 ε_2 比下降管中的 ε_1 要小，因此气阻可通过下降与上升两管中空隙率总和的差值求出。

1）求空隙率

以 v_a（m/s）表示注入下降管中的空气的空管流速，以 v_b（m/s）表时气泡在水中的上浮速度，则根据气体流量平衡，得下式

$$\frac{v_1}{1-\varepsilon_1} - v_b = \frac{v_a}{\varepsilon_1} \tag{7-5}$$

下降管中的空隙率 ε_1 即可由此式导出的近似式求出，即

$$\varepsilon_1 \approx \frac{v_a}{v_1 - v_b + v_a} \tag{7-6}$$

气泡群在水中的上浮速度可根据流态化工程中表达紊流状态的戴维斯—泰勒公式求出

$$v_b = 0.711(gd_b)^{1/2} \tag{7-7}$$

式中　d_b——气泡直径，m。

假定气泡为球形，直径 $d_b \approx 2 \sim 20$mm，由上式得 $v_b \approx 0.1 \sim 0.3$m/s，为了使污泥不在井内沉积，气泡在稳定情况下的上升速度 v_b 要保持 0.3m/s，深井内气体和液体的相对速度按此亦采用 0.3m/s，这是偏安全数据。

通过建立下降管和上升管断面的气体流量平衡，即：

$$s_1\varepsilon_1(v_1 - v_b) = s_2\varepsilon_2(v_2 + v_b) \tag{7-8}$$

则可得

$$\psi = \frac{\varepsilon_2}{\varepsilon_1} = \frac{S_1(v_1 - v_b)}{S_2(v_2 + v_b)} = \frac{v_2(v_1 - v_b)}{v_1(v_2 + v_b)} \tag{7-9}$$

式中　ψ——上升管与下降管孔隙率的比值；

　　　ε_1——下降管空隙率；

　　　ε_2——上升管空隙率；

　　　v_1——下降管液体空管流速，m/s；

　　　v_2——上升管液体空管流速，m/s；

　　　S_1——下降管断面积，m²；

　　　S_2——上升管断面积，m²。

通过（7-8）、（7-9）两式可分别求出下降管和上升管中的空隙率，同时用 ψ 值可以判断两管中空隙率的抵消程度。

2）空隙率 ε 沿井深的变化

水深 H_m 处的静水压 $p(H)$ 为：

$$p(H) = p_0 + \rho gH \tag{7-10}$$

式中　p_0——水深 $H=0$m 处的大气压力；

　　　ρ——液体密度。

为了简化计算，假定井中的空气为惰性气体，即沿水流循环不发生吸收与解析现象，则根据气体的等温压缩方程式，可得空隙率与 H 的关系式：

$$\varepsilon_H = \frac{\varepsilon_0}{1 + \frac{\rho g H}{p_0}} \tag{7-11}$$

式中 ε_0——下降管液面处的空隙率;

ε_H——水深 H_m 处的空隙率。

根据上式,以水深 H 与空隙率 ε 点绘成的曲线,如图 7-6 和图 7-7 所示。

井内最大空隙率不得大于 0.2,否则气液就会相互合并,以液体为连续相的分散型气液的二相流将被破坏,深井不能运转。在采用空气驱动来使井内液流循环的情况下,上升管井颈部位的空隙率最大,如图 7-6 所示。在采用机械驱动来使井内液流循环的情况下,下降管空气加入部位的空隙率最大,如图 7-7 所示。

3)气阻的计算

把式(7-11)积分,积分范围为 $0 \sim H$,则可求出深井一侧的空隙率总和,亦即孔隙率面积水头 $J(m)$:

$$J = C\varepsilon_0 \ln\left(1 + \frac{H}{C}\right) \tag{7-12}$$

式中 C——常数,$C = \frac{p_0}{\rho g}$

下降管一侧的 J_1 阻碍循环,上升管一侧的 J_2 起气提作用,故其差值即为气浮阻力 ΔJ,因 $J_2 = J_1 \frac{\varepsilon_2}{\varepsilon_1} = J_1 \psi$,则

$$\Delta J = J_1 - J_2 = J_1(1 - \psi) \tag{7-13}$$

(3)深井曝气装置的循环驱动力

为保持深井曝气筒内液流循环,所需驱动力可由图 7-6 和图 7-7 中求得。如前所述,图 7-6 和图 7-7 中的曲线是根据式(7-11),以水深 H 与空隙率 ε 点绘而成的,把上升管 ε_2 斜线所包含的面积减去下降管 ε_1 的面积,两者之差即为液流循环所需驱动力。

驱动力的计算也可采用下列办法。

由式(7-1)和式(7-13)可得,所需的总水头 Y 为:

$$Y = h_f + \Delta J = h_{f1} + h_{f2} + (1 - \psi)J_1 \tag{7-14}$$

循环水泵的动力 N(kW)为:

$$N = \frac{QY}{120} \tag{7-15}$$

式中 Q——井内循环流量,m^3/s。

由图 7-6 可看出 $J_1 - J_2$ 就是气体循环的驱动力,当该值与水阻相等时,不用提供曝气空气以外的动力就能维持循环,它是靠在下降管内一定深度 h 处曝气才得以满足的,h 可由下式求出:

$$h = c\left[\exp\frac{Y}{c\varepsilon_{1(0)}} - 1\right] \tag{7-16}$$

式中 h——气提循环时的曝气点深度,m;

$\varepsilon_{1(0)}$——下降管顶部空隙率,即水深为 0m 处的空隙率,是一个虚构值,以 h 处的实

际空隙率 $\varepsilon(h)$ 按式（7-11）推算求得。

深井的运转是一个复杂的包含有能量转化的生化过程，上述各式是在对深井的实际情况做了不少简化与假设后导出的，只是对深井的流体力学特性的简略描述，当进行工程设计时 Y 值及 h 值应附加一定的自由水头。

7.3.2 充氧特性

由于静水压力的作用，深井一般处于 5~15 个大气压力下工作，因此有很高的充氧能力。

深井曝气工艺中氧的传递速率符合氧在水中一般传质公式：

$$\frac{dc}{dt} = K_L a(c_s - c) \tag{7-17}$$

式中 $\frac{dc}{dt}$——氧在清水中的传递速率，mg/(L·h)；

$K_L a$——氧在清水中总传递系数，h^{-1}；

c_s——氧在清水中的饱和溶解度，mg/L；

c——氧在清水中的实际浓度，mg/L。

与其他曝气方式相比较，在深井曝气条件下，氧的传递速率 $\frac{dc}{dt}$ 要大得多，其主要原因有：

(1) 与普通鼓风曝池中螺旋形前进的水流不同，深井内气液处于 1~2m/s 流速下，深井内的液流为紊流状态，雷诺数高达 10^5~10^6。由于紊流激烈，气泡直径较微小，气泡液膜更新很快，气液两相混合均匀，从而促使 $K_L a$ 值提高。

(2) 气泡和液体接触时间长。常规曝气法中气泡和液体的接触时间约为 15s，而深井曝气法气泡和液体的接触时间却可长达 3~5min，使氧传递速率增大。

(3) 由于气泡在平衡状态时的氧饱和溶解浓度 c_s 值随水深的增大而增大，深井中处于高静水压力下的气泡的 c_s 成倍增加，则氧向水中转移的推动力（$c_s - c$）亦提高。对于 50~150m 的深井，氧传质推动力是常规方法的 6~16 倍，因而深井曝气法的充氧能力大，氧的利用率高。此外，在深井曝气中，注入下降管内的空气气泡所需要的能量，可以由上升管中释放出的气泡所产生的扬升作用而得到相当大的抵消，因此获得高气相分压时充氧效果所花费的能量并不大，故充氧动力效果高。

由以上分析可知，深井曝气法具有其他生物法所难以达到的高充氧性能，其比较见表 7-2。

各种曝气充氧性能比较 表 7-2

方　法	氧传递量 (kgO₂/(m³·h))	氧利用率 (%)	动力效果 (kgO₂/(kWh))
常规曝气法	0.05~0.1	5~15	0.5~1.0
纯氧曝气法	0.25	90	1.0~1.5
深井曝气法	（井深130m）		
直径 3~10m	0.25	60	2.0~6.0
直径 2m	2	80	6.0
直径 1m	3	90	3.5

7.3.3 生物相及生化处理效果

深井曝气作为一种活性污泥法的变形，微生物的生存环境与其他好氧处理有着很大的不同。其主要差别是：

(1) 在一个循环的周期中，微生物是在常压与高压下不断交替反复的（间隔约 120~200s）；

(2) 强烈的紊流，雷诺数高达 $10^5 \sim 10^6$；

(3) BOD 的浓度和氧的分压也在循环的变化之中。

为了解压力变化对微生物的影响，在压力容器中用活性污泥作充氧试验，经显微镜观察，发现气体都在细胞膜的外侧，表明在高压条件下，溶解气体没有向细胞膜内渗透，细胞膜未被破坏。微生物具有高度的内源呼吸能力，其增殖率小，污泥产泥率也低，常在 0.25~0.35 之间。

在采用放射性同位素试验中，发现深井曝气工艺中因 BOD 而生成的 CO_2 量比传统曝气法约高 30%。

另外，考察高浓度溶解氧的反复变化对微生物活性的影响，是采用高压空气以 7 个大气压/min 的速度升压，到达最终压力后，停止 1min。按此条件压力反复变化，污泥处于搅拌状态，进行微生物量和呼吸率的测定。结果表明微生物的活性即代谢速率无异常变化。

在实际运行的深井曝气池中去污泥镜检表明，生物相以结构紧密地菌胶团为主，原生动物如钟虫、草履虫、线虫等均有发现，且比较活跃，生物相与普通活性污泥法是一样的。

在废水的生化处理过程中，影响处理效果的因素有很多，主要有：有机物浓度（BOD_5），废水的可生化性和活性生物体浓度（MLVSS）等。生物反应受以下两个基本传质过程控制：

(1) 氧的传质过程；

(2) 有机物的传质过程。

其中，氧的传质过程包括两个过程——氧从气相传递到液相和由液相传递到生物体。当液相中可利用的溶解氧充足时，生物反应过程的效率主要取决于微生物降解和同化有机物的能力，而降解和同化有机物的速率随 MLVSS 浓度和混合搅拌强度的提高而增大。

在好氧生物处理工艺中，曝气装置保持好氧环境的能力是其主要制约因素之一。在常规活性污泥系统中，由于供氧能力的限制，对于不同浓度的混合液都有一个极限的负荷率 F/M。如当 MLVSS = 3mg/L 时，在不超过常规装置的曝气能力按表 7-1 中所示的 $0.08kgO_2/(m^3·h)$ 的条件下，系统的运行负荷率 F/M 不会超过 0.55。而深井曝气工艺由于传氧效率高，可以在井内维持高达 10g/L 的 MLVSS 浓度；同时由于井内的液体循环速度大、紊流程度高，能使生物体和有机质间有效地进行混合传质，从而使得 F/M 能够超过常规曝气中的极限，曝气时间也大大缩短。如处理生活污水时，由于在深井中活性污泥生物处于高浓度溶解氧的条件下，(一般深井中溶解氧可达 20~30mg/L，脱气池中 6~8mg/L)，污泥活性得到提高，当 BOD 污泥负荷为 2.0kg/(kgMLVSS·d) 时，BOD_5 的去除率仍可达到 90% 以上，曝气时间也可缩短到 30min，具有良好的处理效果。

7.4 深井曝气系统的设计与施工

深井曝气工艺中,深井曝气池是关键环节,由于深井曝气法在 20 世纪 70 年代才开始进行生产性污水处理试验,迄今世界各国对深井曝气法的理论和应用,仍处在研究和探索中,缺乏系统的设计计算公式和有关参数,以下仅根据已有的有关文献资料及在深井曝气法设计和生产调试中积累的一些经验,简介如下。

7.4.1 工艺参数

深井曝气法处理污水高效的主要原因,是由于它具有很高的氧转移效率,并能维持很高的混合液污泥浓度,因此才有可能把深井的容积负荷提得很高。一般情况下其工艺参数如表 7-3 所示。

深井曝气工艺参数　　　　表 7-3

工 艺 参 数	变 化 范 围
1. 井深	一般为 50~150m,常用为 75~130m
2. 充氧能力	一般为 0.5~1.0kgO$_2$/(m^3·h),最高可达 3.0 kgO$_2$/(m^3·h)
3. 氧利用率	当井深为 50~100m,空隙率为 0.10 左右时,为 40%~80%
4. 曝气时间和有机物负荷	曝气时间随污水浓度而变化,处理一般城市污水为 1.0h 左右。高浓度工业污水应以有机物负荷控制,根据水质的可生化性情况,COD 负荷为 10~30kg/(m^3·d),BOD0.5~2.0kg(kgVSS·d)
5. MLSS	一般为 6~10g/L
6. 空隙率 ε	最高不得大于 0.20,超过此限易发生气泡合并,产生气堵
7. 经济循环流速	根据不同的曝气量计算确定的经济流速,一般在 1.0~1.5m/s
8. 回流污泥比	50%~200%,一般为 50%~100%
9. 脱气池容积	尽可能大一些,一般为井容的 30%~50%
10. 二沉池固体负荷及停留时间	当 SVI 超过 150 时,控制在 150kg(m^2/d);当 SVI 小于 100 时,可提高到 300(m^2/d);停留时间应控制在 3h 之内

7.4.2 设计计算

设计计算的主要内容是深井曝气井主要尺寸的确定。曝气井的基本构造见图 7-10 所示:

(1) 深井直径 D 的确定

深井曝气活性污泥法,它也遵循普通活性污泥法的基本规律,所以确定深井曝气井容积时,可采用活性污泥负荷求算。

$$V = \frac{Q \times C_B \times E}{L_s \times x} \qquad (m^3)$$

式中　V——深井总容积,m^3;
　　　Q——处理的污水流量,m^3/d;
　　　C_B——进水 BOD 浓度,kg/m^3;
　　　E——BOD 去除率,%;
　　　L_s——BOD 污泥负荷,kgBOD$_5$/(kgMLSS·d);(国内外深井曝气运行中污泥负荷一般为 0.7~7kgBOD$_5$/(kgMLSS·d),也可参考表 7-3 选用);

x——混合液中悬浮液浓度（MLSS），mg/L。

深井曝气法在处理污水过程中，携带有大量的气体，需向大气释放。同时循环中，进出水管的布置，也需要一定的传输容积，故在深井头部设置一定容积的水箱。有效容积（V_d）一般采用深井曝气容积的20%，则深井部分的实际有效容积 $V_井$ 为：

$$V_井 = 0.8V$$

深井深度（H）的确定：应综合考虑工程地质情况、施工能力和工程造价及运行费用等因素。目前国内外建成的井深在50~150m之间，据实测资料，井深在40~60m时是充氧较好的深度，常用井深在100m左右。

当井深有效容积 $V_井$ 及井深确定后，深井直径可按下式计算：

$$D = \sqrt{\frac{4V_井}{\pi \times H}}$$

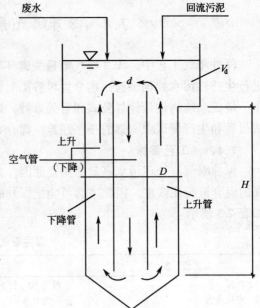

图7-10 深井曝气构造示意图
D—深井直径，对同心圆式深井也为上升管直径，m；
d—下降管直径，m；
V_d—深井头部水箱容积，m³；H—井深，m

式中 D——深井直径，m；
$V_井$——深井部分有效容积，m³；
H——井深，m。

(2) 下降管直径 d 的确定

对于同心圆式深井曝气井中下降管直径（d）可按下式计算：

$$d = \frac{D}{n}$$

式中 d——下降管直径，m；
D——深井直径，m；
n——深井断面几何参数，为减小气阻，当 $n=1.92$ 时，水阻力 h_f 式中参数 K 值最小。因此一般采用 $n=1.92\sim1.42$。

下降管中流速 $v_下=1\sim1.5$m/s 为宜，流速过低，会造成井的不稳定运行，因为它需克服气泡上升阻力，流速过高，显然会使阻力增大。

(3) 所需空气量的计算

深井所需空气量可由生化需氧量及液体循环所需空气量两部分组成。对于生化需氧量可根据废水中除去有机物的量，并参照延时曝气耗氧值计算。可按下式计算：

$$Q_气 = \frac{Q \times C_B \times E \times f}{0.28 \times E_A} \quad (m^3/min)$$

式中 f——耗氧系数，kgO_2/去除 $kgBOD_5$；
0.28——每 m³ 空气中所含氧量，kgO_2/m^3；

E_A——氧的利用率，%。

其他符号同上。

对于液体循环所需空气量的确定，目前尚无简便计算方法。

日本，对生活污水（$BOD_5=120mg/L$），采用深井曝气法处理时，气水比值为0.8:1。国内外深井曝气法运行实例中，所采用的上升管与下降管的空气量比为1:2～1:3。

(4) 下降管中空气管释放点深度（h_1）的确定（采用气体循环时）

可以采用北京市政院研究所由试验推导出的下降管空气释放点的深度（h_1）的经验公式，或采用经验值：

当井深≥100m时，h_1一般在35m～50m。

(5) 需用驱动力

当采用水泵循环时：

1) 水泵扬程＝总阻力＋自由水头（m）

2) 水泵流量＝循环流速×下降管断面（m^3/s）

7.4.3 深井的施工技术

深井曝气池是有机物降解的主要构筑物，也是废水处理工艺中造价最高和施工要求最严格的构筑物。深井的施工方法大致有钻孔法、沉井法、反循环法、地下连续墙法和挖掘法等。

钻孔法是以冲击钻或回旋钻进行凿孔，此技术适用于在冲积层和软岩石地层中开挖深度较深的小口径深井。目前，在推广应用工程中，直径在1m以内的小口径深井都采用钻孔进行施工，井筒为钢材料，外侧浇灌混凝土。采用钻孔法进行施工时，防止塌孔的关键技术是泥浆护壁。成孔后下钢筋管的施工，由于往往采用浮力下管方法，因此要注意防止井管失稳事故的发生。这两点都需要在设计与施工中严格控制。

沉井法和连续墙法则适用于在冲积层中大口径深井的施工，但深度一般不超过50～60m，并均需采用泥浆护壁。目前，口径较大的深井的上部50m采用沉井法，井管为预制钢筋混凝土管，采用防水环氧树脂砂浆进行粘接；沉井法往往使用触变泥浆来减小土层摩擦力。

挖掘法适用于在能够支撑的硬粘土层或者地下水涌水量很小的岩石层中较大口径深井的施工。

另外，在深井施工中还必须满足防腐和结构稳定的要求。一般钢筋混凝土是较为合适的材料。由于成井技术所限，$\phi2.0m$以下的深井多采用钢管结构，内涂防腐层，井管外灌注混凝土层包围，起对钢管的结构稳定和防腐防渗等作用。

7.5 深井曝气工艺运行特性

7.5.1 上升气量与下降气量比

上升气量与下降气量比是深井曝气的一个很重要的运行参数，一般来说，下降气量与上升气量之比越大，则水中的溶解氧也越多，能耗也越低，但是系统运行的稳定性相对就越差，容易造成循环水流的反冲。以同心圆深井为例，运行时，首先打开上升布气管以便使内外管形成稳定的水体循环。当水流速度达到0.6～1.5m/s左右后，再徐徐开启下降管中的布气器。因为气泡在水体中的初始上浮速度在 0.3m/s 左右，水流能带动下降管中的气泡一起向下移动。运行中，逐渐增大下降管的气量，减少上升管的气量，以达到动态平衡。但是，如果下降管气量增加速率太快，使得内管中水体空隙率太大，有可能使外管产生的压力大于内管产生的压力而形成反向循环流，即外管为下降流、内管为上升流（反冲）。因此应选取适当的上升气量与下降气量比。

7.5.2 气水比

工程运行中，空压机的运转费用占运行费用中较大的一部分。选择适当的气水比能减少能耗，降低运行费用。据文献报道，在 100m 深处，水流速度为 1.4m/s，气水比为 5% 的运行系统中，溶解氧增加的幅度在 8mg/L 左右；气水比为 15% 的运行系统中，溶解氧增加的幅度在 16mg/L 左右；气水比为 25% 的运行系统中，溶解氧增加的幅度在 18mg/L 左右。由此可以看出，在上升管需要达到一定气量以维持深井中水体正常、稳定循环的前提下，大幅度地增加下降管气量并不能大幅度地提高水体的溶解氧，反而使气水比提高，能耗增大。有数据表明：在 60m 的深井中，气水比为 25% 时运行系统（O_2）的能耗 [$2.8kgO_2$/（kWh）] 比气水比为 15% 时运行系统的能耗 [$4.0kgO_2$/（kWh）] 高得多。

7.5.3 耐冲击负荷

由于深井的循环水量很大，深井内活性污泥浓度和溶解氧浓度都很高，能充分维持微生物的活性，所以有机物的降解相当迅速。因此一旦遇到冲击负荷，头部水箱能够保证最新加入的废水直接进入深井内管（下降水流），在很短时间内就能很好地与深井循环水完全混合，同时经过深井内、外管一次循环后，水体中有机物被迅速氧化，这样就使得冲击负荷能够在很大程度上得到缓冲，并且曝气池出水仍能够维持在一个较高的水准。由于稀释倍数大，也可处理高浓度废水，并能获得较满意的出水水质。

7.5.4 污泥产量少，并无污泥膨胀

深井曝气法的剩余污泥量比常规曝气法少，一般 $1kgBOD_5$ 产泥量为 $0.25\sim 0.35kg$。其原因是由于活性污泥中的微生物进行了高度的自身氧化作用，微生物的增殖速度受到抑制。在深井曝气系统中，污水污泥从下降管上部引入，BOD 浓度高，在下降过程中 BOD 开始分解，直至上升管部分，BOD 浓度变低。由于 BOD 浓度和氧的分压在下降管和上升管之间有很大差异，而且这种差异一直在往复循环，致使微生物分解 BOD 时产生的能量与微生物增殖所需能量间产生不平衡状态。这样的环境使生物的增殖受到一定的限制，而产生的能量促使微生物进行自行分解，保持了较高的呼吸速率，由此来维持能量的平衡。另外，用放射性同位素做实验，测定在深井曝气筒内 BOD 浓度分布，发现 BOD 中的成分，分解成 CO_2 的转化率比常规曝气方式高 30% 左右。这也能进一步证明深井曝气装置的污泥产生量较少的原因。同时因为深井中 $Re=10^5 \sim 10^6$，水流的强烈紊动和极高的充氧能力能有效地抑制丝状菌的生长。

7.5.5 不受气温影响

一般的生化处理工艺，在冬季寒冷季节里，往往去除效果不佳，其主要原因是污水温度过低时，水中的微生物活性受到影响，而深井曝气处理工艺，即使在地面气温很低时，仍然能够有效地运行，且去除效果也很好。这主要是因为深井曝气池大部分埋设在地底下，且深度很大，井内的水体将从地层中吸取地热，从而能使水的温度有所提高。据测

定,在严冬时深井的水温也能保持在18℃以上。而一般的水处理构筑物,不仅不能够从环境吸收热量,而且还会向大气散热,有时甚至导致构筑物内的水结冰。因此,深井曝气池和一般曝气池的水温变化趋势相反,这是深井曝气池能够维持低温条件下的有效运行的一个因素。另外,因为深井曝气活性污泥法多用于降解高浓度有机废水,降解率又很高,则意味着会产生较多的热量,这些热量将使井内水体升温。而一般的生化装置由于水中有机物的浓度很低,产生的热量也很少,不会显著地改变水的温度。

在炎热的夏季则正好相反,当深井水温过高时,温度稳定的地层又会吸收深井污水的热量,使深井的温度维持在适宜于微生物生长的温度范围内。

7.5.6 氧的利用率高,能耗低

空气在深井内混合均匀,能获得最好的分散气泡,空气在井底几乎全部溶解,使气泡消失。接触时间可达120~200s(传统曝气中仅15~30s)。故氧的转移效率可达60%~90%。深井曝气法的氧利用率高,所需空气量少,所产生的压力大,传统方式的空气压力如果为$0.5kg/cm^2$,那么深井曝气池的空气压力可达$4kg/cm^2$,深井曝气法的动力功率一般在$2.3~4.0kgO_2/(kWh)$,而传统生物曝气法一般小于$2.0kgO_2/(kWh)$,综合而论,见表7-2,所以相比深井曝气法所需的能耗低。

深井曝气是活性污泥法的一种,是高速率活性污泥系统。和普通活性污泥法相比,除以上众多优点外,还有占地少,省电,运行费用低等特点。

以日处理量为$20000m^3$的造纸厂废水为例,在BOD去除率>90%,COD去除率>80%的条件下,与传统的有代表性的生物处理法—活性污泥法及接触氧化法相比具有的优点如表7-4所示。

深井曝气法与传统生物处理法的比较 表7-4

项 目	深井曝气法	活性污泥法	接触氧化法
停留时间/h	1.0	7.0	6.5
COD污泥负荷/(kg/(kgMLSS.d))	0.98	0.2	—
COD容积负荷/(kg/(m^3.d))	4.8	0.7	0.75
MLSS浓度/(kg/L)	4500~6000	2500~4000	—
污泥回流率/(%)	100~150	50~150	—
剩余污泥生成量/(kgSS/kgCOD)	0.2~0.5	0.5~0.6	0.2~0.6
氧利用率/(%)	50~90	5~15	5~15
占地面积(以井式为一)	1.0	1.6	1.4
运转成本(以井式为一)	1.0	1.4	1.3

深井曝气法存在的缺点是深井曝气装置受地质条件及施工能力的限制,另外处理过程容易遭受变化,要求比普通活性污泥法更高、更熟练的技术人员对它进行运行管理。

7.6 应用实例

7.6.1 处理高浓度有机废水

江苏某制药厂采用深井曝气法后续组合填料接触氧化法的二段生化处理工艺来处理高浓度有机废水。该厂排放的废水水量为 $1250m^3/d$，废水中有机物平均浓度：COD_{cr} 为 $2800mg/L$，BOD_5 为 $1400mg/L$；废水缺氮、无磷；污染物排放量为 $3500kgCOD_{cr}/d$，$1750kgBOD_5/d$。处理工艺流程如图 7-11 所示。

深井曝气废水处理情况表　　　　　　　　　　表 7-5

项　目	深　井	接触氧化池	总去除率（%）
进水水温（℃）	18		
处理水量（m^3/d）	720	720	
水力停留时间（h）	6.93	14.77	
进水 COD_{cr}（mg/L）	4096.8（2213.9～6467.3）	832.3（439.6～1293.1）	
出水 COD_{cr}（mg/L）	832.3（439.6～1293.1）	413（205.6～616.4）	
去除效率（%）	80（77～81）	53（51～56）	90
MLSS（g/L）	3.69（3.16～4.21）		
MLVSS（g/L）	2.27（1.89～2.65）		
容积负荷（$kgCOD_{cr}/(mg/L)$）	14.18	1.33	
污泥负荷（$kgCOD_{cr}/(mg/L)$）	3.84		

注：括号内数据为变化范围。

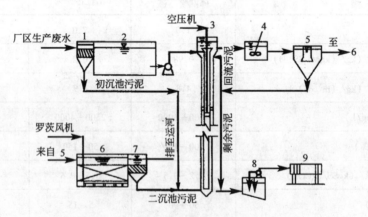

图 7-11　深井曝气处理工艺流程示意图
1—初沉池；2—调节池；3—深井曝气装置；4—脱气池；5—中间沉淀池；
6—组合填料接触氧化池；7—二沉池；8—污泥浓缩池；9—板框压滤机

工艺中采用的深井为同心圆式，直径 1.8m，中心下降管直径 1.15m，井容 $208m^3$。气提方式运行，下降管与上升管曝气量比为 2:1，穿孔管曝气器设在水面下 40m 处。

生产运行情况表明，深井曝气装置 COD_{cr} 平均去除效率 80%，接触氧化池 COD_{cr} 平均去除效率50%，全流程对COD_{cr}的去除率在90%以上。表7-5为某月废水处理具体情况。

7.6.2 处理农药废水

浙江某农药厂采用深井曝气法处理有机农药废水，处理流程如图7-12所示。

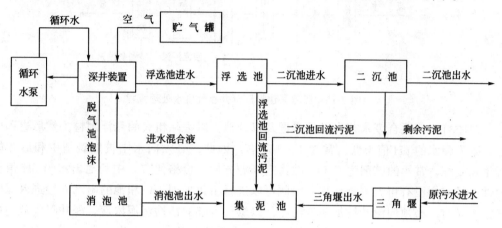

图7-12 浙江某农药厂深井曝气法废水处理流程

工艺控制条件为：

工 艺 控 制 条 件　　　　　　表7-6

进水COD	处理水量	pH值	池温	曝气量	停留时间	出水DO	污泥浓度	回流比	COD容积负荷
1000mg/L	30~35t/d	>9	15~40℃	200~250m³/h	2.8~3.3h	1~3mg/L	6~8g/L	100~200%	8~12kg(COD)/(m³·d)

有机磷农药废水经深井曝气法处理后出水水质基本达到国家工业废水排放标准，废水处理结果如表7-7所示。

深井曝气废水处理结果　　　　　　表7-7

项　目	进水浓度	出水浓度	去除率（%）
pH值	9.7	6.7	
COD	1233	223	81.9
BOD_5	362	10.61	97.1
总有机磷	149	36	75.8
对硝基酚	5.2	0.38	92.7
悬浮物		<100	

注：除pH值外，浓度单位均为mg/L。

7.6.3 处理建材废水

江苏某建材厂采用深井曝气法降解生产污水及生活污水组成的混合污水。混合污水水量约为800~1300m³/d，平均约1100m³/d，pH值很低，只有1~2，有机物浓度很高，COD值约为500~1100mg/L，BOD_5值约为200~600mg/L。

该厂深井曝气处理工艺见图 7-13。

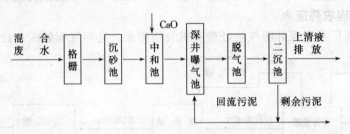

图 7-13 江苏某建材厂深井曝气废水处理流程

由图可知，混合废水首先经过格栅及沉砂池，以去除粗大的悬浮颗粒，然后进入中和池。因为废水的 pH 值很低，常为 1～2 左右，因此，必须向水中投加碱剂中和后才能进行生物处理。常用的碱剂为 CaO，因为它来源方便、价格便宜。中和池出水的 pH 值接近中性，且水中没有粗大的悬浮物，因此可以进行生化处理。中和池的出水直接进入深井曝气池的同时，必须向深井投加回流污泥，以维持足够的活性污泥浓度。深井曝气池的底部气水压强很大，溶解的气体较多。另外，生化反应过程中，产生的 CO_2 等气体也较多，这些气体将以极微小的气泡粘附在活性污泥颗粒上，使其不易沉淀。该厂采用真空脱气法，脱气后的泥水混合物能够在沉淀池中有效地进行固液分离，上清液将直接排放，沉淀污泥有一部分回流到深井曝气池，剩余部分将送入污泥处理系统。

经过深井曝气活性污泥处理系统后，沉淀池出水的 COD 浓度低于 100mg/L，BOD_5 可降到 2～6mg/L 左右，COD 和 BOD 的去除率分别为 90％ 和 99％ 左右。

参 考 文 献

[1] 汪大翚、雷乐成主编．水处理新技术及工程设计．北京：化学工业出版社，2001
[2] 王彩霞主编．城市污水处理新技术．北京：中国建筑工业出版社，1990
[3] 羊寿生编．曝气的理论与实践．北京：中国建筑工业出版社，1982
[4] 杨宝林．深井曝气技术现状和应用．工业水处理，1990，10（2）：7
[5] 谭智，汪大翚．深井曝气工艺处理高浓度制药废水．环境污染与防治，1993，15（6）：6
[6] 深井曝气活性污泥法及其应用，环境工程处理技术丛书，北京：中国环境科学技术出版社，1992

第 8 章 UASB 工 艺

8.1 概 述

UASB—升流式厌氧污泥床反应器（Upflow Anaerobic Sludge Blanket）是由荷兰 Wageningen 农业大学的 G.Lettinga 教授等人在 20 世纪 70 年代研制开发的一种新型高效污水厌氧处理方法。其特色和优点主要体现在颗粒污泥的形成使反应器内的污泥浓度大幅度提高，水力停留时间因此大大缩短。加上 UASB 内设三相分离器而省去了沉淀池，又不需搅拌设备和填料，从而使结构也趋于简单。基于以上优点，UASB 在国外倍受重视，成为近年来国外发展最快的一种厌氧处理技术。反应器经历了 360L、$6m^3$、$30m^3$ 和 $200m^3$ 等逐次放大小试、中试和生产性试验的过程，于 20 世纪 80 年代初开始在高浓度有机废水的处理中得到日趋广泛的应用。据 G.Lettinga 等人的不完全统计，目前全世界至少已有 128 座这样的处理装置在实际生产中使用。其中最大的一座设备容积已达 $5500m^3$，应用于处理土豆淀粉加工废水，其有机负荷高达 $17\sim 20 kgCOD/(m^3 \cdot d)$，每天产生 2000 多 m^3 沼气，COD 去除率为 80%～85%。继荷兰之后，德国、瑞士、瑞典、美国、加拿大、澳大利亚、泰国、芬兰、西班牙以及中国也相继开展了对 UASB 的深入研究和开发工作，使这种厌氧处理工艺成为一种应用迅速，使用广泛的新型反应器技术，在高浓度有机废水的处理中正发挥它的作用。表 8-1 列出了国内外 UASB 反应器装置的有关运行和处理规模等情况。

国内外 UASB 反应器装置的运行和处理规模情况　　表 8-1

废水类型	使用国家	装置数量	处理负荷	容积（m^3）	温度（℃）
甜菜糖厂	荷兰、德国、澳大利亚、西班牙	分别为 7、2、12 座	8～17	200～300	30～35
液体糖	荷兰	1 座	17	30	30～35
土豆加工废水	荷兰、美国、瑞士	10 座	5～11	600～1500	30～35
土豆淀粉	荷兰、美国	3 座	5～15	1700～5500	30～35
玉米淀粉	荷兰	1 座	10～12	900	30～35
小麦淀粉	荷兰、爱尔兰、澳大利亚	3 座	7～11	500～4200	30～35
大麦淀粉	芬兰	1 座	8	410	30～35
酒精	荷兰、美国、德国	3 座	9～16	700～2200	30～35
酵母	美国	2 座	9～12	400～1800	30～35
制酒废水	美国、荷兰	2 座	6～18	1400～4600	30～35
贝类	荷兰	1 座	10	10	24
屠宰废水	荷兰	1 座	6～7	650	24
牛奶	加拿大	1 座	6～8	450	24
造纸废水	荷兰	3 座	4～10	740～2200	20～25
蔬菜罐头	荷兰、美国	2 座	10～11	375～500	30～35
白酒	泰国	12 座	15	3000	30～35
化学品	荷兰	1 座	7	1250	30～35
冰糖	荷兰	2 座	11～13	50～100	30～35
肉联废水	中国	1 座	—	—	中温
制药废水	中国	2 座	5～10	～200	中温
化工废水	中国	1 座	—	3000	中温

国内对UASB的研究是由北京环境保护科学研究所首先于20世纪70年代末开始探索性的研究工作。此后，国内很多科研单位和大专院校也开展了研究工作。如清华大学、同济大学、重庆大学（重庆建筑大学）、哈尔滨工业大学（哈尔滨建筑大学）、广州能源研究所、武汉能源研究所以及苏州科技大学（苏州城建环保学院）等科研单位都先后对UASB的颗粒污泥培养、反应器的启动、颗粒污泥性能的分析、工艺运行条件的控制以及反应器的工艺设计等进行了广泛而深入的研究。在溶剂、酒精、肉类加工、纤维板等生产废水的处理方面，均取得了良好的处理效果。目前，国内投产的UASB反应器中，最大的是成都北郊肉联厂反应器装置，其次是华北制药厂容积为200m^3的用于处理高浓度的丙醇和丁醇有机废水的UASB反应器。目前，南京扬子石化公司已建成处理对苯二甲酸生产废水的3000m^3的UASB反应器4座。此外，国内还开展了应用UASB处理不同高浓度有机废水的研究。尤其是清华大学环境工程系比较深入而系统地研究了UASB工艺中颗粒污泥的形成及培养条件，获得了比较系统而可靠的理论研究数据，为这种新型处理工艺的推广应用打下了良好的基础。

北京市环境保护研究所的研究人员，在对污水的厌氧—好氧生物处理研究的基础上，针对城市污水有机物浓度低的特点，从污水处理整个系统的处理效率和经济效益出发，研制、开发出水解—好氧生物处理工艺。即放弃厌氧反应器中甲烷发酵阶段，利用厌氧反应器中水解和产酸作用，使得污水、污泥得到一次处理。该工艺被用于城市污水及工业废水处理中。

采用UASB工艺处理城市污水，首先在荷兰进行了小规模和较大规模的中试研究，自20世纪90年代初以来，一些国家相继建立了处理城镇污水的UASB系统。在巴西的巴拉那地区建立了几十个小型UASB系统，其总处理能力相当100万人口的生活污水量，巴西圣保罗也建立了UASB处理示范厂，后相继在哥伦比亚、巴西、中国等地区建成了不同规模的示范工程，应用生产性UASB反应器处理生活污水（详见表8-6）。

8.2 UASB反应器的基本原理及特点

8.2.1 UASB反应器的构成与特点

UASB反应器如图8-1所示。其主体部分是一个无填料的空容器，分为反应区和沉降区两部分。反应区根据污泥的分布情况又可分为污泥悬浮层和污泥床区。污泥床主要由沉淀和凝聚性能良好的厌氧污泥组成，浓度可达50~100gSS/L或更高。污泥悬浮层主要靠反应过程中产生的气体的上升搅拌作用形成，污泥浓度较低，一般在5~40gSS/L范围内。UASB装置的最大特点在于其上部设置了1个专用的气（沼气）-液（废水）-固（污泥）三相分离器。

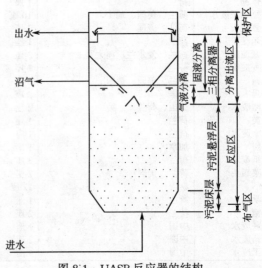

图8-1 UASB反应器的结构

UASB反应器包括以下几个部分：进水和配水系统、反应区和三相分离器等。

1. 进水配水系统　进水配水系统的功能主要是将废水均匀分配到整个反应器，并进行水力搅拌，是反应器高效运行的关键。

从水泵来的废水通过配水设备流入布水管，从管口流出。配水设备是由一根可旋转的配水管和配水槽构成，配水管为圆环形，被分隔成若干单元，每个单元与一通进反应器的布水器相连。从水泵来的水管与可旋转的配水管相连接。工作时配水管旋转，在一定的时间间隔内，污水流进配水槽的一个单元，由此流进一根布水管进入反应器。

布水点设于反应器的底平面上，为使污水与污泥充分接触，应进行合理设置。布水点均匀分布在池底上，且高度不同。根据有关资料与研究实践，认为布水的不均匀系数为0.95时，可达到布水均匀的目的。荷兰研究者提出，在装置放大时应按比例增加布水点的数量，使得每 $5m^2$ 底面积有一个布水点。这种布水方式对于整个反应器来说是连续进水，而对每个布水点而言，则是间断进水，布水管的瞬时流量与整个反应器流量相等。

目前，生产性 UASB 反应器装置所采用的进水方式大致可分为间歇式、脉冲式、连续均匀流、连续与间歇回流相结合等几种。

2. 反应区　反应区是反应器的主要部分，其中包括污泥床区和污泥悬浮层区，废水中有机物主要在此处被厌氧菌所分解。

污泥床区位于整个 UASB 反应器的底部。污泥床内具有很高的污泥生物量，其污泥浓度（MLSS）一般为 40000～80000mg/L，有文献报道可高达 100000～150000mg/L。污泥床中的污泥由活性生物量（或细菌）占 70%～80% 以上的高度发展的颗粒污泥组成，正常运行的 UASB 中的颗粒污泥的粒径一般在 0.5～5mm 之间，具有优良的沉降性能，其沉降速度一般为 1.2～1.4cm/s，其典型的污泥容积指数（SVI）为 10～20mL/g。颗粒污泥中的生物相组成比较复杂，主要是杆菌、球菌和丝状菌。

污泥床的容积一般占整个 UASB 反应器容积的 30% 左右，但它对 UASB 反应器的整个处理效率起着极其重要的作用，它对反应器中有机物的降解量一般可占到整个反应器全部降解量的 70%～90%。污泥床对有机物降解，使得在污泥床内产生大量的沼气，达到饱和后即析出气泡，并以微气泡的形式附着于污泥颗粒上，减小了污泥的比重，使污泥颗粒实际上处于悬浮状态，并通过其上升的作用而将整个污泥床层得到良好的混合。

悬浮污泥层区位于污泥床的上部。它占整个 UASB 反应器容积的 70% 的左右，其中的污泥浓度要低于污泥床，通常为 15000～30000mg/L，由高度絮凝的污泥组成，一般为非颗粒状污泥，其沉速要明显小于颗粒污泥的沉速，污泥容积指数一般在 30～40mL/g 之间，靠来自污泥床中上升的气泡使此层污泥得到良好的混合并呈悬浮状态。污泥悬浮层中絮凝污泥的浓度呈自下而上逐渐减小的分布状态。一般污泥悬浮层是防止污泥粒子流失的缓冲层，其进行生物处理的作用并不明显。占整个 UASB 反应器有机物降解量的 10%～30%，正常工作的 UASB 反应器内，在污泥床层和污泥悬浮层之间通常存在着一个浓度突变的分界面，称污泥层分界面，此污泥层分界面的存在及其高度和废水的种类、出水及出气等条件有关。

3. 三相分离器　气、固、液三相分离器是 UASB 反应器中的重要组成部分，安装在反应器的顶部并将反应器分为下部的反应区和上部的沉淀区。三相分离器由沉淀区、回流缝、集气室组成。三相分离器的主要作用是将气体（反应过程中产生的沼气）、固体（反应器中的污泥）和液体（被处理的废水）等三相加以分离，将沼气引入集气室，沉淀区的作用是使泥水分离，固体颗粒在沉淀区沉淀下来，沿着沉淀区底部的斜壁自动滑下重新回到反应区内，以保证反应区中污泥浓度。澄清的处理出水引入出水区。具有三相分离器是 UASB 反应器污水厌氧处理工艺的主要特点之一。它相当于传统污水处理工艺中的二次沉淀池，并同时具有污泥回流的功能。因而，三相分离器的合理设计是保证其正常运行的一个重要内容。

8.2.2 工作原理

8.2.2.1 有机物的厌氧消化

UASB 反应器的反应区一般高为 1.5~4m，其中充满高浓度和高生物活性的厌氧污泥混合液，这是它赖以高效工作的物质基础。反应区的厌氧微生物有 3 种存在形态：(1) 游离的单个菌体；(2) 聚集成微小絮体的菌群；(3) 聚集成较大颗粒的菌群。为便于区别，可将 3 种形态的厌氧微生物依次称为游离污泥、絮体污泥、颗粒污泥。

UASB 反应器中的厌氧反应过程与其他厌氧生物处理工艺一样，包括了极为复杂的生物反应过程。目前业已提出了比较全面的厌氧反应过程的有关基本过程。厌氧反应过程与好氧处理过程不同，有多种不同的微生物参与了底物的转化过程而将基质转化为最终产物。在反应过程中，复杂的基质被厌氧微生物转化为多种多样的中间产物，最后转化为甲烷。

颗粒有机物降解为甲烷的过程如图 8-2 所示，包括以下 6 个步骤：

(1) 生物多聚物的水解。包括：a. 蛋白质水解为多态氨基酸；b. 碳水化合物转化为溶解性糖（单糖和双糖）；c. 脂类转化为长链脂肪酸和甘油。
(2) 氨基酸和糖经发酵转化为氢、乙酸、短链挥发性脂肪酸（VFA）和乙醇。
(3) 厌氧氧化长链脂肪酸和乙醇。
(4) 厌氧氧化中间产物挥发酸（除乙酸）。
(5) 由乙酸型甲烷菌转化乙酸为甲烷。
(6) 有产氢甲烷菌转化氢为甲烷（二氧化碳还原）。

一般可将总的转化过程简化为以下 3 个重要的阶段，用当前较为公认的厌氧消化 3 个阶段理论加以说明。第一阶段，即水解阶段，在水解与发酵细菌的作用下，使复杂的碳水化合物，蛋白质与脂肪水解、发酵转化成单糖、氨基酸、脂肪酸、甘油及二氧化碳、氢等。第二阶段即产氢产乙酸阶段，是在产氢产乙酸菌的作用下，把第一阶段的产物转化成氢、二氧化碳和乙酸。第三阶段，即产甲烷阶段是通过两组生理上不同的产甲烷菌的作用，一组把氢和二氧化碳转化成甲烷，即：$4H_2 + CO_2 \rightarrow CH_4 + 2H_2O$，另一组是对乙酸脱羧产生甲烷，即：$2CH_3COOH \rightarrow 2CH_4 + 2CO_2$。

在厌氧消化过程中，由乙酸形成的 CH_4 约占总量的 2/3，由 CO_2 还原形成的 CH_4 约占总量的 1/3。系统中产氢产乙酸菌在厌氧消化中具有极为重要的作用，它在水解与发酵细菌及产甲烷细菌之间的共生关系，起到了联系的作用，且不断的提供大量的 H_2，作为产甲烷细菌的能源，以及还原 CO_2 生成 CH_4 的电子供体。

8.2.2.2 三相分离器的装置及运行特点

UASB 装置中设置了 1 个具有集泥、水和气分离集于一体的三相分离器，它可以自动的将泥、水、气加以分离并起到澄清出水，保证集气室正常水面的功能。

UASB 反应器运行时，废水以一定流速从底部布水系统进入反应器，通过污泥床向上流动，废水与污泥中的微生物得以充分接触并进行生物降解，生成沼气，沼气以微小气泡的形式不断放出。微小气泡在上升过程中将污泥托起，即使在较低负荷下也能看到污泥床有明显膨胀。随着产气量增加，这种搅拌混合作用加强，减少了污泥中夹带的气体释放的阻力，气体便从污泥床内突发性逸出，引起污泥床表面略呈沸腾流状态。沉淀性能不太好的污泥粒或絮体在气体的搅动下，在反应器上部形成悬浮污泥层。气、水、固混合液上升至三相分离器内，沼气在上升过程中碰到反射板受偏折，穿过水层进入气室，由导管排出反应器。脱气后的混合液进入上部静置的沉淀区，在重力作用下，进一步进行固、液分离，沉降下的污泥通过斜壁返回至反应区内，使反应区内积累大量微生物，澄清的处理水从沉淀区溢流排出。在UASB反应器中在一定的运行条件下，通过严格控制反应器的水力学特性及有机污染物负荷，能培养形成颗粒污泥，是UASB反应器与其他厌氧反应器的重要区别。而颗粒污泥的形成和成熟乃是保证这种厌氧反应器具有高浓度和高活性的前提条件。

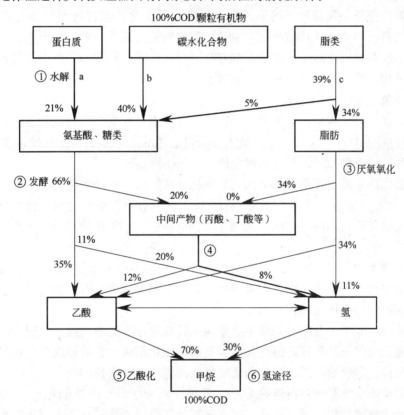

图 8-2 复杂底物厌氧消化的反应过程

8.2.3 厌氧颗粒污泥

UASB反应器是目前各种厌氧处理工艺中所能达到的处理负荷最高的高浓度有机废水处理装置。它之所以有如此高的处理能力，是因为在反应器内以甲烷菌为主体的厌氧微生物形成了粒径为1～5mm的颗粒污泥，换言之，污泥的颗粒化是UASB反应器的突出特点。

(1) 污泥颗粒化的意义

颗粒污泥的形成，使UASB反应器内可以保留高浓度的厌氧污泥。这首先是因为颗粒污泥具有极好的沉降性能。絮状污泥沉降性能较差，当产气量较高，废水上流速度略高时，絮状污泥则容易被冲出反应器。产气及水流的剪切力也易于使絮状污泥进一步分散，从而加剧了絮状污泥的洗出。颗粒污泥有极好的沉降性能,它能在很高的产气量和高上流速度下保留在反应器内。因此污泥的颗粒化可以使 UASB 反应器允许有更高的有机物容积负荷和水力负荷。一般絮状污泥的 UASB 负荷在 10kgCOD/（$m^3 \cdot d$）以下,颗粒污泥 UASB 反应器负荷可高达 30~50kgCOD/（$m^3 \cdot d$）。据 Hulshoff pol 报道,颗粒污泥比还具有以下优点:

1) 细菌形成颗粒状的絮状体是一个微生态系统,其中不同类型的微生物种群形成了共生或互生体系,有利于形成细菌生成的生理生化条件并利于有机物的降解;
2) 颗粒的形成有利于其中间的细菌对细菌营养的吸收。
3) 颗粒使发酵菌的中间产物的扩散距离大大缩短,这对复杂的有机物降解是重要的;
4) 在废水性质突然变化时,颗粒污泥能维持一个相对稳定的微环境,使代谢过程继续进行。

在厌氧反应器内颗粒污泥的形成称之为颗粒污泥化,颗粒污泥化是大多数 UASB 反应器启动的目标和启动成功的标志。当反应器内颗粒污泥能长期保持形态上的稳定性,生产装置在形成颗粒污泥后,能够长期拥有良好沉降性能的污泥,并能为新装置提供颗粒污泥作为接种物,从而加快新装置的启动过程。

(2) 颗粒污泥的特性

颗粒污泥一般呈球形或椭球形,其颜色通常为黑色或灰色。密度约在 1030~1080kg/m^3 之间,粒径在 0.5~5mm 左右,最大直径可达 7mm。颗粒污泥的孔隙率在 40%~80% 之间,有良好的沉降性能,沉降速度范围为 18~100m/h。

颗粒污泥的组成主要是指各类厌氧微生物、矿物质及胞外多聚物、纤维、砂糖等。颗粒污泥的干重（TSS）是挥发性悬浮物（VSS）与灰分（ASH）之和。通常情况下,VSS 占污泥总量的比例是 70%~90%。颗粒污泥中一般含 C 约为 40.5%,H 约为 7%,N 约为 10% 左右。

颗粒污泥本质上是多种微生物的聚集体,主要由厌氧消化微生物组成。颗粒污泥中参与分解复杂有机物、生成甲烷的厌氧细菌可分为水解发酵菌、产乙酸菌和产甲烷菌三类。

(3) 颗粒污泥的形成过程

颗粒化过程是单一分散厌氧微生物聚集生长成颗粒污泥的过程,颗粒污泥形成实际上是微生物固定化的一种形式。但与其他类型的固定化不同,它的形成与存在不赖于任何惰性物质的载体。但颗粒污泥的形成是比较复杂而且持续时间长。

初次启动通常指对一个新建的 UASB 系统,以未经驯化的非颗粒污泥（例如污水处理厂污泥消化池的消化污泥）接种,使反应器达到设计负荷和有机物去除效率的过程,通常这一过程伴随着颗粒化的完成,因此也称之为污泥的颗粒化。

根据反应器内污泥形成的形态和达到的 COD 容积负荷,可将 UASB 的初始启动和污泥颗粒化过程大致分为 3 个阶段。

第一阶段为启动与污泥活泥提高阶段。从接种至反应器负荷低于 2 kgCOD/（$m^3 \cdot d$）阶段,在这一阶段内,反应器的负荷由 0.5~1.5 kgCOD（$m^3 \cdot d$）或污泥负荷 0.05~0.1 kgCOD/（kgMLSS·d）开始。这一阶段洗出的污泥仅限于种泥中非常细小的分散污泥,洗出的原因主要是上流速度和逐渐产生的少量沼气。

第二阶段为颗粒污泥形成阶段。反应器负荷一般控制在 2~5 kgCOD/（$m^3 \cdot d$）。

第三阶段为颗粒污泥成熟污泥床形成阶段。此阶段系指反应器负荷超过 5 kgCOD/（$m^3 \cdot d$）

以后的阶段。当反应器容积负荷达 16kgCOD/（m³·d）以上时，即可认为颗粒污泥培养成熟。

其中第一阶段是决定污泥结构的重要阶段。一般来说，细菌与基体之间存在排斥力会阻碍两者的接近，但离子强度的改变，Ca^{2+}、Mg^{2+} 的电荷中和作用以及 ECP 的作用可以使排斥位能降低，从而促进细菌向基体接近。细菌与基体接近后，通过细菌的附属物如甲烷菌的菌丝，或通过多聚物的黏接，将细菌黏接到基体上。随着黏接到基体上的细菌数目的增多，形成多种微生物群系互营发生的聚集体，即具有初步代谢作用的污泥泥体。微生物聚集体在适宜的条件下，各种微生物竞相繁殖，最终形成沉降性能良好、产甲烷活性高的颗粒污泥。

有机负荷小于或等于 2kgCOD/（m³·d），启动时间约 1～2 个月，之后沉淀性能较好的污泥已不被冲洗流失，随着时间的推移有机负荷的增加，细小污泥冲出，较重污泥留在反应器内，最终使粒子成为 1～5mm 左右的污泥颗粒，而颗粒污泥的形成是从底部开始的。在这期间，由于水力筛选去除轻质污泥，重质污泥截留，污泥的活性尤其产甲烷能力得到提高。这一阶段末期，污泥的洗出由于颗粒污泥的形成而减少，颗粒污泥的良好沉淀性能使其保留在反应器内，但反应器内的污泥浓度由于絮体污泥的洗出而降到最低程度。实际上，在反应器内对较重的颗粒污泥和分散、絮状污泥进行了选择。当有机负荷大于 5kgCOD/（m³·d）时，反应器内的污泥量逐渐增加，颗粒污泥床形成并逐渐增高。去除效率及处理负荷迅速提高，试验及运行实践证明：培养颗粒污泥的运行条件为有机负荷 5～6 kgCOD/（m³·d），污泥负荷 0.2 kgCOD/（m³·d）左右，3～4 个月左右的时间，颗粒污泥可能形成。颗粒污泥的种类分为杆菌颗粒、丝菌颗粒，紧密球状颗粒 3 种，最好的污泥类型当属丝菌颗粒，它主要由松散、互卷的丝状菌组成的大致球形颗粒。颗粒污泥形成后，如工艺运行条件改变，颗粒污泥仍会消失。研究者认为：影响污泥颗粒化的主要因素是反应器的有机负荷（污泥负荷）与运行控制条件。

8.3 UASB 反应器的设计方法与要点

UASB 反应器工艺系统一般由 UASB 反应器、气水分离器等几部分组成。另外，考虑到厌氧处理过程大都在中温条件下运行，因而有时还包括加热和保温系统。UASB 反应器工艺的设计包括进水区的设计、反应区容积的设计、三相分离器的设计、沉淀区的设计及集气系统的设计等几个方面。

8.3.1 反应区设计计算

8.3.1.1 UASB 反应器反应区体积的设计

(1) 负荷设计法　UASB 反应器一个重要的设计参数是有机负荷或水力停留时间。这个参数往往通过试验取得，对于颗粒污泥和絮状污泥反应器的设计负荷是不相同的，各种工业废水的有机负荷的参考值，可参考表 8-2。

反应区的容积一般指配水系统上缘至三相分离器下缘之间的空间。通常一旦所需的有机负荷（或停留时间）确定，反应器反应区的体积可以根据公式 (8-1)、(8-2) 计算：

$$V = QS_0/q \tag{8-1}$$

$$V = KQ \cdot HRT \tag{8-2}$$

式中　V——反应区有效容积，m^3；

Q——废水流量，m^3/d；

q——有机物容积负荷，kgCOD/（m³·d）；

HRT——水力停留时间，h；

S_0——进水有机物浓度，gCOD/L 或 gBOD$_5$/L；

K——常数。

一般讲，废水浓度较低时，反应器容积计算主要取决于水力停留时间，用（8-2 式）计算，而在较高浓度下，反应器容积取决于容积负荷的大小，按（8-1）式计算为妥。目前采用负荷法设计 UASB 反应区体积的较多，但据国内外的实验资料与生产运行资料表明，有机物容积负荷值是在很大的范围内变化的，其值主要取决于废水成分及其可生化程度，其次与运行条件也有密切的关系。因此在设计前，最好通过试验或尽量收集处理同类型废水的 UASB 反应器的运行资料以确定适宜的负荷值。

国内外生产性 UASB 装置的设计负荷统计表　　　　表 8-2

序号	废水类型	国 外 负荷（kgCOD/(m³·d)）			统计厂家数	国 内 负荷（kgCOD/(m³·d)）			统计厂家数
		平均	最高	最低		平均	最高	最低	
1	酒精生产	11.6	15.7	7.1	7	6.5	20.0	2.0	15
2	啤酒厂	9.8	18.8	5.6	80	5.3	8.0	5.0	10
3	造酒厂	13.9	18.5	9.9	36	6.4	10.0	4.0	8
4	葡萄酒厂	10.2	12.0	1.8	4				
5	清凉饮料	6.8	12.0	1.8	8	5.0	5.0	5.0	12
6	小麦淀粉	8.6	10.7	6.6	6				
7	淀粉	9.2	11.4	6.4	6	5.4	8.0	2.7	2
8	土豆加工等	9.5	16.8	4.0	24				
9	酵母业	9.8	12.4	6.0	16	6.0	6.0	6.0	1
10	柠檬酸生产	8.4	14.3	1.0	3	14.8	20.0	6.5	3
11	味精					3.2	4.0	2.3	2
12	在生纸，纸浆	12.3	20.0	7.9	15				
13	造纸	12.7	38.9	6.0	39				
14	果品加工等	10.2	15.7	3.7	13				
15	蔬菜加工	12.1	20.0	9.2	4				
16	大豆加工	11.7	15.4	9.4	4				
17	咖啡加工	7.4	9.1	5.7	2				
18	食品加工	9.1	13.3	0.8	10	3.5	4.0	3.0	2
19	鱼类加工	9.9	10.8	9.0	2				
20	屠宰场	6.2	6.2	6.2	1	3.1	4.0	2.3	4
21	乳品、奶场	9.4	15.0	4.8	9				
22	面包厂	8.7	9.9	6.8	3				
23	油炸薯条	10.5	10.5	10.5	1				
24	巧克力	9.2	10.0	8.4	2				
25	糖果厂	7.7	11.0	4.8	3				
26	制糖	15.2	22.5	8.2	12				
27	制药厂	10.9	33.2	6.3	11	5.0	8.0	0.8	5
28	烟厂	6.7	7.4	6.0	2				
29	马来酸厂	17.8	17.8	17.8	1				
30	麦芽制造厂	6.5	6.5	6.5	1				
31	家畜饲料厂	10.5	10.5	10.5	1				
32	垃圾滤液	9.9	12.0	7.9	7				
33	热解污泥上清液	15.0	15.1	15.0	2				
34	城市污水	2.5	3.0	2.0	2	0.0	0.0		0
35	其他	8.8	15.2	5.6	7	6.5	6.5	6.5	1
总计			38.9	0.8	344				65

对某种特定废水，反应器的容积负荷一般应通过试验确定，容积负荷值与反应器的温度、废水的性质和浓度有关。如果有同类型的废水处理资料，可以作为参考选用。

（2）经验公式方法　美国学者杨（Young）和麦卡蒂（McCarty）在试验的基础上建立了以下表示厌氧生物滤池水力停留时间与其COD去除率的经验公式。

$$E = 100[1 - S_k(HRT)^{-m}] \tag{8-3}$$

式中　E——溶解性COD去除率，%；

　　　HRT——空池停留时间，按滤料所占空池体积且没有回流的情况计算的HRT，h；

　　　S_k，m——效率系数，决定于滤池构造及滤池特性，对波尔环滤料$S_k=1.0$，$m=0.4$；对交叉流型滤料$S_k=1.0$，$m=0.55$。

Lettinga等人采用同样经验公式描述不同厌氧处理系统处理生活污水HRT与去处理之间的关系，并且对不同反应器处理生活污水的数据进行了统计，得出了参数值。

$$HRT = [(1 - E)/C_1]C_2 \tag{8-4}$$

式中　C_1，C_2——反应常数。

8.3.1.2　反应器池体

厌氧反应器一般可采用矩形和圆形结构，对于圆形反应器在同样的面积下，其周长比正方形的少12%。但是圆形反应器的这一优点仅仅在采用单个池子时才成立。当建立两个或两个以上反应器时，矩形反应器可采用公用壁。对采用公用壁的矩形反应器，池型的长宽比对造价也有较大的影响。一般小规模的反应器多采用径深比比较小的圆柱形，而处理规模较大时多采用矩形或方形的构造。

8.3.1.3　反应器的几何尺寸

（1）反应器的高度　选择反应器适当高度的原则是运行上和经济上综合考虑，从运行方面考虑采用反应器高度的选择要考虑如下影响因素：

1）水流上升流速：水流上升流速的大小主要影响三相分离器的固液分离及气液分离效果。上升流速增大，可以增加污泥与进水有机物之间的接触，但流速过大，悬浮污泥沉降不好，会造成污泥流失；严重时还会破坏污泥床层的结构稳定性。一般以保证良好的沉降分离效果为出发点，控制上升流速不大于1.00m/h，通常采用上升流速为0.2~0.5m/h或更小些。

2）反应区高度：反应区高度对厌氧消化效率的影响，主要表现为CO_2溶解度，亨利定律表明：饱和浓度随着在沼气中的CO_2分压的增加而增加。当反应器高度越大，溶解在混合液中的CO_2浓度越高，因此混合液pH值越低。若pH值低于反应最优值，则危及厌氧消化反应，而降低厌氧消化效率。

从经济上看，反应器高度的选择要考虑如下因素影响：土方工程随池深增加而增加，但占地面积则相反。

最经济的反应器高度（深度）一般是在4到6m之间，并且在大多情况下这也是系统最优的运行范围

（2）反应器的面积　反应器的高度已知的情况下，反应器的截面积的关系式如下：

$$A = V/H \tag{8-5}$$

式中　　A——厌氧反应器表面积，m^2；
　　　　H——厌氧反应器的高度，m。

一般计算出反应器表面面积 A 后，可用水力负荷校核一下，是否满足规定的水力负荷 q 范围内。一般取水力负荷 $q0.2\sim0.5m^3/(m^2\cdot h)$，计算公式为：

$$q = Q/A \tag{8-6}$$

8.3.1.4　单元反应器最大体积和分格化的反应器

在 UASB 反应器的设计中，当有效容积很大时采用分格的单元系统进行运行操作是有益的，首先是分格化反应器的单元尺寸不会过大，可以避免由于反应器体积过大带来的布水不均性及三相分离器建筑困难等问题。同时多个反应器对厌氧系统的启动也是有益的，可以首先启动一个反应器，再用这个反应器的污泥去接种其他反应器。另外，多个反应器可以有利于维护和检修，可以放空多个反应器之一进行检修，而不影响整个污水处理厂的运行。当采用由一组断面方正形或矩形的独立工作的小反应器组合建造时，每个反应器的有效容积以不超过 $400\sim500m^3$ 为佳。当反应器独立设置时，每座 UASB 反应器容积以不超过 $1000\sim1500m^3$ 为宜。

8.3.2　反应器进水系统的设计

USAB 反应器的进水系统是很关键的部分，它对于形成污泥与进水间的充分接触，最大限度的利用反应器内的污泥是十分重要的。UASB 反应器的进水系统均采用从底部均匀分布的进水口（布水点）的进水方式，布水点的数量与分布是十分重要的。一般来说，UASB 反应器的进水系统可以参考滤池的大阻力布水系统的形式，在反应器低部均匀设置布水点进行布水。而布水点的设置与反应器的进水浓度、水流速度及污泥的特性等因素有关。

进水系统的设计是指：布水点数量的确定，合理配置布水管路系统，确定配水槽的大小，高度及位置等。

(1) 取水点的设置

布水点的服务面积以不大于 $5m^2$ 为好，一般取 $1\sim2m^2$。取水点最好用单管与配水槽连接，管路应进行精确计算，务必使各管水头损失相等，布水均匀。

(2) 进水方式

目前生产性 UASB 反应器装置所采用的进水方式大致可分为间隙式进水、脉冲进水、连续均匀进水和连续进水与间隙回流相结合的进水方式等。一般情况下多采用连续进水的运行方式，必要时也可采用脉冲式进水和连续进水与间隙回流相结合的进水方式。一般运行正常后不必进行回流，而只进行连续进水。

(3) 配水设备

由配水管与配水槽组成。小池可设一个配水槽，大池应分区设置配水槽，每槽服务一个区。配水槽一般设置于池顶的侧面，既能保证必要的配水高度，又便于与池子一起保温。

8.3.3　三相分离装置的设计

气液固三相分离器是 UASB 最重要的组成部分，也是其特色所在。它的作用可以概括为以下两个方面：(1) 反应器顶部的悬浮污泥在这里发生沉淀，使出水浊度降低。(2) 分离并收集厌氧消化所产生的气体。

三相分离器是 UASB 反应的重要组成部分，它对污泥床的正常运行和获得良好的出水水质起到十分重要的作用,因此设计时应给予特别重视,要保证良好的气液分离和固液分离。根据已有的经验,三相分离器应满足以下几点要求:

(1) 混合液进入沉淀区之前,必须将其中的气泡予以脱出,防止气泡进入沉淀区影响沉淀。

(2) 沉淀区的表面水力负荷应在 $0.7m^3/(m^2·h)$,进入沉淀区前,通过沉淀槽底缝隙的流速不大于 $2m/h$。

(3) 沉淀槽斜底与水平面的交角不应小于 $50°$,使沉淀在斜底上对污泥不积聚,尽快落入反应区内。

目前 UASB 反应装置中的三相分离器构造有多种,但从结构上看,一般包括沉淀区及气液分离区两部分,详见图 8-3 所示。

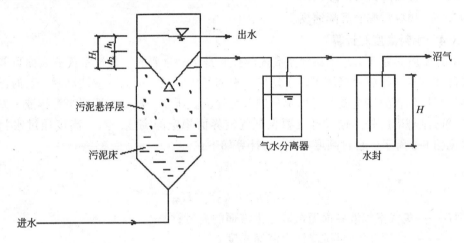

图 8-3 UASB 反应器工艺系统的组成

8.3.3.1 沉淀区的设计

沉淀区的设计必须满足上述几个条件,同时还必须考虑其与气液分离区的相互关系及污泥回流缝的功能。沉淀区容积 (V_S) 一般可按下式进行计算:

$$V_S = (Q \times H_1)/q \tag{8-7}$$

$$H_1 = h_1 + (R - r)\text{tg}a \tag{8-8}$$

$$V_S = \pi \cdot H_1(R^2 - r^2)/2 \tag{8-9}$$

式中 Q——UASB 反应器的设计流量,m^3/h;

H_1——沉淀区的高度($H_1 = h_1 + h_2$,见图 8-3);

R、r——分别为沉淀区上底半径和下底半径,m;

a——沉淀区斜板的安装高度,一般为 $50°\sim60°$,$\nleqslant 45°$;

q——沉淀区的表面水力负荷,一般控制在 $0.7m^3/(m^2·h)$。

8.3.3.2 气液分离器的设计

以圆形的气液分离器为例。气液分离器的设计主要是确定污泥回流缝隙所需的面积。为保证气泡不进入沉淀区,必须通过设计一定的缝隙宽度和气液分离区斜面高度,以使气泡合成速度的指向不低于沉淀室的缝隙口边缘点而防止气泡随上升水流进入沉淀区。回流缝隙的作用是进行污泥的循环回流，回流缝隙的大小必须满足使沉淀区中的污泥能顺利地回流到反应器中而不致累积的要求。回流缝隙的宽度一般按水流通过缝隙的水流平均流速保持在2.0m/s以下来确定。由此通过对沉淀区中污泥的物料平衡可得出污泥回流缝隙的面积：

$$A = Q(C_{si} - C_{se})/U_S \cdot \rho_a \tag{8-10}$$

式中　A——污泥回流缝隙的面积，m^2；
　　　C_{si}——污泥悬浮层的污泥浓度，即进入沉淀区的污泥浓度，g/L；
　　　C_{se}——反应器出水的污泥浓度，g/L；
　　　ρ_a——污泥的密度，g/cm^3；
　　　U_S——颗粒污泥的沉降速度。

8.3.4 水封高度的计算

UASB反应器处理工艺中集气室高度的控制是十分重要的。集气室气液表面可能形成浮渣或浮沫，这些浮渣或浮沫可能会妨碍气泡的释放。在液面太高或波动时，有时浮渣或浮沫会引起出气管的堵塞或使气体部分进入沉淀区。所以一般除采取用吸管排渣、安装喷嘴、产气回流等措施外，在设计上要保证气液界面稳定的高度，这一高度通过水封来控制，详见图8-3所示。水封高度（H）的计算如下：

$$H = H_1 - H_阻 \tag{8-11}$$

$$= (h_1 + h_2) - H_阻$$

式中　H_1——集气室气液界面至沉降区上液面的高度；
　　　h_1——集气室顶部至沉降区上液面高度；
　　　h_2——集气室气液界面至集气室顶部的高度；
　　　$H_阻$——主要包括由反应器至贮气罐全部管路管件阻力引起的压头损失和贮气罐内的压头。

8.3.5 排泥设备的设计

一般来讲随着反应器内污泥浓度的增加，出水水质会得到改善。但污泥超过一定高度，污泥将随出水一起冲出反应器。因此，当反应器中的污泥达到某一预定最大高度之后需要排泥。一般污泥排放应该遵循事先建立的规程，在一定时间间隔（如每周）排放一定体积的污泥，其等于这一期间所积累的量。更加可靠的方法是确定污泥浓度分布曲线排泥。原则上由两种排泥方法：（1）从所希望的高程直接排放；（2）采用污泥泵将污泥排出。

污泥排泥的高度是重要的，它应是排出低活性的污泥并将最好的高活性的污泥保留在反应器中。一般在污泥床的底层将形成浓污泥，而在上层是稀的絮状污泥。剩余污泥应该从污泥床的上部排出。

（1）建议清水区高度0.5～1.5m；
（2）污泥排放可采用定时排泥，每周排泥为1～2次；
（3）需要设置污泥界面监测仪，可根据污泥面高度确定排泥时间；
（4）剩余污泥排泥点以设在污泥区中上部为宜；

(5) 对于矩形池排泥应沿纵向多点排泥；
(6) 由于反应器底部可能会积累颗粒物质和小砂粒，应考虑下部排泥的可能性；
(7) 对一管多孔式布水管，可以考虑进水管兼作排泥或放空管。

8.4 UASB反应器运行控制与管理

8.4.1 颗粒污泥的培养

UASB反应器是目前各种厌氧处理工艺中所能达到的处理负荷最高的高浓度有机废水处理装置。它之所以有如此高的处理能力，是因为在反应器内以甲烷菌为主体的厌氧微生物形成了粒径为1~5mm的颗粒污泥，即污泥的颗粒化是UASB的基本特征。

近年来，国内外一些研究工作者对UASB反应器的初次启动和颗粒污泥形成的条件、机理开展了许多的研究工作。一般认为可分为3个阶段：即启动期、颗粒污泥形成期和颗粒成熟期。培养和形成颗粒污泥的综合条件可大致归纳为以下的几个方面：

(1) 接种污泥选取稠型消化污泥（~60kgDS/m³）要比稀型消化污泥（<40 kgDS/m³）为好。前者的接种量为12~15 kgVSS/m³，后者为6kgVSS/m³。

(2) 维持稳定的环境条件，如温度等。

(3) 初始污泥负荷为0.05~0.11kgCOD/kgMLVSS·d，待正常运行后，再增加负荷，以增大分级作用，但负荷不宜大于0.6 kgCOD/（kgMLVSS·d）。

(4) 废水中原有的和产生的挥发性脂肪酸经充分分解（达80%）后，既保持低浓度的乙酸条件下（与培养孙氏甲烷丝菌有关），始可提高有机负荷。

(5) 表面水力负荷应不大于$0.3m^3/(m^2·h)$，以保持较大的水力分级作用，冲走轻质污泥絮体。

(6) 进水COD浓度不大于4000mg/L，以便于保持较大的表面水力负荷；当浓度较高时，可采用回流或稀释等措施。

(7) 进水中可提供适量的无机颗粒，特别要补充Ca^{2+}、Fe^{2+}，同时补充微量元素（如Ni、Co和Mo等）。

总之，颗粒污泥的形成创造了反应区内能够保持高浓度污泥的条件；又保持了反应区的稳定而又高效能的有机物转化速率。从而可见，UASB反应器的关键是培养和保持高浓度、高活性的足够数量的颗粒污泥。

8.4.2 主要影响因素及运行控制点

UASB反应器在运行过程中，影响污泥颗粒化及处理效率的因素很多。总的来讲，UASB反应器的工艺运行主要受接种污泥的性质及数量、进水水质（有机基质的种类及浓度、营养比、悬浮固体含量、有毒有害物质）、反应器的工艺条件（处理负荷、包括水力负荷、污泥负荷和有机负荷、反应器温度、pH值与碱度、挥发酸含量）等的影响。有关培养和形成颗粒污泥的影响在前文已介绍，以下主要介绍几个有别于其他厌氧反应装置的运行控制要素。

8.4.2.1 进水基质的类型及营养比的控制

为满足厌氧微生物的营养要求，运行过程中需要保持一定比例的营养物数量。主要是控制反应器中的C:N:P比例。处理含有天然有机物的废水时，营养物可不用调节。在处理化工废水中,一般应控制 C:N:P 在（200～300）:5:1 为宜。在反应器启动时,应稍加一些氮素有利于微生物的生长繁殖。

8.4.2.2 进水中悬浮固体浓度的控制

UASB 反应器进水的悬浮固体应控制在一定范围内,约在 2000mg/L 以下。若进水 SS 浓度过高,一方面不利于颗粒污泥与进水中有机污染物的充分接触而影响产气量,另一方面容易造成反应器的堵塞问题。此外,进水中 SS 的种类也对颗粒污泥的形成有较大的影响。一般认为,对低浓度的废水,其中废水中 SS/COD 的比值为 0.5,而对于高浓度有机废水而言,一般应将 SS/COD 控制在 0.5 以下。

8.4.2.3 有害有毒物质的控制

(1) 氨氮（NH_3-N）浓度的控制

氨氮浓度对厌氧微生物产生两种不同的影响。当浓度在 50～200mg/L 时,对反应器中的厌氧微生物有刺激作用；浓度在 1500～3000mg/L 时,将对微生物产生明显的抑制作用。一般宜控制在 1000mg/L 以下。

(2) 硫酸盐（SO_4^{2-}）浓度的控制

UASB 反应器中的硫酸盐离子浓度不大于 5000mg/L,在运行中 COD/SO_4^{2-} 应不大于 10 为宜。

(3) 其他有毒物质

主要为：重金属、碱土金属、三氯甲烷、氰化物、酚类、硝酸盐和氯气等。若所处理的废水中含有以上物质,在进 UASB 反应器前必须考虑对废水进行预处理。

8.4.2.4 碱度和挥发酸浓度的控制

(1) 碱度（HCO_3^-）

一般 UASB 反应器中控制碱度在 2000～4000mg/L 之间,正常范围为 1000～5000mg/L。如反应器内碱度不够,则会因缓冲能力不够而导致反应器内消化液的 pH 值降低。反之 pH 值过高。

(2) 挥发酸（VFA）

反应器中挥发酸（VFA）的过量积累将直接影响产甲烷细菌的活性和产气量。Bus Well 经多年的研究认为,应将 VFA 的安全浓度控制在 2000mg/L（以 HAC 计）以内。当 VFA 的浓度小于 200mg/L 时一般最好。

8.5 工程应用实例

UASB 由于其高效节能等特点,自开发以来,已被广泛用于各种有机废水及生活污水的处理,目前世界上约有上千座 UASB 反应器在生产运行中。

8.5.1 UASB 工艺处理工业废水

(1) 处理酒精、淀粉废水　山东某酒厂处理酒精、淀粉废水所采用的 UASB 设计净池容 2750m^3,设计负荷 8kgCOD/（m^3·d）,发酵温度 53℃±2℃,设计进水浓度为 14600mg/L,流量 1510m^3/d,设计去除率为 COD85%,SS80%。实际运行参数进水水量 1350m^3/d,进水浓度为（酒精废水 450m^3/d,COD 平均 35000mg/L,SS 平均 15000mg/L,粮食酒底水水量 50m^3/d,COD100000mg/L,SS8000mg/L,淀粉废水 850m^3/d,COD 平均 15000mg/L,SS 平均 7500mg/L）

COD平均24815mg/L，SS平均10019mg/L，有机负荷可达12kgCOD/（m³·d）以上，出水水质COD2465mg/L，去除率90%，SS平均1103mg/L，去除率89%。

清华大学环境工程系在北京啤酒厂设计了全国第一座常温下处理啤酒废水的生产性UASB反应器，于1991年投入生产性启动运行。经过8个月的试运行，结果容积负荷可达到7.0~12.0kgCOD/（m³·d），水力停留时间5~6h，COD去除率高于75%。

北京啤酒厂的废水主要含有糖类、淀粉、醇类、蛋白质、纤维素等有机物，浓度较高，可生化性较好，BOD_5与COD的比值在0.67左右。废水水质变化较大，其详细情况见表8-3。

啤酒厂污水站进水水质（mg/L） 表8-3

项目	水温（℃）	pH值	BOD_5	COD	SS	TN	TP	碱度（$CaCO_3$）
范围	18~23	6.0~13.5	900~2300	1500~4500	200~1500	25~83	5~17	300~700
平均值	26	6.6	1500	2300	700	43	10	450

该设施只包括对啤酒废水所进行的一级厌氧处理，使处理后的出水水质达到排入城市污水管道系统的标准。其工艺流程如图8-4所示，包括预处理、UASB反应器、污水处理和气体收集4部分。其中UASB反应器为钢筋混凝土结构，总容积为2000m³。为操作运行灵活，特意分隔成8个单元反应器，每个的有效容积为250m³，结构相同，底面为正方形，设布水系统，上部设三角形三相分离器，沿高度设取样口。

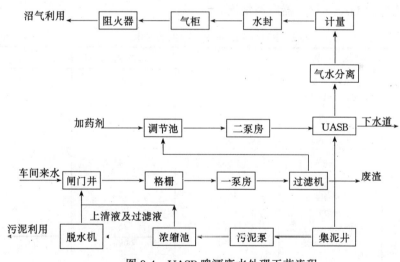

图8-4 UASB啤酒废水处理工艺流程

反应器的启动运行期分为污泥驯化期、逐步提高负荷期、满负荷运行期3个阶段。分别将厌氧污泥和好氧污泥投入到8个反应器中，立即投配啤酒废水进行浸泡，污泥驯化期开始。先间歇进水，最初每8h进水5min（流量为2m³/min），随后增加到10min，待出水COD降到200~500mg/L时，增加进水时间到20min，40min，使污泥逐渐适应新的基质。然后逐渐提高进水负荷，运行73d后各反应器内污泥性质有了明显变化，由原来松散、绒毛状的絮体污泥开始转变成密实、光滑、有一定机械强度的颗粒污泥。至此，反应器已具有稳定运行和抗冲击负荷的能力，进入满负荷运行阶段。

实践证明：上流式厌氧污泥床（UASB）处理酒精、淀粉等高浓度有机废水采用高温度发酵，取得了显著效果，为 UASB 在高浓度有机废水处理，特别是高悬浮物含量的废水处理上，建立了一个良好的示范工程。

（2）处理医药化工废水　河北某制药厂采用容积为 500 的 UASB 反应器处理 VC 废水，处理温度控制在 35℃ 左右，运行结果表明 COD 容积负荷可达 $6\sim 8kg/(m^3\cdot d)$，COD 去除率 90% 左右，取得了良好的效果。

（3）处理柠檬酸废水　安徽某柠檬酸厂处理柠檬酸废水采用的 UASB 反应器总容积为 $3560m^3$，有效体积利用率 76%，水力停留时间 22h，体积负荷 $11COD_{cr}/(m^3\cdot d)$，运行稳定后，处理效果良好，COD 去除率 92%～93%，产气率达到 $0.67m^3/kgCOD_{cr}$，甲烷含量 60%。

（4）处理涤纶废水　涤纶废水有机物浓度高、酸性大，处理起来较困难。哈尔滨某大学采用 UASB 反应器对涤纶废水的处理进行了研究，效果较好。反应器容积为 28L，温度为 35℃±1℃，进水 COD_{cr} 为 $5000\sim 8000mg/L$，有机负荷为 $8\sim 10kgCOD_{cr}/(m^3\cdot d)$，产气率达到 $0.3m^3/kgCOD_{cr}$，甲烷含量 60%，COD_{cr} 去除率达到 75%。

8.5.2　UASB 工艺处理生活污水

UASB 反应器在处理城市污水方面也得到了较为广泛的应用，如哥伦比亚、巴西、中国和意大利等都建成了不同规模的示范工程。同时一些采用生产性规模的 UASB 反应器的城市污水处理厂正在建设中或已投入运行。这些生产装置的成功运行充分证明 UASB 反应器为主体的城市污水厌氧处理工艺已趋于成熟。表 8-4 给出了部分世界范围内以厌氧处理生活污水为主的 UASB 反应器应用情况。

生产性 UASB 反应器处理生活污水　　　　表 8-4

国家	地点	年代	体积（m^3）	说明
荷兰	Bennekom	1976	6	4～18℃
	Bergambacht	1985	20	4～18℃
意大利	Senigallia	1987	336	示范工程
葡萄牙	Odemira	1991	25	示范工程
哥伦比亚	Cali	1983	64	示范工程
	Bucaramarga	1984	35	
	CuCata	1985	33	
	Giron	1985	252	
	Bucaramarga	1987	25	
	Bucaramarga	1991	6600	
	Yumbo	1988	52	
	CuCata	1989	2×153	
	Baranguilla	1989	7×300	
	Baranguilla	1989	140	
	Bahia Malaga	1989	147	
	Bahia Malaga	1989	120	
印度	Bombay	1987	200	厌氧滤池/污泥床
	Kanpar	1987	1200	
	Mirzapur	1991	2×3000	生活和制革混合污水
美国		1985	190	厌氧滤池

续表

国　　家	地　　点	年　代	体积（m³）	说　　明
巴西	Manaus-AM Ribeirao Pires-SP Jesus Neto Barcarna-PA Diadema-SP	1988	1200 1600 686 1280 1560	
中国	北京高碑店 北京密云 河南安阳 新疆昌吉 福州长乐 云南昆明	1985 1990 1989 1991 1996 1994	180 2×1600 2×1100 4×1100 2×640 4×1100	示范工程 造纸废水

（1）印度 Kanpur 的城镇污水厌氧化处理系统

1）简介

印度 Kanpur 的厌氧污水处理系统是在哥伦比亚 Cali 中试厂运行成功之后由荷兰人帮助建立的。Kanpu 地区的条件有所不同：废水浓度较高，其成分也不尽相同，夏季与冬季温度为 20～30℃。因此在设计上应有更大灵活性以适应水质、负荷的变化。因此 1200m³ 的 UASB 反应器被分为 3 个独立的部分。该污水处理厂的工艺流程见图 8-5。

污水首先经流量控制箱对流量进行调节后进入粗筛沉淀池，沉淀池也设置格栅和筛以防止粗大悬浮物进入 UASB 反应器。废水然后经分配箱分流至 3 个 UASB 反应器，通过反应器的布水系统将废水均匀分布于反应器底部。

废水处理后的流量在测量箱中测量。产生的沼气经 3 个湿式气体流量计测量。污泥由反应器中可排入反应器侧面的污泥坑，然后泵入污泥干燥床。

UASB 反应器总体积 1200m³，处理能力为 5000m²/d。反应器分为 3 个独立的部分。容积分别为 600m³、300m³ 和 300m³。它们的水位深度均为 4.5m，HRT 按 6h 设计，除 2#UASB（300m³）外，其余在出水堰板前都不设挡板。

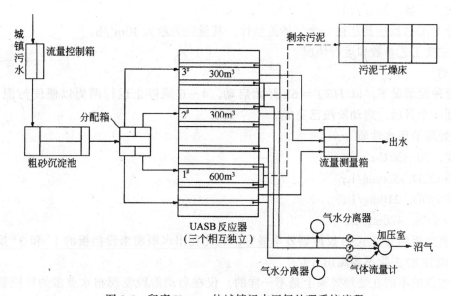

图 8-5　印度 Kanpur 的城镇污水厌氧处理系统流程

2) 主要设计参数

以下为 Kanpur 污水处理系统的主要设计参数。

- 粗砂沉淀池 2 个

每个池处理能力，$25m^3/h$；

水平流速，$0.3m/s$；

表面负荷，$45m/h$。

- 流量分配箱

分为 4 格，每格通过量 $1250m^3/h$。

- UASB 反应器（容积反别为 $600m^3$、$300m^3$、$300m^3$）

平均 $HRT=6h$，最小 HRT 为 $2.4h$；

有机物负荷，$2\sim 5kgCOD/(m^3\cdot d)$；

深度，$4.5m$。

进液口分布密度：$1^\#$（$600m^3$）$2^\#$（$300m^3$）：1 个/$3.7m^2$；$3^\#$（$300m^3$）：一个/$1.85m^2$。

集气室相互间开口宽度为 $0.3m$；

在开口处平均流速 $4m/h$；

沉降室斜面角度 $50°$。

- 污泥干燥床

湿污泥产量，$25m^3/d$；

湿污泥干度，6%（TS）；

污泥干燥床负荷，$265kgTS/(m^2\cdot a)$；

污泥堆积高度，$0.2m$；

每批污泥干燥至清除周期，$14d$。

- 沼气系统

最大产气量，$20m^3/h$；

每个 UASB 反应器连接一个气体流量计，其量程为最大 $10m^3/h$。

3) 主要工艺参数和运行情况

- 启动

在无种泥情况下，以 $HRT=6h$ 开始启动，$4\sim 6$ 周停止运行两周以便使污泥消化，重新启动一个月后，启动阶段已完成。

- 被处理的废水性质

温度，$20\sim 30℃$；

平均 COD，$560mg/L$；

平均 BOD，$210mg/L$；

平均 TSS，$420mg/L$。

- 带有挡板的 $2^\#$ UASB 反应器效率最好，它比在出水堰前未设挡板的 $1^\#$ 和 $3^\#$ 反应器的 COD 和 BOD 去除率均高出 5%。

- 布水点的不同在处理效果上是不一样的，仅在启动阶段发现布水点多的反应器污泥积累更快，因此启动时间略低些。

·处理效率

以 2# 反应器为例。

COD 去除率，74%；出水 COD，150mg/L；

BOD 去除率，75%；出水 BOD，55mg/L；

TSS 去除率，75%；出水 TSS，110mg/L。

与预计结果一致的是，COD 和 TSS 去除率高于 Cali 的中试反应器，而 BOD 去除率低于 Cali 的中试反应器，这是因为废水性质不同，特别是因为这里的污水中含有工业废水，其中因为制革厂废水增加了污水中 SO_4^{2-} 的浓度。

·反应器的行为总结如图 8-6。

·冬季温度降至 20℃ 几乎不影响处理效率，仅发现有 3 周长的时间产气量略减少。

·产生的沼气通过烟囱排往空气中，未发现臭气问题。

·污泥干燥床的能力大大高于实际所需，污泥仅需 4~5d 即可干燥至 70% 的干度，形成的泥饼可以用手搬走。

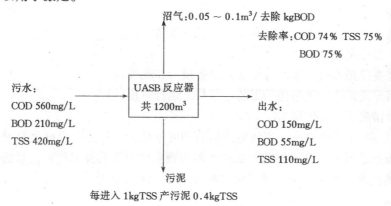

图 8-6　印度 Kanpur 的城镇污水处理效果示意图

(2) 北京市密云县污水处理厂

1989 年在北京密云县建成处理能力 15000m³/d 的水解—好氧污水处理厂，于 1990 年投入运行。设计采用的原污水水质：

COD　　　45mg/L

BOD_5　　200mg/L

SS　　　　300mg/L

水解池处理水量为 15000m³/d，设计停留时间 $HRT=2.5h$，一组由两个池子组成，每个水解池尺寸为长×宽×水深 = 36m×9m×4.4m。水解池污泥用管道排至集泥池，进行污泥处理。运行初期由于下水道不健全，收集污水量为 4000~5000 m³/d，因此仅运行一个水解池。HRT 约 6~8h。这一期间运行结果见表 8-5 所示。水解池 COD、BOD_5 和 SS 的去除率分别为 35.2%、28.9% 和 74.5%。尽管水解池采用相当长的停留时间，但未观察到明显的甲烷产生，水解池即使在原水水质波动较大的情况下，出水仍然十分稳定，说明其抗冲击能力较强。

密云县污水处理厂运行结果（进水量 7200.8m³/d）　　表 8-5

项目	进水浓度 (mg/L)	水解池出水 浓度（mg/L）	水解池 去除率（%）	曝气池出水 浓度（mg/L）	曝气池 去除率（%）	系统总 去除率（%）
COD	536	283.3	47.1	84.4	70.0	84.3
BOD	175	134.5	23.1	14.8	89.0	91.3
SS	85	18.1	78.5	9.6	47.0	88.6
BOD/COD	0.33	0.47		0.18		

8.6 讨　论

UASB 反应器不仅可用于处理高、中等浓度的有机废水，还可以用于处理如城市污水之类的低浓度有机废水，已成为第二代厌氧废水处理中发展最迅速，应用最广泛的装置。它的主要优点：

(1) 有机负荷高，水力负荷能满足要求，处理效果好；
(2) 可实现污泥的颗粒化；
(3) 不需要搅拌和回流污泥的设备，节省投资和能耗；
(4) 三相分离器的设置简化了工艺，节约了运行费用；
(5) 通常情况下不发生堵塞。

但是，UASB 工艺也存在一些问题，如启动时间较长；污泥床内有短流现象发生；三相分离器的设计还没有一个成熟的方法；污泥的颗粒化对工艺要求严格，目前在国内还没有一个成熟的技术，因而其在短期应用方面还存在一定的难度。

参 考 文 献

[1] 申立贤编著. 高浓度有机废水厌氧处理技术. 北京：中国环境科学出版社，1991
[2] 贺延龄编著. 废水的厌氧生物处理. 北京：中国轻工业出版社，1998
[3] 雷乐成等编著. 水处理高级氧化技术. 北京：化学工业出版社，2001
[4] 王凯军，贾立敏等编著. UASB 工艺的理论与工程实践. 北京：中国环境科学出版社，2000
[5] 沈耀良，王宝贞编著. 废水生物处理新技术—理论与应用. 北京：中国环境科学出版社，1999
[6] 王凯军，贾立敏编著. 城市污水生物处理新技术开发与应用. 北京：化学工业出版社，2001
[7] 李维振，杨瑞宗. 上流式厌氧污泥床（UASB）在高浓度有机废水处理上的应用. 山东环境，2000 年增刊：126～127
[8] 黄小东，张存锋. UASB 的主要设计问题. 环境工程，1997，15（2）：16～18
[9] 王凯军，贾立敏. 升流式厌氧污泥床（UASB）反应器的设备化研究. 给水排水，2001，27（4）：85～90
[10] 陆正禹，王勇军，任立人. UASB 处理链霉素废水颗粒污泥培养技术探索. 中国沼气，1997，15（3）：11～15
[11] 刘立凡，杜茂安，韩洪军. 升流式厌氧污泥床（UASB）处理涤纶废水的研究. 哈尔滨，建筑大学学报，2000，33（2）：62～65
[12] 蒋京东，刘锋，陈雷等. 蚌埠柠檬酸厂综合废水的 UASB 法处理. 苏州城建环保学院学报，1998，11（3）：25～30
[13] 李甲亮，郑平，徐向阳. 医药化工废水的厌氧处理. 中国沼气，1998，16（3）：3

第9章 曝气生物滤池

9.1 概 述

9.1.1 国内外研究概况

现代曝气生物滤池（Biological Aerated Filter，简称 BAF）工艺是在20世纪70年代末80年代初出现于欧洲的一种生物膜处理工艺，是与我国和日本的接触氧化工艺几乎在同一时期出现的新工艺。其基本的形式是将生物接触氧化工艺与给水过滤工艺相结合的一种好氧膜法污水处理工艺，它不设沉淀池，通过反冲洗再生实现滤池的周期运行，可以保持接触氧化的高效性，同时又可以获得良好的出水水质。最初是应用在污水的三级处理中，由于其良好的处理性能，应用范围不断扩大，如在污水的二级处理中，曝气生物滤池体现出处理负荷高、出水水质好、占地面积省等特点。自80年代在欧洲建成第一座曝气生物滤池污水处理厂后，到90年代初得到了较大发展，在法国、英国、奥地利和澳大利亚等国已有比较成熟的技术和设备产品。目前世界上已有数百座大大小小的污水处理厂采用这一技术，使用 BAF 的污水处理厂最大规模也已扩大到几十万 m^3/d，同时发展为可以脱氮除磷的工艺。

90年代初我国就开始了对曝气生物滤池工艺的试验研究，中冶集团马鞍山钢铁设计研究总院环境工程公司，北京环境保护科学研究院，清华大学等是我国研究开发该项技术较早的单位，并已将曝气生物滤池工艺成功地应用于大、中、小污水处理工程。随着实际工程的运行，曝气生物滤池的特殊优点越来越受到我国水处理各方的关注。近年来新型滤池的研制，特别是轻质滤池的国产化为 BIOFOR 型生物滤池在我国的应用创造了重要条件。

9.1.2 曝气生物滤池的主要形式

曝气生物滤池主要分为以下3种形式。

9.1.2.1 Biocarbone

结构简图如图 9-1，污水从滤池上部流入，下向流流出滤池。在滤池中下部设曝气管（一般距底部 25~40cm 处）进行曝气，曝气由物滤池上部为污水被生物降解部分，下部主要起截留 SS 及脱落的生物膜的作用。运行中滤池上生长了大量的生物膜并截留了混合液中的 SS，随着运行时间的延长，滤层水头损失逐渐增加，达到设计规定值后，开始反冲洗。一般采用气水联合反冲，底部设反冲洗气水装置。Biocarbone 属早期曝气生物滤池，其缺点是负荷不够高，且大量被截留的 SS 集中在滤池上端几十厘米处，此处水头损失占了整个滤池水头损失的大部分，滤池纳污率不高，容易阻塞，运行周期短。最新的曝气生物滤池有法国的 Degremont 公司开发的 Biofor 和 OTV 公司开发的 Biostyr，克服了 Boicakbone 的这一缺点。

9.1.2.2 Boifor

Bioifor 结构示意如图 9-2 所示。底部为气水混合室，之上为长柄滤头、曝气管、垫层、滤料。所用的滤料密度大于水，自然堆积。Bioifor 运行时一般采用向上流，污水从底部进入气水混合带，经长柄滤头配水后通过垫层进入滤料，在此进行 BOD、COD、氨氮、SS 的去除。反冲洗时，气水同时进入气水混合室，经长柄滤头配水、气后进入滤料，反冲洗出水回流入初沉池，与原污水合并处理。Boifor 采用向上流（气水同向流）的主

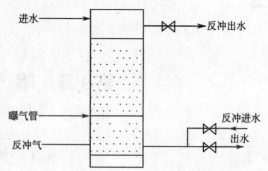

图 9-1 Biocarbone 示意图

要原因有：(1) 同向流可促使布水、布气均匀；(2) 若采用向下流，则截留的 SS 主要集中在滤料的上部。运行时间一长，滤池内会出现负水头现象，进而引起沟流，而采用向上流可避免这一现象；(3) 采用向上流，截留在底部的 SS 可在气泡的上升过程中被带入滤池中上部，加大滤料的纳污率，延长了反冲洗的间隔时间。

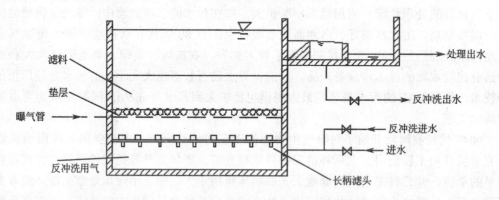

图 9-2 Boifor 示意图

9.1.2.3 Biostyr

Biostyr 和 Biofor 不同的是采用密度小于水的滤料，一般为聚苯乙烯小球。运行时采用向上流，在滤池顶部设格网或滤板以阻止滤料流出，正常运行时滤料呈压实状态，反冲洗时采用气水联合反冲，反冲洗水采用向下流以冲散被压实的滤料小球，反冲洗出水从滤池底部流出。其余跟 BIOFOR 大同小异，如图 9-3 所示。

以上为曝气生物滤池的主要 3 种形式，在世界范围内都有应用。其中 Biocarbone 为早期形式，目前大多采用 Biofor 和 Biostyr。

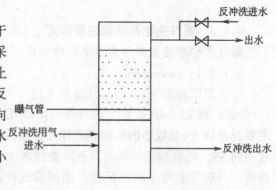

图 9-3 Biostyr 示意图

9.2 曝气生物滤池的工作原理

9.2.1 工作原理

曝气生物滤池是将生物接触氧化工艺与悬浮物过滤工艺结合一起的污水处理工艺。集曝气、高滤速、截留悬浮物、定期反冲洗等特点为一体。曝气生物滤池属于生物膜法，在曝气生物滤池中装填一定数量粒径较小的粒状滤料，污水经过滤料后，在滤料表面逐渐固着有生物膜，滤池底部曝气，污水流经滤料时，利用滤料上高浓度的生物膜的强氧化降解能力，在有氧的情况下好氧微生物对污水中的有机污染物质进行生物降解作用，污水得以净化；与此同时，污水流经时，滤料呈压实状态，利用滤料粒径较小的特点及生物膜的生物絮凝作用，能截留污水中大量的悬浮物质，且保证脱落的生物膜不会随出水流失，即发挥过滤作用。

以向下流为例，在曝气生物滤池工艺中，进水水流向下，同时空气从距滤料底部30cm处通入，空气流向上，两者形成逆流，增大了气-水接触时间，有利于氧的转移，有利于发挥下层滤料表面生物膜的氧化降解作用，又有利于提高整个曝气生物滤池的储污能力，延长反冲洗周期。曝气点以下30cm厚的滤层起过滤作用，进一步截留水中悬浮物和脱落的生物膜，完成固液分离的过程。由于生物膜生长，固着在比表面积较大的滤料表面上，这就使得池中容纳着大量微生物，从而体现出容积负荷高、停留时间短的特点，又能保证滤池在较低的污泥负荷下运行，为进一步降解污水中的有机污染物提供了可靠的保证，进而获得了优良的处理效果，保证了出水的稳定性。

处理水由底部出水系统收集到出水渠，进入集水池。当滤池运行到一定时期，随着生物量和滤料中截留杂质的增加，滤池的水头损失增大，水位上升，需对滤料进行反冲洗，反冲洗污水通过排水管回流到一级处理设施

9.2.2 过滤机理

曝气生物滤池具有过滤作用主要基于以下几个方面的原因：(1) 机械截留作用，生物滤池所用滤料颗粒粒径大小一般为5mm，填料高度为1.5~2.0m，根据过滤原理，进水中的颗粒粒径较大的悬浮状物质被截留；(2) 颗粒滤料上生长有大量微生物，微生物新陈代谢作用中产生的粘性物质如糖类、酯类等起吸附架桥作用，与悬浮颗粒及胶体粒子粘结在一起，形成细小絮体，通过接触絮凝作用而被去除；(3) 曝气生物滤池中由于微生物作用，能使进水中胶体颗粒的Zeta电位降低，使部分颗粒脱稳形成较大颗粒而被去除。

9.2.3 曝气生物滤池的特点

1. 生物活性高、污泥浓度高

曝气生物滤池在滤料下层设有曝气装置，保证供给充足的溶解氧，同时对滤料上的生物膜起到搅动的作用，加速了生物膜的更新，一般生物膜厚度较小，生物膜活性高；滤料的颗粒细小，提供了大的比表面积，使滤池单位体积内保持较高生物量，一般污泥浓度可达10~20g/L（一般活性污泥法污泥浓度为2~3g/L），因此可大大提高容积负荷。

同时由于滤料上的生物膜较薄，其活性相对较高，因此，工艺的有机物容积负荷和去除率较高；

2. 传质条件好、充氧效率高

在曝气生物滤池中，由于空气搅动使整个反应器内的污水在滤料之间流动，生物膜和水流之间产生较大的相对速度加快了膜表面的介质更新，增强了介质效果，加快了生物代谢速度；由于滤料对气泡的反复切割作用，增进了充氧效果，提高氧的利用率，充氧的动力效率可达 $3kgO_2/kWh$ 以上，比无滤料曝气时可提高 30% 左右。

3. 生物膜滤池具有多种净化功能，除了用于有机物去除外，还能够去除氨氮等；

4. 曝气生物滤池在采用上向流或下向流方式运行时均有一定的过滤作用。

9.3 曝气生物滤池的构造

曝气生物滤池的构造基本上与污水三级处理的滤池相同，只是滤料不同。BAF 一般用单一的均粒滤料，与普通快滤池类似，如图 9-1 所示。BAF 有两种运行方式，一种是上部进水，水流与空气流逆向运行，称之为逆向流或下向流；另一种是池底进水，水流与空气流同向运行，即同向流或上向流。同向充负荷高，出水水质略差，需设二沉池；而上向流流速较小时，可不设二沉池。早期曝气生物滤池多采用下向流滤池，但随着上向流态曝气生物滤池比下向流滤池的众多优点被人们所认同，近年来国内外实际工程中逐渐多采用上向流曝气生物滤池结构。

曝气生物滤池主体可分为布水系统、布气系统、承托层、生物填料层、反冲洗系统等 5 个部分。以上向流曝气生物滤池为例，见图 9-2 所示。下面对这几部分分别进行说明。

9.3.1 布水系统

曝气生物滤池的布水系统主要包括滤池最下部的配水室和滤板上的配水滤头。对于上向流滤池，配水室的作用是使某一短时间内进入滤池的污水能在配水室内混合均匀，并通过配水滤头均匀流过滤料层，除此之外，该布水系统还作为定期对滤料进行反冲洗时的布水用。而对于下向流滤池，该布水系统主要用做滤池的反冲洗水和收集净化水用。

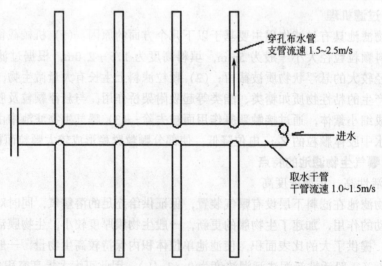

图 9-4 管式大阻力配水系统

除上述采用滤板和配水滤头的配水方式外，国内小型的曝气生物滤池可采用管式大阻力配水方式，其形式如图9-4所示。曝气生物滤池一般采用管式大阻力配水方式，由一根干管及若干支管组成，反冲洗水由干管均匀分布。支管上有间距不等的布水孔，反冲洗水经承托层的填料进一步切割而均匀分散。设计参数可参照表9-1选用。

大阻力配水系统设计参数　　　　　　　　　　　表9-1

干管进口流速	10～1.5m/s	开孔比	0.2%～0.25%
支管进口流速	1.5～2.5m/s	配水孔径	9.0～12.0mm
支管间距	0.2～0.3m	配水空间距	70～300mm

9.3.2 布气系统

曝气生物滤池内设置布气系统主要有两个目的：一是正常运行时曝气；二是进行气-水反冲洗时布气。

曝气生物滤池采用气-水联合反冲洗时，气冲洗强度可取 10～14L/($m^2·s$)。反冲洗布气系统形式与布水系统相似，但气体密度小且具有可压缩性，因此布气管管径及开孔大小均比布水管要小，孔间距也短一些，并且布气管与进水管一样一般安装在承托层之下。

曝气系统的设计必须根据工艺计算所需供气量来进行。保持曝气生物滤池中足够的溶解氧是维持曝气生物滤池内生物膜高活性、对有机物和氨氮的高去除率的必备条件，因此选择合适的充氧方式对曝气生物滤池的稳定运行十分重要。曝气生物滤池一般采用鼓风曝气的形式，良好的充氧方式应有较高的氧吸收率。

曝气生物滤池最简单的曝气装置可采用穿孔管。穿孔管属大、中气泡型，氧利用率低，仅为3%～4%，其优点是不易堵塞，造价低。实际应用中充氧曝气同反冲洗曝气共用一套布气管的形式，但因为充氧曝气比反冲洗时用气量小，因此配气不易均匀。共用同一套布气管虽能减少投资，但运行时不能同时满足两者的需要，影响曝气生物滤池的稳定运行。实践中发现此方法利少弊多，最好将两者分开，单独设一套曝气管，并且曝气管的位置往往在承托层之上3～5cm的填料之中，这样做的优点是在曝气管之下的滤池填料层可以起到截留污水中悬浮物的作用，在有滤头的情况下，可以避免曝气对填料截留层的干扰；同时另设一套反冲洗用布水管，以满足反冲洗布气要求。

9.3.3 承托层

承托层主要是为了支撑生物填料，防止生物填料流失，同时还可以保持反冲洗稳定进行。承托层常用材料为卵石，或破碎的石块、重质矿石。为保持承托层的稳定，并对配水的均匀性充分起作用，要求材料具有较好的机械强度和化学稳定性，形状应尽量接近圆形。承托层接触配水及配气系统的部分应选粒径较大的卵石，其粒径至少应比孔径大4倍以上，由下而上粒径渐次减小，接触填料部分其粒径比填料大一倍，承托层高度一般为400～600mm。承托层的级配可以参考滤池的级配。

9.3.4 曝气生物滤池池体及填料

（1）滤池池体

滤池池体的作用是容纳被处理水量和围挡滤料，并承托滤料和曝气装置的重量。生物滤池的形状有圆形、正方形和矩形3种，结构形式有钢制设备和钢筋混凝土结构等。一般污水处理量较小时，池体容积较小，并为单池时，采用圆形钢结构较多；当处理水量和池容较大时，选用的池体数量较多并考虑池体共壁时，可采用矩形和正方形钢筋混凝土结构较为经济。滤池体的平面尺寸以满足所要求的流态，布水、布气均匀，填料（滤料）安装和维护管理方便，尽量同其他处理构筑物尺寸相匹配等为原则。

(2) 曝气生物滤池的填料

填料是生物膜的载体，同时兼有截留悬浮物质的作用，因此，载体填料是曝气生物滤池的关键，直接影响着曝气生物滤池的效能。同时，载体填料的费用在曝气生物滤池处理系统的基建费用中又占较大比重，所以填料关系到系统的合理性。

曝气生物滤池中使用的填料很多，对于填料的要求是空隙率大，可以吸附更多的生物量，密度合适，有利于气、水反冲洗。目前大部分公司使用陶粒填料，这种填料为圆形，在放置和反冲洗过程中有一定程度的磨损。陶粒填料的特点是：

1) 质轻，松散容重小，有足够的机械强度；
2) 比表面积大，孔隙率高，属多孔惰性载体；
3) 不含有害于人体健康和妨碍工业生产的有害杂质，化学稳定性良好；
4) 水头损失小，形状系数好，吸附能力强；
5) 采用的滤料具有滤速高、工作周期长的优点，产水量大，产水水质好。

表 9-2 列出目前曝气生物滤池常见填料的主要物理性质。

曝气生物滤池常见填料的物理性质 表 9-2

名 称	产 地	物理性质		
		比表面积（m^2/g）	总孔体（cm^3/g）	松散容重（g/L）
活性炭	太原	960	0.9	345
页岩陶粒	北京	3.99	0.103	976
砂子	北京	0.76	0.0165	1393
沸石	山西	0.46	0.0269	830
炉渣	太原	0.91	0.0488	975
麦饭石	蓟县	0.88	0.0084	1375
焦炭	北京	1.27	0.0630	587

除了活性炭之外，页岩陶粒是最佳的填料材料，其他的人工材料中焦炭和炉渣的物理性质较佳，其中砂子由于密度较大，并且颗粒较小不适宜作为曝气生物滤池的填料，其他材料主要是考虑经济上的原因而不适宜作为曝气滤池的填料。总之填料的选择应综合各种因素，例如比表面积、孔径比例。因为细菌生长主要依赖大孔，微孔过多对细菌生长并无作用。当然填料的选择还应当本着价格低廉和就地取材的原则，目前应用较多的填料主要是页岩陶粒。页岩陶粒以页岩矿石为原料，经破碎后在 1200 度左右的高温下熔烧，膨胀成 $5\sim40\mu m$ 的球状陶再经破碎后筛选而成。陶粒表面粗糙、不规则，有很多大孔不连通，开孔一般大于 $0.5\mu m$ 以上，有利于细菌附着生长。

填料级配对曝气生物滤池的运行有重要影响。滤料级配不但影响出水 BOD 和 TSS（总悬浮物）的浓度，而且影响水头损失的增长速度和反冲洗间隔时间。填料粒径越小，水头损失越大，反冲洗间隔越短。有人提出如下的填料级配与出水水质关系。填料粒径越小，出水水质越好。但是填料粒径越小，固体容量也越小，其关系见表 9-3。

填料级配与出水水质　　　　　　　　　表 9-3

填料级配（mm）	出水水质	
	BOD_5（mg/L）	TSS 浓度（mg/L）
2～4	10	10
3～6	20	20
4～8	30	30

填料级配与固体容量　　　　　　　　　表 9-4

填料级配（mm）	固体容量（kg/m^3）
2～4	1.0～1.5
3～6	2.2～2.7
4～8	3.0～3.5

9.3.5　反冲洗系统

曝气滤池的结构与气-水联合反冲洗的快滤池相似，对运行过程中截留的各种颗粒及胶体污染物以及填料表面老化的微生物膜，可采用反冲洗的方式进行去除。目前一般采用气-水联合反冲洗的方式，所需反冲洗强度不高，但可以达到较好的冲洗效果，使曝气生物滤池保持较理想的运行效果。

9.3.6　管道和自控系统

曝气生物滤池运行时既要完成降解有机物的功能，也要完成过滤的功能。同时还要实现滤池本身的反冲洗。这几种方式交替运行，一般的污水处理厂需要由若干组滤池组成，若干组之间的切换有大量的操作工作量。为提高滤池的处理能力和对污染物的去除效果，需要设计必要的自控系统。

通过不同阀门关启的配合，可实现不同进水方式的运行，实现不同的功能。缺点是阀门较多，增加投资和阀门安装的难度。

9.4　曝气生物滤池的工艺设计

在国外实际的工程应用中，根据其不同的池型结构形式和选用的生物膜载体的不同，曝气生物滤池主要分成三大类，即德国 Philipp Muller 公司的 BIOFOR、法国 OTV 公司的 BIOSTYR、瑞士 Vata Tech Wabag Wingterhur 公司的 BIOPUR，而在国内应用较多的是类似德国的 Phillpp Mull 公司的 BIOFOR 结构形式的曝气生物滤池，该种形式的滤池，采用陶瓷作为微生物的载体。德国 Philipp Muller 公司已在我国大连市成功的建设了一座日处理 12 万 t 的马兰河城市污水处理厂，从投运两年来实际运行数据表明，其出水水质已远远好于我国《污水综合排放标准》的一级排放标准，并已经达到回用水的标准。本章主要介绍以陶粒为载体的曝气生物滤池的设计方法。

9.4.1　曝气生物滤池处理工艺流程及选择

在采用曝气生物滤池处理工艺时，和其他生物处理法一样，采用单池或多池串联，构成以曝气生物滤池为基础的多种组合工艺，从而实现降解有机物，除磷脱氮等目的。一般根据其处理对象的不同和要求的排放水质标准的不同，通常有以下 3 种工艺流程，一段曝气生物滤池法，两段曝气生物滤池法，三段曝气生物滤池法。

9.4.1.1 一段曝气生物滤池工艺

该工艺主要用于处理可生化性较好的工业废水以及对氨氮等营养物质没有特殊要求的生活污水，其主要去除对象为污（废）水中的有机物和截留污水中的悬浮物质，即去除BOD、COD、SS。以去除有机物为主要目的的曝气生物滤池常称DC曝气生物滤池。

由于DC曝气生物滤池属生物膜法水处理工艺，所以当进水有机物浓度过高，同时有机负荷较大时，其生物反应速度很快，微生物的增殖也很快，老化脱落的微生物也较多，从而使滤池的反冲洗周期缩短。所以对于采用DC曝气生物滤池处理污（废）水时，建议进水COD<1500mg/L，BOD/COD≥0.3。一段曝气生物滤池工艺流程如图9-5所示。

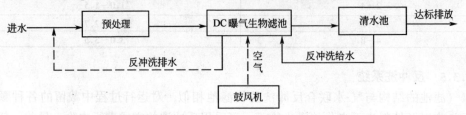

图9-5 一段曝气生物滤池工艺流程

原污（废）水先经过预处理设施，去除污水中大颗粒悬浮物后进入DC曝气生物滤池。对于工业废水，预处理设施应包括格栅、调节池、初沉池和水解池。对于高浓度有机废水，在COD>1500mg/L时，建议在DC曝气生物滤池前增设厌氧或水解酸化处理单元，以缓解滤池的处理负荷，同时也可节省能耗，降低运行费用。对于城市生活污水，预处理设施应包括格栅、沉砂池、初沉池和水解池。

9.4.1.2 两段曝气生物滤池工艺（除C/硝化工艺）

两段曝气生物滤池法主要用于对污水中有机物的降解和氨氮的硝化。两段法可以在两座滤池中驯化出不同功能的优势菌种，各负其责，缩短生物氧化时间，提高生化处理的效率，同时更适应水质的变化，处理水质较稳定。

一般第一段为DC曝气生物滤池，以去除污水中有机物为主，在该段滤池中，优势生长的微生物为异氧菌。在供氧充足的条件下，好氧微生物对污水中有机物进行生物降解，致使DC曝气生物滤池出水中的有机物浓度已处于较低水平。

第二段曝气生物滤池的功能主要对污水中的氨氮进行硝化，称为N曝气生物滤池。在该段滤池中，由于进水的有机物浓度较低，异养微生物较少，而优势生长的微生物为自养硝化菌，将污水中的氨氮氧化成亚硝酸盐氮或硝酸盐氮。同样在该段滤池中，由于微生物的不断增殖，老化脱落的生物膜也较多，间隔一定时间也需对N滤池进行反冲。两段曝气生物滤池工艺见图9-6所示。

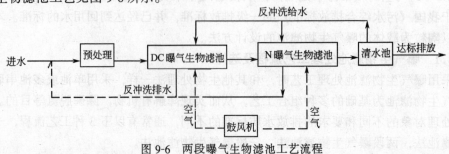

图9-6 两段曝气生物滤池工艺流程

原污水先经过预处理设施，去除污水中大的颗粒悬浮物后进入DC曝气生物滤池，有机物大量被降解。DC曝气生物滤池出水直接进入N曝气生物滤池进行硝化处理。

9.4.1.3 三段曝气生物滤池工艺

三段曝气生物滤池是在两段基础上增加第三段反硝化滤池，同时可以在第二段滤池的出水中投加铁盐或铝盐进行化学除磷，所以第三段滤池也称为DN-P曝气生物滤池。在工程设计中，根据需要DN-P曝气生物滤池也可前置。三段曝气生物滤池工艺流程见图9-7所示。

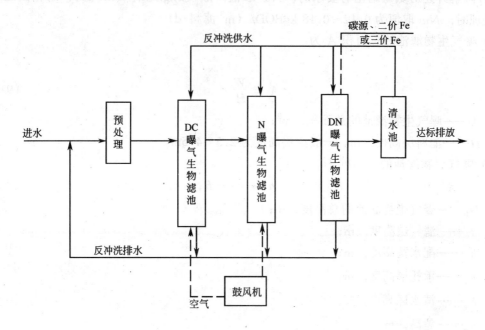

图9-7 三段曝气生物滤池工艺流程

9.4.2 曝气生物滤池的设计计算

曝气生物滤池的设计计算内容主要包括滤料体积、滤池总面积、滤池高度、布水、布气系统、反冲系统以及污水与滤料的接触时间等，以下重点介绍曝气生物滤池的计算。

9.4.2.1 DC曝气生物滤池的设计计算

(1) 滤池池体的设计计算

滤池池体的设计计算主要包括滤料体积的确定和滤池各部分尺寸的确定。目前比较流行的计算方法有：有机负荷计算法和接触时间计算法。

BOD有机负荷计算法

曝气生物滤池的BOD容积负荷N_w，以kgBOD/（m³滤料·d）表示。

1) 滤料的体积可根据BOD容积负荷N_w按下式计算

$$W = \frac{Q \Delta S}{1000 N_w} \tag{9-1}$$

式中　W——滤料的总有效体积，m³；

　　　Q——进入滤池的日平均污水量，m³/d；

　　　ΔS——进出滤池的BOD差值，mg/L；

　　　N_w——BOD_5容积负荷率，kgBOD/（m³d）。

根据国内已建成投产的城市二级污水处理和酿造废水的运行实例,建议的 N_w 取值分别为 2~4 kgBOD/（m^3 滤料·d）和 3~5 kgBOD/（m^3 滤料·d）;进行城市污水二级处理时,当要求出水 BOD 分别为 30mg/L 和 10mg/L 时,N_w 的取值分别为 4 kgBOD/（m^3 滤料·d）和 ≤2kgBOD/（m^3 滤料·d),国外有的研究建议在进行城市污水二级处理时,当出水水质指标主要为 BOD 时,N_w 可取 5~6kgBOD/（m^3 滤料·d）;而当曝气生物滤池除对 BOD 降解外还对氨氮硝化有要求时,N_w 取值一般 ≤2kgBOD/（m^3 滤料·d);当进行三级处理时,N_w 取值为 0.12~0.18 kgBOD/（m^3 滤料·d）

2) 曝气生物滤池的总面积 A 为

$$A = \frac{W}{H} \tag{9-2}$$

式中　A——曝气生物滤池的总面积,m^2;
　　　H——滤料层高度,m。一般滤层高度为 2.5~4.5m。

3) 曝气生物滤池的总高度 H_0

$$H_0 = H + h_1 + h_2 + h_3 + h_4 \tag{9-3}$$

式中　H_0——曝气生物滤池的总高度,m;
　　　H——滤料层高度,m;
　　　h_1——配水室高度,m;
　　　h_2——承托层高度,m;
　　　h_3——清水区高度,m;
　　　h_4——超高,m。

(2) 曝气生物滤池污泥产量的计算

污泥产量以去除单位重量的 TBOD 所产生的 TSS 量表示。曝气生物滤池的污泥产量与进水 TSS/TBOD 的比值有密切关系。当 TSS/TBOD 比值越大,污泥产量也就越多,污泥产量可按下式计算:

$$Y = \frac{(0.6 \times \Delta SBOD + 0.8 X_0)}{\Delta TBOD} \tag{9-4}$$

式中　Y——污泥产量,kgTSS/kg△TBOD;
　　△SBOD——滤池进出水中可溶解性 BOD 浓度之差,mg/L;
　　△TBOD——滤池进出水中总的 BOD 之差,mg/L;
　　　X_0——滤池进水中悬浮物浓度,mg/L。

(3) 反冲洗系统的设计

反冲洗是保证曝气生物滤池正常运行的关键,其目的是在较短的反冲洗时间内,使滤料得到适当地清洗,恢复其截污功能,但也不能对滤料进行过分冲刷,以免冲洗掉滤池正常运行时必要得生物膜。反冲洗的质量对出水水质的运行周期、运行状况影响很大。目前反冲洗的方法有单一水反冲洗和气-水联合反冲洗。采用气-水联合反冲洗一般顺序为：先单独用气反冲洗,再用气-水联合反冲洗,最后用清水反冲洗。反冲洗时水、气强度可参见表 9-5。

气水反冲洗强度 表9-5

反冲洗空气	速率/（m³空气/（m³滤料·min））	0.43～0.52
	气量/（m³空气/m³滤料）	5.14～6.25
反冲洗水	速率/（m³水/（m³滤料·min））	0.33～0.35
	气量/（m³水/m³滤料）	2.50

（4）需氧量及供氧量计算

在曝气生物滤池这样的生物膜反应器中，一般控制池内污水中溶解氧 DO=1～3mg/L。为使滤料表面层的好氧菌膜维持良好的生物相，通过滤料层后的剩余溶解氧应保持在 2～3mg/L（也有人建议在 3～4mg/L），这样要求污水在进入滤池的滤料层前的溶解氧为 4～6mg/L 左右。

1）微生物需氧量。微生物的需氧量包括合成用氧量和内源呼吸用氧量两部分，即：

$$R = a' \times \Delta BOD + b'P \tag{9-5}$$

式中　R——微生物的需氧量，kg/d；

　　ΔBOD——滤池单位时间内去除的 BOD 量，kg/d；

　　P——活性生物膜数量，kg；

　　a'——每 kgBOD 完全降解所需要的氧量，kg，对城市污水，a' 在 1.46 左右；

　　b'——单位重量活性生物量的需氧量，大致为 0.18kg/kg 活性生物膜。

随着研究的深入，最后有人提出曝气生物滤池的需氧量可用下式计算：

$$OR = 0.82 \times (\Delta BOD_5/BOD) + 0.32(X_0/BOD) \tag{9-6}$$

式中　OR——单位质量的 BOD 所需的氧量，无量纲（kg/kg）；

　　ΔBOD_5——滤池单位时间内可去除的可溶性 BOD 量，kg；

　　BOD——滤池单位时间内进入的 BOD 量，kg；

　　X_0——滤池单位时间内进入的悬浮物的量，kg。

一般试验 $\Delta BOD_5/BOD=0.2$，$X_0/BOD=1.3$，可得出 $OR=0.58$。活性污泥的 BOD 耗氧量为 0.8～1.0kg/kg。曝气生物滤池中的耗氧量低于活性污泥法，其原因是活性污泥法中的污泥产量比较高。据实验结果统计，曝气生物滤池 OR 的取值范围为 0.42～0.8，平均为 0.51。

2）实际所需供氧量。滤池实际所需供氧量（Rs）取决于微生物的需氧量（OR）和曝气装置的氧的总转移系数 K_{La}，与氧的利用率 E_A 有关。具体设计计算时可参考活性污泥法中供气量的计算，关键是选择高效的曝气充氧装置。

9.4.2.2　N 曝气生物滤池池体的设计计算

滤池表面负荷计算法，滤池表面负荷 q_{NH_3-N} 以 g_{NH_3-N}/（m²滤料·d）表示。

（1）所需滤料的总表面积 S

$$S = \frac{Q\Delta C_{NH_3-N}}{q_{NH_3-N}} \tag{9-7}$$

式中　S——所需滤料的总表面积，m²；

　　Q——进入滤池的日平均污水量，m³/d；

　　ΔC_{NH_3-N}——进出滤池污水中 NH_3-N 浓度的差值，mg/L；

　　q_{NH_3-N}——滤料的表面负荷，g_{NH_3-N}/（m²滤料·d）。

(2) 所需滤料的体积 W

$$W = \frac{S}{S'} \tag{9-8}$$

式中 W——滤料的总有效体积，m^3；

S'——单位体积滤料的表面面积 m^2/m^3 滤料。

(3) N 曝气生物滤池的总截面面积 A

$$A = \frac{W}{H} \tag{9-9}$$

式中 A——N 曝气生物滤池的总截面面积，m^2；

H——滤料层高度，m。滤层高一般取 $2.5 \sim 4.5$m。

9.4.2.3 DN+P 生物滤池池体的设计计算

DN+P 生物滤池主要为反硝化生物滤池，同时根据排放标准对 TP 的要求，在该级滤池的进水口处可投加铁盐进行化学除磷。

(1) 反硝化生物滤池所需滤料的计算

用反硝化负荷计算

$$V_{DN} = \frac{Q(N_0 - N_e)}{1000 q_{DN}} \tag{9-10}$$

式中 V_{DN}——所需反硝化滤料体积，m^3；

Q——进入滤池的日平均污水量，m^3/d；

N_0——进水中硝态氮的浓度，mg/L；

N_e——出水中硝态氮的浓度，mg/L；

q_{DN}——滤料的反硝化负荷，$kgNO_3-N/(m^3$ 滤料$\cdot d)$。

在进行工程设计时，反硝化负荷 q_{DN} 的取值应根据不同的进出水水质通过试验得出，一般对于城市生活污水，q_{DN} 的取值范围为 $0.8 \sim 4.0 kgNO_3-N/(m^3$ 滤料$\cdot d)$。

(2) 反硝化滤池各部分尺寸的确定

反硝化滤池的结构与硝化滤池基本一样，只是在反硝化滤池中不需设置曝气装置。在确定了反硝化滤池所需滤料后，其他尺寸的确定可参考硝化滤池进行设计计算。

9.5 曝气生物滤池处理城市污水工程实例

9.5.1 Biostyr 工艺

9.5.1.1 Biostyr 工艺的结构

法国 OTV 公司近年来开发了生物曝气滤池的一种新型的好氧生物处理设备。这种滤池采用固定床形式，充气方式几经改变，曾经报道的有：进水与充氧的上向流滤池、底部充氧的上向流颗粒滤料滤池、底部充氧的上向流塑料滤料滤池。最后改为将穿孔曝气系统设在滤床中间，从而将滤床分为两部分：上部分为曝气的生化反应区，下部分为非曝气的过滤区，这样就省掉了一次沉淀池。其后又开发了带回流的底部不曝气的具有脱氮功能的曝气生物滤池。

Biostyr 滤池是 BAF 工艺的一种，由于采用了新型轻质悬浮填料（主要成分为聚苯乙烯)而得名。脱氮的 Biostyr 反应器,滤池底部设有进水和排泥管,中上部是填料层,厚度一般为 2.5~3.0m,填料顶部装有挡板,防止悬浮填料的流失。见图 9-8 所示。其滤头设在池子的上部,在上部挡板上均匀安装有出水滤头。挡板上部空间用作反冲洗水的贮水区,其高度根据反冲洗水头而定,该区设有回流泵,滤池出水送至配水廊道,继而回流到滤池底部实现反硝化。填料底部与滤池底部的空间留作反冲洗再生时填料膨胀之用。

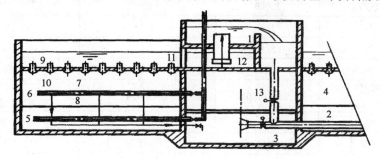

图 9-8 BIOSTYR 滤池结构示意图

1—配水廊道;2—滤池进水和排泥管;3—反冲洗循环闸门;4—填料;5—反冲洗气管;6—工艺空气管;7—好氧区;8—缺氧区;9—挡板;10—出水滤头;11—处理后水的贮存和排出;12—回流泵;13—进水管

滤池供气系统分为 2 套管路。置于填料层内的工艺空气管用于工艺曝气,并将填料层分为 2 个区:上部为好氧区,下部为缺氧区。根据不同原水水质、处理目的和要求,填料高度可以变化,好氧区、厌氧区所占的比例也可有所不同。滤池底部的空气管路是反冲洗空气管。

9.5.1.2 工艺特点

Biostyr 工艺最初是为在污水的二级、三级处理中实现硝化和反硝化而开发的,设计思想来自 A/O 法。在具体工艺形式的实践中,该工艺抓住了 BAF 的技术关键——填料,并由此带来了一系列的工艺特点。

采用新型填料,从化工原理的角度看,填料技术的改进是对反应器内部构造的改善,是加强传质、改善反应器内水力条件和生化反应条件的基本手段,是提高负荷的根本途径。在该工艺中,填料一方面起着生物载体的作用,为生物膜提供良好的生长环境;另一方面也起着过滤的作用。事实上,该工艺的性能很大程度上取决于填料的特性。Biostyr 滤池采用的是密度小于水的球形有机填料,粒径 3.5~5.0mm,具有较好的机械强度和化学稳定性,在为微生物提供生长环境、截留 SS、促进气水均匀混合等方面有一定的优势。

Biostyr 滤池内微生物浓度大,活性高,结合具体的运行方式其处理负荷高,出水水质优,性能稳定。污水先流经缺氧区,不但提供反硝化所需的碳源,还有部分 BOD 被厌氧微生物降解,降低了进入曝气区的污染负荷,达到了在好氧区内降低曝气量、为硝化创造条件的目的。硝化过程得益于生物膜法的特点,摆脱了因硝化细菌世代期长而造成的泥龄限制。填料对水流的阻力有效地保障了水流的均匀分布,创造了滤池内半推流的水力条件以及较好的传质条件。水、气平行向上流动,促进了气、水的均匀混合,避免了气泡的聚和,有利于降低能耗,提高氧转移效率。

丹麦 Biostyr 工艺的运行实例   表 9-6

处理厂		Nyborg		Hobro		Frederikshavn	
处理目的		硝化-反硝化		硝化-反硝化		硝化-Bistyr 反硝化	
污水性质		城市污水（含50%工业污水）		城市污水（含40%工业污水）		城市污水（含20%工业污水）	
设计流量（m³/d）		13000		9100		10100	
滤速（m/h）		1.1		2.2		1	
COD负荷（kg/(m³·d)）		2.4		2.2		2.3	
滤池面积（m²）		504		168		441	
好氧区高度 缺氧区高度（m）		1.5, 1.0		2.4, 0.6		2.1, 0.9（后置DN滤床深3.0m）	
回流比（%）		300		100		200	
反硝化碳源		甲醇		乙醇-甲醇		甲醇	
出水水质（mg/L）	NH_3-N	1994年官方数据	1.8	1995.8.1~1996.9.1的数据，流量为8350m³/d	0.35	1995年6月的数据，流量为6979m³/d	0.9
	NO_2/NO_3-N		4.6		—		3.9
	TN		6.5		6.34		—
	TP		0.8		0.06		—
	COD		7（BOD）		38		58.5
	SS		11		7		5.9

注：所有处理厂 Biostyr 的预处理中均投加 $FeCl_3$ 用于除 P。

9.5.2 广东省新会市东郊污水处理厂

9.5.2.1 概况及污水处理厂建设规模

新会市位于广东省中南部和珠江三角洲西南部，是我国著名侨乡。根据新会市城市总体规划和排水规划，新会市北部地区规划人口为25万人，取用水平均综合排水量640l/(人·d)，则污水处理厂总规模为16万 m³/d。分两期建设，近期建设8万 m³/d 规模，远期最终达到16万 m³/d 规模，本工程为近期处理规模的一期工程，污水处理量为4万 m³/d。

9.5.2.2 污水处理厂设计进出水水质

污水处理厂的出水直接排入附近的江门水道，排放标准要求达到国家《污水综合排放标准》（GB 8978—1996）中的一级标准。污水处理厂进出水水质如表9-7所示。

设计进出水质   表 9-7

项目	COD_{cr}	BOD_5	NH_3-N	pH值	SS	TP
进水水质（mg/L）	≤250	≤150	≤30	6~9	≤200	≤4
出水水质（mg/L）	≤60	≤20	≤15	6~9	≤20	≤0.5
去除率（%）	≥76	≥87	≥50		≥90	≥87.5

9.5.2.3 污水处理厂方案的选择

新会市东郊污水处理厂收纳的污水，其 BOD/COD = 0.6，表明污水的可生化性非常好，且污水中不含对微生物有害的物质，故决定采用生物处理方法。本工程选用氧化沟方案、SBR方案及水解-曝气生物滤池方案进行比较，最终确定推荐方案。3种方案的技术经济比较结果见表9-8所示。

工艺方案技术经济指标比较表　　　　　　　　表 9-8

项　目		氧化沟方案	SBR 方案	水解-上向流曝气生物滤池
处理能力（万 m^3/d）		4.0	4.0	4.0
进水水质 （mg/L）≤	BOD_5	150	150	150
	COD_{cr}	250	250	250
	SS	200	200	200
	NH_3-N	30	30	30
	TP	4	4	4
出水水质 （mg/L）≤	BOD_5	15	15	10
	COD_{cr}	60	60	40
	SS	20	20	10
	NH_3-N	15	15	8
	TP	0.5	0.5	0.5
要求管理水		较简单	较高	较高
总占地面积（亩）		26800	23200	15200
单位占地面积（m^2/m^3）		0.67	0.58	0.38
工程总投资（不含 地基处理费）（万元）		4319.89	3733.8	3360.8
单位投资（元/（$m^3 \cdot d$））		1080	933.5	840.2
年直接运行费用（万元）		419.016	383.98	299.20
单位直接运行成本（元/m^3 污水）		0.287	0.263	0.205

从比较表中数据可以看出，3 种工艺都能达到所要求的排放标准，且都较为成熟的工艺，但相比较而言，水解-上向流曝气生物滤池工艺具有工程投资省、占地面积小、运行费用低等优点，所以推荐采用该工艺。

9.5.2.4　污水处理工艺及主要设计参数

（1）污水处理工艺流程，详见图 9-9 所示。

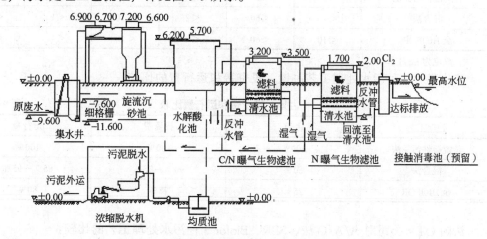

图 9-9　广东省新会市东郊污水处理厂流程图

(2) 水解－向上流曝气生物滤池主体性能，详见表 9-9 所示。

水解（酸化）－上向流曝气滤池主体性能表 表 9-9

名　称	水解—曝气生物滤池工艺
设计处理水量	
设计出水水质	
主要设计参数	水解池 HRT=4.0h，污泥水解率 25%～50%，$x=20g/L$；曝气生物滤池容积负荷 2.510gBOD/（m³滤料·d），硝化负荷 0.8kg NH$_3$-N/（m³滤料·d），污泥产率 0.65 kgDS/kgBOD 去除，水力停留时间 HRT=2.0h
主体包含构筑物	水解池、曝气生物滤池、反冲洗清水池、反冲洗排水缓冲池
主要设备	专用滤头与曝气系统、风机、反冲洗水泵、泥层界面仪、污泥浓度计、溶解氧测量仪、压强计
工艺主体体积	6650 m³（水解池）+9600（滤池、风机房、反冲清水池、反冲排水缓冲池）=16250m³
工艺主体占地	3092m²
主体工艺装机容量	535.5kW
主体工艺吨水电耗	0.12kWh/m³污水
泥龄	19.7d
日产生干污泥重	3.8t

9.6 与其他方法的比较

曝气生物滤池近年来在国内外已被大量采用，德国 Philipp Muller 公司对 3 种污水处理工艺处理效果比较如下：

处理工艺处理效果比较 表 9-10

处理工艺	BOD	COD	NH$_4$	N	P	SS
传统活性污泥法	15	75	5	18	1	10
混合法	<10	<60	<2	<10	<1	<10
全 BIOFOR	<10	<60	<2	<10	<1	<10

注：单位为 mg/L。

该公司对 3 种污水处理工艺占地、投资费和运行费的比较：

占地、投资费和运行费比较 表 9-11

处理工艺	占地	投资费	运行费
传统活性污泥法	100%	100%	100%
混合法	60%	90%～95%	85%～95%
全 BIOFOR	25%	75%	80%

法国 OTV 公司对 A/A/O 法、SBR、Biofor 3 种污水处理工艺的比较：

A/A/O法、SBR、Biofor 3种污水处理工艺比较   表9-12

项目	A/A/O	SBR	BIOFOR
投资费用 (土建工程) (征地费) (设备及仪表) (总投资)	最大 占地最大 投资一般 最大	较大 占地稍小 闲置大 较大	很小 占地最小 设备量稍大 最小
运行费用 (水头损失) (污泥回流) (曝气量) (出水的消毒) (总运行成本)	1~1.5m 100%~150% 大 消耗较大 最高	3~4m — 与前者基本相同 消耗较大 较高	3~3.5m — 低20%~30% 消耗较小 较低
工艺效果 (出水水质)	SS浓度<30mg/L,如要达到15mg/L,需深度处理;BOD、TKN浓度<15mg/L	SS浓度<30mg/L,若要达到15mg/L,需深度处理;BOD TKN浓度<15mg/L	SS浓度和BOD<15mg/L TKN浓度<15mg/L COD<40mg/L
(产泥量)	产泥量一般, 污泥相对稳定	产泥量差不多 污泥相对稳定	产泥量相对活性 污泥法稍大
(污泥膨胀) (流量变化影响) (冲击负荷影响) (温度变化影响)	需加生物选择器 受沉淀速度限制 承受冲击负荷能力较强 受低温影响较大	需加生物选择器 受容积限制,有一定影响 承受冲击负荷能力较强 受低温影响较大	无 受过滤速度限制 可承受日常的日冲击负荷 水温波动小
运行管理 (自动化程度)	连续进水,可实现供氧量和回流比的自动调节	序批式反应,可实现供氧量和回流比自动调节	连续进水,可实现供氧的自动调节,自动化程度高
(日常维护)	厂区大,设备分散,曝气头易堵,维护巡视量大	设备闲置多,膜式曝气头易堵,维护量大	设备于廊道,厂区小,曝气不堵塞,维护巡视简单
未来扩建 (增加处理量)	非模块化结构,构筑物均需增加,所需占地和土建工程量大,工期长	SBR为模块结构,扩建相对容易,但所需占地和土建工程量大,工期长	全部模块化结构,扩建非容易,所需占地和土建工程很小
(提高出水水质)	需新建三级处理	需新建三级处理	现有构筑物即可实现
环境影响 (臭气问题)	敞开式,臭味对周围环境影响很大	部分为敞开式,臭味对周围影响较大	部分为封闭式,臭味对周围环境影响极小
(噪声问题)	对周围环境影响很大	很大	风机、水泵等设备位于廊道内,对周围环境影响极小
(外观环境)	占地大,覆盖困难 视觉和景观效果差	占地较大,覆盖困难 视觉和景观效果一般	占地小,易覆盖 视觉和景观效果好

可见曝气生物滤池比其他水处理工艺具有非常明显的优点。据有关资料可以归纳如下:

(1) 总体投资省,包括机械设备、自控电气系统、土建和征地费,直接一次性投资比传统方法低1/4;

(2) 占地面积小，主要构筑物通常为常规处理厂占地面积的 1/10～1/5，厂区布置紧凑；

(3) 处理水质量高，可满足回用要求；

(4) 氧的传输效率高，供氧动力消耗低，处理单位污水电耗低，运行费用比常规处理低 1/5；

(5) 过滤速度高，处理负荷大大高于常规处理工艺；

(6) 抗冲击性能高，受气候、水量和水质变化影响小；

(7) 可建成封闭式厂房，减少臭气、噪声和对周围环境的影响，视觉景观好；

(8) 运行管理方便，便于维护；

(9) 全部模块化结构，便于进行后期的改扩建。

其主要的缺点是：

(1) 预处理要求较高；

(2) 产泥量相对于活性污泥法稍大，污泥稳定性差。

我国目前的城市污水二级处理率还没有达到 20%，因此迫切需要适合我国国情的高效、低能耗的处理工艺。曝气生物滤池因此越来越受到人们的重视，国内对其的研究也是越来越深入，对其的应用也必将越来越多。

参 考 文 献

[1] 张忠波，陈吕军，胡纪萃．新型曝气生物滤池-Biostyr．给水排水，1999，25 (7)

[2] 徐丽花，李亚新．一种好氧生物处理有机污水的新工艺设备-生物曝气滤池．给水排水，1999，25 (11)

[3] 牛学义．生物滤池污水处理工艺的应用范围和效率．给水排水，1999，25 (7)

[4] 袁志宇，程晓如，陈小庆，陈忠正．滤池冲洗方式探讨．给水排水，1999，25，(1)

[5] 张智，阳春，邓晓莉，童代云，周劲松．复合变速曝气生物滤池深度处理城市污水研究．中国给水排水，2000，16，(5)

[6] 徐泽美．生物膜法在市政污水处理中的应用前景．中国给水排水，1999，15，(8)

[7] Heijnen J J, et al. Development and scale Up of An Aerobic Biofilm Air Lift Suspension Reactor. Wat Sci Tech，1993，27 (5-6)：253-261

[8] Heijnen J J, et al. Large scale An Aerobic Treatment of Cornplex Industrial Wastewater Using Biofilm Reactors. Wat Sci Tech，1991，23：1427～1436

[9] 郑俊，吴浩汀，程寒飞．曝气生物滤池污水处理新技术及工程实例．北京：化学工业出版社，2002

[10] 王凯军，贾立敏．城市污水生物处理新技术开发与应用．北京：化学工业出版社，2001

第10章 固定化微生物法

10.1 国内外发展概况

固定化微生物技术，也称为固定化细胞技术，是利用化学或物理的手段将游离细胞定位于限定的空间区域，并使其保持活性，能被重复和连续使用的一种新型生物技术。在水处理中采用固定化细胞，有利于提高生物反应器内的微生物浓度；有利于反应后的固液分离；有利于除氮、除去高浓度有机物或某种难降解物质，是一种高效低耗、运转管理容易，十分有前途的污水处理技术。固定化细胞技术是20世纪70年代在固定化酶技术基础上发展而成，并迅速成为生物、环境等领域的一个研究热点。80年代初，国内外开始应用固定化细胞技术来处理工业废水和各类难生物降解的有机污染物，并取得了令人瞩目的成绩。目前普遍认为，固定化细胞技术在废水处理中，尤其是特种废水处理领域中具有广阔的应用前景。

固定化微生物在水处理中的应用，可以追溯到活性污泥法的起源，即1904年英国伦敦附近第一座废水生物处理厂的建立。因为生化反应曝气池中的活性污泥实际上是一种人工培养的生物絮体，它是由好气性微生物及其吸附、粘附的有机质和无机质所组成，具有吸附和分解废水中的有机污染物的能力，显示出其生物化学氧化活性。在活性污泥中，所有微生物几乎是全部被包裹（或包埋）在微生物絮体内，因此，自然形成的微生物絮体（活性污泥）可以看成是一种最原始的包埋固定化微生物。这种方法形成的微生物絮体的特点是靠自然形成，解体容易，即固定化强度不高，且存在以下一些问题：(1) 处理构筑物中微生物浓度低，因此基质的去除速度慢，停留时间长，反应池体积大；(2) 处理后出水的固液分离靠物理沉淀；(3) 对许多有害物质的处理能力低；(4) 产生大量的剩余污泥，其处理和处置费用相当高，一般占整个污水厂运行费用的30%～50%；(5) 一般情况下难以实现脱氮除磷的深度处理目的。到了20世纪50、60年代，发展了浓缩型的高效生物膜法，它是依靠微生物的自然附着力在某些固形物的表面形成固着型生物膜，如生物固定床、生物流化床、生物接触氧化法等工艺。这种生物膜是自然形成的物理吸附固定化微生物群，其固定化强度虽比上述的生物絮体高，但仍没有摆脱自然的力量。且此法需要较多的填料和填料支撑结构，基建投资高，此外生物膜中会有多种微生物，特定的高效微生物所占的比例少。直到20世纪70年代末80年代初，人工强化的固定化微生物才引起人们的注意，它是人为地将特定的微生物封闭在高分子网络载体内，菌体不易脱落，又能利用那些具有高活性的，但不易形成沉降性能良好的絮体或生物膜的微生物，载体中微生物密度高。由此可见，固定化微生物的发展正如人工强化生物处理法的发展（由自然的生物净化到人工强化的生物氧化法）一样，是一个由自然到人工强化的过程。固定化微生物用于废水生物处理，可以进一步提高反应器内特定微生物的比例，减轻二沉池的负荷。日本、美国等国家在用固定化细胞技术处理废水方面开展了大量的研究工作，我国也把固定化细胞技术在废水中的处理研究作为"八五"、"九五"的攻关任务。

固定化活性污泥去除BOD物质这方面的研究，日本开展的最多，美国及我国也进行了一定的研究。如日本的角野立夫等利用聚丙烯酰胺包埋固定活性污泥进行人工合成废水（BOD为300mg/L）的处理研究，他们在升流式反应器内，采用纯氧曝气，容积负荷为20kgBOD/（$m^3 \cdot d$），连续处理运行1000d，出水水质稳定（BOD<20mg/L），固定化后微生物中的酶稳定，对温度、pH值的忍耐性增强，活性污泥基本无泄漏，处理过程中容积负荷可逐渐上升到100kgBOD/（$m^3 \cdot d$）。与普通的活性污泥法相比，负荷增大约4倍，反应器体积可减少3/4~4/5，剩余污泥量减少2/3~4/5，显示出了固定化细胞的优点，即剩余污泥量少、负荷高，处理速度快。

天津城市建设学院的罗志腾等人研究了固定化活性污泥的性质，并用于厌氧膨胀床中处理高浓度有机废水，他们以琼脂为载体，包埋固定化厌氧活性污泥细菌群。研究发现，固定化细胞颗粒操作稳定性较好，pH值在6.0~8.0时，COD去除率均在75%以上，进水COD为7300mg/L，回流比2~4时，COD去除率达83.6%。近年来，在厌氧条件下，采用固定化细胞技术处理高浓度有机废水的报道不少。采用固定化细胞技术，可持留增殖速度慢的细菌，延长SRT（污泥停留时间），提高处理系统的微生物浓度，从而可克服普通厌氧处理法的缺点。目前，固定化厌氧生物处理成了一个研究热点。

固定化细胞用于硝化-脱氮研究的报道近来较多，因为硝化菌、脱氮菌的增殖速度慢，要想提高去除率，较长的SRT和较高的细菌浓度是必要的。采用固定化细胞技术可做到这点，因而可加速硝化-脱氮的速度，提高处理效率，减少处理设备。日本的中村裕纪等人用聚丙烯酰胺包埋法固定硝化菌和脱氮菌，采用好氧硝化与厌氧反硝化两段工艺进行合成废水的脱氮试验，结果表明，与悬浮生物法相比，低温下硝化速度增大了6~7倍，脱氮速率提高了3倍，停留时间由原来的7h（硝化4h+反硝化3h）缩短为4h（硝化2h+反硝化2h），处理设备缩小50%左右。国内外学者采用不同的固定化方法及不同的载体进行了大量的研究发现，利用固定化细胞可在较低pH值，较低温度和较高溶解氧的条件下获得较好的处理效果，可增加脱氮处理对寒冷气候、入水条件的适应性，脱氮微生物在固定化载体中能增殖，因此可获得较高的微生物浓度，提高处理效果。

固定化微生物细胞处理技术由于可筛选降解特定物质的优势菌属，因此它具有对难降解废水的专一、耐受性强，处理效果稳定，投资省等优点。近年来，国内外很多学者开展了固定化细胞处理含酚、氰、农药、重金属等有毒废水的研究工作，如固定从活性污泥中分离得到的热带假丝酵母，经海藻酸钙包埋后，在自制的三相流化床内进行含酚废水的连续处理试验，当酚浓度为300mg/L、负荷为3~4kg/（$m^3 \cdot d$）时，出水酚浓度小于0.5mg/L。比较研究发现，固定化细胞处理系统的负荷相当于活性污泥法的一倍，而污泥的形成量却只有后者的1/10，展示出了固定化细胞技术的应用前景。再如Portier等人研究了固定化纯微生物菌株处理含氯乙酸盐的杀虫剂生产废水，他们从受污染的水体中分离得到具有分解氯乙酸钠能力的 *Pseudomonas* 菌株，用多孔性载体CeliteR-630进行吸附固定。中试规模的试验结果表明，在水力停留时间为10.9~16.2h时，可使进水浓度高达6000mg氯乙酸钠/L降至小于10mg/L，去除率高达99%，TOC的去除率也达89%。随着固定化细胞技术研究的深入，人们不再满足于固定一种细胞进一步反应，又继续开展了固定化细胞形成多步反应的研究。如 Beuuink 等利用海藻酸钠同时固定 *Alcaligenes* SP. 和 Eterrobactercoloacae 细菌形成多细胞反应器，此反应器能同时将 DDT 还原为 DDD，并将 DDT 的分解产物 DDM 氧化分解。在一个固定系统中，同时发生好氧和厌氧降解反应，以达到完全降解 DDT 的目的。

固定化细胞在印染废水的脱色处理方面也有广泛的研究，如刘志培等利用聚乙烯醇固定化混合细菌细胞，进行了印染废水的脱色研究。结果表明：固定化细胞对印染废水的脱色活性与其自然细胞相似，最适温度为 30~40℃，最适 pH 为 7.0，在 pH 值 6.0~8.0 和温度 25~40℃范围内都具有较高的脱色活性，固定化细胞的热稳定性增加。在连续一个月的试验中，水力停留时间小于 330h，脱色率均可维持在 70%~80%，达到了处理要求。因此其在处理印染废水中具有较高的实用价值。

10.2 固定微生物技术分类及主要特征

10.2.1 固定化微生物技术分类

固定化细胞的制备方法是多种多样的，目前国内外仍未有统一的分类标准。任何一种能够限制细胞自由流动的技术都可以用于制备固定化细胞。国内外不同的研究工作者采用不同的分类方法，因此很难对此做出精确的分类。一般认为，理想的固定化细胞的制备方法应具用以下特点：(1) 可以控制固定化细胞颗粒的大小和孔隙度；(2) 固定化的材料价格低廉，固定化成本尽量低；(3) 固定化方法简便，易行，固定化条件尽可能温和，少损伤细胞；(4) 固定化系统具有稳定的网状结构，在使用的 pH 值和温度下，不易被损坏；(5) 在反应器内长时间运转过程中，系统具有良好的机械稳定性和化学稳定性；(6) 固定化细胞的载体对细胞来说是惰性的，不损伤细胞；(7) 固定化系统使底物、产物和其他代谢产物能够自由扩散；(8) 单位体积的固定化系统拥有尽可能多的细胞，以更好地起到生物催化作用。

根据大多数研究者的意见，大致上可以分为吸附固定法、交联固定法、包埋固定法和自身固定法（微生物细胞间自交联固定化）等，分别介绍如下：

10.2.1.1 吸附固定法

它是根据带电的微生物细胞和载体之间的静电作用，使微生物细胞固定的方法。也就是微生物细胞表面与载体材料表面间的范德华力和离子型氢键的静电相互作用的结果。两者间的 ξ 电位，在细胞与载体的相互作用中起重要作用。

影响吸附的另一个因素是微生物细胞壁的组成和带电性质。例如酵母菌细胞带负电荷，因此在固定化过程中应选择带正电荷的载体。载体的性质，尤其是载体的组分，对微生物的吸附也有重要的影响，一般固定比对于吸附载体的要求为：具有抗物理降解、抗化学降解、抗生物降解的稳定性，具有一定的机械强度和结构稳定性。

根据组成的不同，载体可分为有机载体和无机载体。常见的天然有机载体有聚多糖，如纤维素、葡聚糖、琼脂糖、蛋白质等，合成载体有乙烯和马来酸酐的共聚物，戊二醛缩水甲基丙烯酸酯共聚物、合成离子交换树脂及塑料等。无机载体主要有玻璃、陶瓷、含水的金属氧化物及硅藻土等。

吸附固定法可分为物理吸附法和离子吸附法两种。也可以根据微生物细胞与载体间的

作用方式,将吸附固定法分为以下几类:

1. 物理吸附法:

微生物与细胞载体之间主要是范德华力、氢键和静电作用而吸附固定,微生物与载体不起任何作用。常见的载体有硅胶、活性炭、多孔玻璃、石英砂、纤维素及塑料等。微生物固定过程对细胞活性的影响小,但所固定微生物数量受所采用载体的种类及其表面积的限制。生物膜法中的生物滤池、生物转盘及生物接触氧化法、生物流化床等工艺是物理吸附固定化的典型例子。这是一种最古老的方法,操作简单,反应条件稳定,载体可以反复利用,但结合不牢固,细胞易脱落。

2. 细胞聚集法

一些细胞能够分泌出高分子化合物,可以起到粘合的作用,使微生物细胞发生吸附作用,具有形成聚集体或絮凝体颗粒的倾向,当将它们进行长时间的悬浮培养而达到很高的细胞浓度时形成聚集体的倾向就更为明显。人们将其发展成为一种微生物细胞的固定化方法,用于固定化微生物的培养,并且表现出很高的生物转化率。在某些条件下,可以通过诱导形成微生物细胞聚集体,极少数情况下,甚至通气也能引起微生物细胞形成聚集体。

3. 共价结合法

是细胞表面上功能团(如 α-、β-氨基、α-、β-或 γ-羧基、巯基或羟基、咪唑基、酚基等)和固相支持物表面的反应基团之间形成化学共价键连接,从而成为固定化细胞。共价结合法制得的固定化细胞与载体之间的连接键很牢固,使用过程中不会发生脱落,稳定性良好,但存在反应条件激烈,操作复杂,控制条件苛刻、活性损失较大等问题。

4. 离子结合法:常见的载体是离子交换树脂。

利用微生物细胞与离子交换树脂间形成离子键而实现固定化的方法,称离子交换法。通过调节 pH 值而使微生物细胞带不同的电荷,从而与阳离子或阴离子交换树脂进行静电作用而形成稳定的微生物-载体复合物。影响微生物细胞与载体结合强度的因素有:载体的性质、培养物的菌龄、细胞的初始浓度、吸附前细胞的制备方法、溶液的 pH 值、离子强度、温度等。

10.2.1.2 交联固定法

交联法又称无载体固定化法,该法不采用载体,微生物细胞之间依据物理的或化学的作用相互结合。因此交联法又可分为物理交联法和化学交联法。

(1) 化学交联法:系指利用醛类、胺类、水合金属氧化物等具有双功能或多功能基团的交联剂与微生物细胞之间形成共价键相互联结形成不溶性的大分子而加以固定化的方法。

(2) 物理交联法:系指在微生物培养过程中,适当改变细胞悬浮液的培养条件(如离子强度、温度、pH 值等),使微生物细胞间发生直接作用而颗粒化(Pelletization)或絮凝(Flocculation)来实现固定化的方法。影响微生物细胞颗粒化的因素有:搅拌强度、培养基组成 pH 值、溶解氧浓度、添加剂等。加入少量絮凝剂将有助于微生物细胞的聚集。物理交联法的优点是细胞密度大、固定化条件温和,但其机械强度差,细胞体积密度大,导致物质传递尤其是氧的传递困难。

化学交联法,由于在形成共价键的过程中,往往会对微生物的细胞的活性造成较大的影响,同时采用的交联剂大多比较昂贵,因此此法在应用中受到一定的限制。

10.2.1.3 包埋固定法

包埋法是将微生物细胞,用物理的方法包埋在各种载体之中,使细胞扩散进入多孔性载体内部,或利用高聚物在形成凝胶时将细胞包埋在其内部,从而达到固定细胞的目的。该法操作简单,可以将细胞锁在特定的高分子网络结构中。这种结构紧密到足以防止细胞渗漏,然而允许底物渗入和产物扩散出来,对细胞活性影响较小,制作的固定化细胞球的强度较高。这种方法,既操作简单,又不会明显影响生物活性,是比较理想的方法,目前应用最多。按照包埋系统的结构可分为凝胶包埋法和微胶囊法,即将细胞包裹于凝胶的微小格子内或半透膜聚合物的超滤膜内。固定微生物细胞的实用化对包埋载体的要求包括:

(1) 固定化过程简单,易于制成各种形状,能在常温常压下固定化;
(2) 成本低;
(3) 固定化过程中及固定化后对微生物无毒害;
(4) 基质通透性好;
(5) 固定化细胞密度大;
(6) 载体内细胞漏出少,外面的细胞难以进入;
(7) 物理强度和化学稳定性好;
(8) 抗微生物分解;
(9) 沉降分离性好。

目前常用的包埋固定化材料有聚乙烯醇(PVA)、聚丙烯胺(ACAM)、聚乙烯乙二醇(PEG)、琼脂、光硬化树脂、海藻酸钙、角叉莱胶和聚丙烯酸等。该法操作简单,对细胞活性影响较小,制作的固定化细胞球的强度较高,目前已被广泛地利用于废水处理。表10-1列出了几种固定化方法。

几种固定化方法的比较   表10-1

性能	交联法	吸附法	共价结合法	包埋法
制备的难易	适中	易	难	适中
结合力	强	弱	强	适中
活性保留	低	高	低	适中
固定化成本	适中	低	高	低
存活力	无	有	无	有
适应性	小	适中	小	大
稳定性	高	低	高	高
载体的再生	不能	能	不能	不能
空间位阻	较大	小	较大	大

10.2.1.4 膜截留固定化技术

根据固定化的定义,膜截留也是固定化细胞的一种方式,即微生物细胞可以通过半透膜、中空纤维膜、超滤膜等截留,而产物和基质可以透过。这种固定化方法,与其他的方法相比较,具有以下优点:

(1) 可使基质与微生物细胞充分接触,进行有效的反应;

(2) 固定化方法非常简单，通过控制膜的孔径可以选择性地控制基质和产物地扩散，防止细胞的泄漏。

该法的缺点是由于膜的污染阻塞会导致反应速率的下降等。

近年来对研制开发的膜生物反应器就是膜截留固定化技术的典型例子，它是将微生物的高效生化反应与膜的优良分离性能相结合而成的新型生化反应器。其中中空纤维生化反应器更是脱颖而出，得到广泛的应用。具有以下优点：

(1) 微生物的生长与固定化一步完成，固定化过程中不涉及化学反应，对微生物细胞活性无影响；

(2) 中空纤维的比表面积大，因而传质表面大，且纤维直径小，辐向扩散距离短，可以获得较高的反应速率和生产能力；

(3) 即使在高稀释率下操作，微生物细胞也不会产生流失现象；

(4) 可以根据污水净化出水水质的要求，选择反渗透膜、微滤膜或超滤膜（即选择膜的孔径）改变其通透性；

(5) 可以取代传统活性污泥法中的二沉池，从而可以强化活性污泥与处理水的分离效果，简化处理工艺。

10.2.2 固定化微生物技术的主要特征

固定化微生物技术是将微生物固定在载体上使其高密集并保持其生物活性功能，在适宜的条件下还可以增殖以满足应用之需的生物技术。这种技术用于废水处理，有利于提高生物反应器内微生物的数量，利于反应的固液分离，利于去除氮，还可以溶解高浓度的有机物或难以生物降解的物质，提高系统的处理能力、适应性。具有以下突出特点：

(1) 密集微生物，维持反应器中生物浓度

根据废水生物处理的基本原理，提高生物反应器中生物固体的浓度，则可以提高反应器的处理能力。传统活性污泥法中，曝气池中微生物的浓度（以 MLVSS 计）一般在 1500~3000mg/L，且处于完全混合的悬浮生长状态，当进水负荷超过限定值后将造成污泥膨胀，污泥大量流失，严重影响处理效果及出水水质。而采用固定化微生物技术后，反应器内生物量可大大增加，生物浓度可达 22000~150000mg/L，是传统活性污泥法的 7~20 倍。因此，在相同的污泥负荷条件下，反应器的容积负荷可以大大提高，从而缩小反应器容积，降低工程造价。

(2) 易于实现固液分离

固定化微生物由于其生长在不溶性载体的表面，其密度较水大，且微生物处于高度的密集状态，易于泥水分离，同时利于微生物的截留和重复利用。实现了反应器内的水力停留时间与生物固体停留时间分离的目的。同时可以控制足够的污泥龄，保持高浓度低生长速率的微生物，如硝化菌的正常生长，实现污水硝化、除氮。

(3) 适于含有有毒有害物的处理

通过不同方法的固定化微生物，由于高度密集或被作为载体和包埋材料的高分子物质所覆盖，因而当含有有毒有害物质的废水与之接触时，由于高度密集的强抵抗能力或覆盖物的阻挡作用，削弱了有毒有害物对微生物的冲击作用，使反应器运行的安全性得到大大地提高。尤其当利用经过筛选优化驯化后的固定化微生物技术处理此类废水时，则比传统生化处理工艺有更大的优势。

10.3 微生物固定化机理

10.3.1 微生物固定化的基本过程

微生物的固定方法有数种，固定化过程也不相同。下面以结合固定化为例说明其微生物固定化的基本过程。

微生物在载体表面附着并实现固定化的过程是载体表面与微生物表面间相互作用的过程。许多研究表明，这种相互作用的过程不仅与微生物细胞表面的特性有关，而且与载体的物理化学特性及环境因素有密切关系。一般来说，微生物通过结合固定化等途径实现附着、固定等过程，如图 10-1 所示的几个阶段组成。

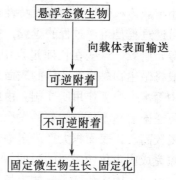

图 10-1 微生物的结合固定化过程

10.3.1.1 微生物向载体表面的输送

微生物细胞向载体表面的输送主要通过主动运输和被动运输两种方式完成的。主动运输系指微生物借助水力流态和各种扩散力的作用向载体表面的扩散过程；被动输送则指微生物在布朗运动、微生物自身运动、重力沉降作用下完成的输送过程。主动输送在微生物向载体表面的扩散和附着过程中起重要的主导作用，特别是动态环境中，它是微生物长距离移动的主导力量（这种力通常是由被称为紊流扩散的作用而产生的）。此外，由于微生物尺寸微小，通常在 $0.1\mu m$ 左右，属于胶体颗粒的范畴，因而其具有胶体颗粒布朗运动的特性，颗粒的布朗运动增加了微生物与载体表面的接触机会。除此之外，微生物的浓度及由浓度差产生的浓度梯度也促使向载体表面移动。处于悬浮态的微生物正是借助于主动运输、被动运输和浓度梯度等扩散作用，共同促成微生物在载体表面的附着。因而微生物向载体表面的输送是固定化过程中关键性的一步。

10.3.1.2 可逆与不可逆附着过程

微生物通过上述途径被输送到载体表面后，通过各种物理化学力的作用使微生物附着并固定在载体的表面。由于在附着固定过程中，微生物与载体表面间存在着各种作用力具有不同的特征，有的表现为促进附着和固定的引力，而有的则表现为阻止其附着的斥力（见表 10-2），这就使得微生物的固定化过程出现不可逆与可逆两种情况。

微生物在载体表面附着过程中所受到的各种力　　　表 10-2

物理力	范德华力、异电引力、热力学力
化学力	氢键、酶反应等、离子对的形成、粒子桥键等
斥力	范德华力、粒子空间位阻、同电斥力

微生物固定化过程的可逆附着的概念是 Marshall 等人提出的。可逆附着反应了在环境中的水力导力（对于特定的生物反应器而言，指其所具有的水力流态特征及搅拌程度等）、

微生物所具有的布朗运动及其自身运动既是促进微生物附着固定在载体表面的力，同时也是可能使已附着在载体表面的微生物重新返回悬浮状态的力。一般而言，造成这种可逆吸附过程的力主要是物理及化学相互作用的综合结果。由文献指出，在这个过程中，由微生物增长而产生的生物力并不起主要作用。表10-2中所列的各种力对微生物的可逆附着的作用大小与载体和微生物的表面特性密切相关。

不可逆过程是可逆过程的延续，它由可逆附着过程中微生物分泌的黏性代谢产物（如多聚糖等）所致。这些在代谢过程中产生并排除微生物体外的多糖类黏性物质犹如"胶水"一般将微生物黏附在载体的表面，而使得附着过程不可逆。在这个阶段附着的微生物不易被中等水力剪切作用所冲刷。由此可知，不可逆附着是微生物结合固定化的基础。要指出，可逆附着和不可逆附着的发生均需要外力的作用，并需要一定的时间。当载体表面粗糙程度较高、比表面积大、废水中含有较多糖类物质时，利于不可逆附着过程的发生，并可缩短完成固定化所需要的时间。

10.3.1.3 固定化微生物的生长

对于结合固定化过程而言，经过不可逆过程并由此实现固定化后，微生物将通过与主体液相中经外部扩散和内扩散作用输送到周围的有机基质相互接触，起到降解污染物的功能，同时其自身得到相应的生长繁殖。此时，固定化后的微生物具有相对稳定的环境条件，并利于其逐渐生长成熟。

10.3.2 固定化细胞的特性

固定化细胞多为球形颗粒，但也有制成立方块或膜状的。用吸附法时，则取决于吸附物质的形状。人们发现，在球形固定凝胶内，细胞的分布并不均匀，而是接近于球的外表面，有时细胞会在凝胶内的小空胞中繁殖，直到最后充满整个可利用的空间。

微生物经固定化后，很多反应特性都发生了变化，最主要包括微生物活性的变化，微生物稳定性的变化，氧和底物传质速率的变化，这些变化决定了固定化微生物处理废水与游离微生物在工程以及处理工艺上的差异。微生物从本质上讲也是一种含有多种官能团的蛋白质结构，经固定化后，其官能团与载体之间发生了共价键或范德华力等形式的作用，使主链结构得到加固，因此从总体上讲，经固定化后的微生物不易流失。而对微生物自身而言，加固后的主链机构性质较稳定，不易被破坏，能耐pH变化、有机物浓度变化、生物毒性物质等的冲击，不易失活，从而也就增加了固定化微生物的稳定性。另一方面，微生物固定化以后，因其官能团稳定性的增加，也使其生物活性有所减弱，不过由于采用固定化技术后使得微生物在一定空间区域具有很高的密度，因此单个微生物活性降低的缺点还是可以弥补的。

微生物固定化后，氧和底物传质速率也发生了变化，尤其是采用多孔载体时，因为载体的作用，使得反应系统中主体的底物浓度及氧浓度与微生物所处区域的底物及氧浓度发生差异，从而引起固定化后传质效果的变化。通常，固定化后氧传质受到的阻碍更为明显，因此在好氧条件下，由于氧传质的限制，固定化微生物处理的废水中的有机物浓度不能过高，以免限制高密度的微生物活性的充分发挥。而在厌氧条件下，由于不存在氧传质供应问题，废水中的有机物浓度可以大大高于好氧情况。所以固定化微生物的高处理能力可以得到充分的发挥，而且能长时间的保持较高的生物量和活性，充分显示固定化微生物的优越性。

10.3.3 影响微生物固定化的重要因素

影响微生物固定化的重要因素主要有3类：微生物本身的性质（浓度、活性等）、所使用载体的性质（种类、表面性质、化学特性等）及环境特征（如表10-3所列）

10.3.3.1 微生物的性质

1. 微生物的浓度

根据微生物固定化的基本过程，水中初始微生物的浓度（即处于悬浮态的微生物的浓度）在一定程度上对其向载体表面输送的速度有影响，同时也决定了其与载体表面的接触几率的高低，从而影响固定化的过程。毫无疑问，高的悬浮态微生物浓度，将加速微生物向载体表面的传递，增加其与载体的接触几率。图10-2、10-3所示。

影响微生物固定化的因素　　　　　　　　　　　　表10-3

微生物的性质	载体性质	环境特征
(1) 种类	(1) 种类	(1) pH值
(2) 培养条件	(2) 表面电荷	(2) 离子浓度
(3) 活性	(3) 化学组成	(3) 水流状态
(4) 浓度	(4) 表面亲水特性	(4) 温度
	(5) 表面粗糙度	(5) 基质类型与浓度

为 Liu 等人应用可逆附着动力学模式，在静态条件下初始硝化菌浓度对其在 PS 表面的固定化速率（r）及最大附着量（B_{max}）进行研究的结果。

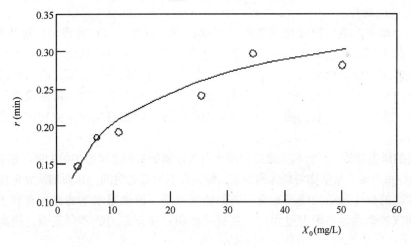

图 10-2　悬浮态硝化菌浓度对 r 的影响

由图10-2可见，当初始硝化菌浓度增加时，在载体表面的附着固定速率呈现快速提高而后逐渐趋于平稳的变化趋势。这种变化趋势与废水生化处理过程中微生物的增长速率受基质浓度影响类似，即在低起始微生物浓度的情况下，随浓度的提高，在载体表面附着的固定化速率也相应的提高；而当初始浓度较高时，对固定化速率的影响程度将有所下降。因而，可以推断，当初始浓度足够高时，微生物在载体表面的固定化速率将保持恒定而不受其影响，但存在一个临界浓度。当初始浓度低于临界浓度时，微生物从液相向载体表面的传递、扩散是决定固定化速率的控制步骤，而超过临界浓度，其固定化速率将受可供其附着的载体表面积控制。

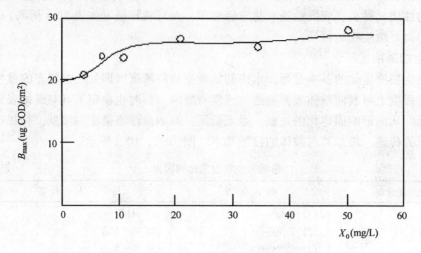

图 10-3　悬浮态硝化菌浓度对 B_{max} 的影响

由图 10-3 可见，初始微生物浓度对 B_{max}（微生物的最大附着量）的影响不大，这主要是因为当载体材料所提供的表面积一定时，决定微生物在载体表面的固定化数量将不再是初始微生物浓度（X_0），而是所提供的可供微生物附着所利用的表面面积的大小。但应指出，当所使用的载体种类相同，表面面积相同而微生物种类不相同时，其 B_{max} 将是有所不同的。

2．微生物的活性

在废水处理中，微生物活性通常用微生物比增长速率（μ）来表示。微生物活性高，即其比增长速率高，相应微生物的能量水平也高，其在水中存在状态亦将发生变化。当进入生化反应构筑物的有机负荷达到一定值时，因微生物的活性的提高，有可能微生物从活性污泥絮体内部脱离而成为游离态的个体，由此可导致其对有机物的降解速率、微生物的表面特性等发生变化。因而，微生物固定化初期的活性对固定化速率的影响主要表现在以下 3 个方面：

（1）高的微生物活性，将利于通过代谢作用而分泌更多的多聚糖类的物质，依靠多聚糖所具有的黏性作用可促进微生物与载体的黏附，缩短可逆附着的时间，从而加快固定化过程。

（2）较高的微生物活性使其具有较高的能量水平，而能量水平的提高有利于其在向载体表面主动或被动输送和附着过程中，克服或削弱各种作用力的不利影响，提高其初始积累速率。

（3）有研究表明，微生物活性的不同，其表面性质也有所不同。Heeben 等人的研究发现细菌表面的化学组成，如 O/C、[（C-O）+（C-N）]/C 及 C=O/C 等官能团的量随微生物的活性的变化而明显地变化。微生物表面的化学组成的变化直接影响其在载体表面的附着固定过程。

10.3.3.2　载体性质

载体表面粗糙度及其电荷是影响固定化速率的重要因素。

（1）载体的表面粗糙度

载体材料的表面越粗糙，则有利于微生物在其表面的附着固定。表面粗糙度的影响主要表现在两个方面：一是与光谱表面的载体材料相比，表面粗糙的载体材料可提供更多的有效接触和附着的表面积；二是粗糙的表面，如空洞、缝隙等对已吸附的微生物具有保护伞的作用，使它们免受水力扰动、剪切和冲刷的影响。

(2) 载体的表面带电特性

在一般的环境条件下，微生物表面通常只带负电荷，因而，使用表面带有正电荷的材料作为载体物质，将有利于加速固定过程，使微生物在液相中向载体表面的输送变得更为容易。目前常用的载体材料大多是高分子聚合物，如 PE、PP、PS 及 PVC 等，若对这些物质进行适当的表面处理（化学氧化、低温等离子转型处理），使他们表面带有正电荷，则可达到提高固定化速率的目的。

10.3.3.3 环境特征

环境因素对微生物固定化过程的影响因素颇多。由于采用的处理工艺不同、所处理的废水性质不同、工艺设计参数不同以及所需达到的处理要求和目标不同等，都会使微生物处于不同的环境条件下，不仅将会改变微生物的生长和作用特性，还将影响微生物的固定化过程。

(1) 废水的 pH 值

废水液相的 pH 值对微生物在载体表面的固定化速率的影响主要表现为影响微生物的表面带电特性。

一般而言，不同的微生物具有不同的等电点（细菌的等电点在 pH 值 3.5 左右，硝化菌的等电点在 pH 值 4.8 左右）。液相 pH 值的变化将影响细菌表面的带电特性。如当 pH 值大于细菌的等电点时，细菌表面将由氨基酸的电离性作用而显示负电性；反之，若 pH 值小于细菌的等电点时，细菌表面将显正电性。在所使用的载体材料种类已定的情况下，不同 pH 值条件下，微生物所显示的带电特性将影响其固定化过程。当微生物处于等电点状态时，其表面的 ζ（Zata）电位趋于零，表面溶剂化结构基本消失，并在液相中处于一种稳定状态，为了减少表面自由能，微生物趋于吸附载体表面或自由聚集以达到新的稳定。如图 10-4 所示为 pH 值对微生物固定化速率的影响。

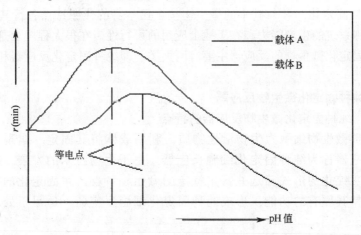

图 10-4 pH 值对微生物固定化速率的影响

（2）水力流态

水力流态对微生物固定化的影响至关重要，它将直接影响到固定化过程的成败，对目前废水处理中常用的结合固定化法和微生物自身固定化法尤为如此。

对生物膜处理工艺（如生物滤池、生物流化床、生物转盘）而言，不同的水流速度（既不同的水力负荷）将产生不同的水力剪切作用。而水力剪切力的强弱决定了生物膜反应器起动所需的时间和运行期间所固定的微生物的数量。在实际废水处理中，水力流态往往由反应器的类型和处理目标所决定，即一方面为实现良好的处理效果，需要创造良好的微生物与废水接触的条件，因而需要一定的紊动程度，而另一方面为利于微生物在载体表面的附着生长，要求将水流紊动程度控制在微生物-载体的结合所能承受的范围内。对依靠自身作用实现微生物固定化的处理工艺（如 UASB、ABR、IC、EGSB 等）而言，其微生物虽然处于固定化状态，但其固定化颗粒与废水的接触形式与生物膜法明显不同，以颗粒悬浮态的形式存在于反应器中，因而良好的混合是提高颗粒污泥与基质充分接触和发生物质传递的基本前提，但过强的混合将导致过大的剪切力，从而不利于颗粒污泥的形成。因而，如何合理地控制和正确选择废水生物处理反应器的水力学条件，是目前反应器工艺设计面临的一个需要从理论上解决的问题，也是许多利用固定化微生物技术进行废水处理的工艺运行存在的主要问题。目前，大多以经验作为工艺设计的依据。

10.4 固定化微生物污水处理工艺

根据被固定的微生物种类的单一与否，可以将固定化细胞技术分为纯种的固定化和混合种群的固定化。其中纯种的固定化是指被固定的微生物经纯化和富集后，采用人为的物理或化学的技术进行固定并保持其原有的生物活性，参与其中的微生物为单独的某一种属式或一类，行使相同的代谢功能；而混合种群的固定化是指被固定化的微生物未经分离，较多的微生物种类由于环境因素的作用而被自然的结合在一起形成形式上的固定化，常称为自固定化，参与其中的微生物按自己本身的代谢特点各行其责。

固定化细胞系统的生产能力和在工业上应用的可行性，在很大程度上是取决于反应器类型的选择。固定化微生物的反应器主要有两大类，即纯种固定化反应器和混合种群固定化反应器。

10.4.1 纯种固定化微生物反应器

10.4.1.1 纯种固定化微生物反应器的特点

以单一种群微生物细胞为生物活性物质，利用载体将其固定，实现对废水中污染物质降解的反应器称为纯种固定化细胞反应器。由于生物技术的发展，有可能通过生物工程利用人工纯化的形式筛选并富集特定的微生物种群，用固定化的方法直接将细胞体固定并保持其原有的功能，形成纯种固定化细胞反应器，适用于处理含有特定污染物质的废水。

10.4.1.2 纯种固定化微生物反应器的形式

（1）搅拌槽式反应器（Stirred Tank Reactors, STR）是批式反应器的衍生运行方式，由于内部设有搅拌器，产生了强大的剪切力，对包埋固定化法和交联固定化法制成的颗粒极易导致破裂，为克服此缺点和防止反应器中细胞随出水流失，现今改进后的搅拌槽反应器大多将固定化颗粒固定在多孔的筛板孔眼中，与起搅拌作用的薄板共同转动。

(2) 固定填充床反应器（Fixed packed Bed reactor, FPB）在实验室中应用较多，它具有推流或近完全混合的流态，适用于水力停留时间较短，反应产物有抑制性的废水生物处理过程。固定填充床反应器又可分为推流式固定填充床反应器、循环式固定填充床反应器两种。

(3) 流化床反应器（Fluidized Bed Reactor, FBR）是目前应用最多的固定化细胞反应器，按反应器内的物质的存在状态可分为气相（好氧床为曝气、厌氧床为产生的甲烷气）、液相、固相。它与连续流搅拌槽式反应器一样，都是将固定化的细胞悬浮在反应器中，但是其动力不同，不是靠机械搅拌，而是借助于上升相流（气相与液相的混合）作用而呈悬浮状态。

在选择纯种固定化细胞反应器时，一般应考虑以下几个方面要素：细胞固定化方法、颗粒特性（形状、大小、密度、强度）、废水水质、抑制因素、水力学特性和经济情况等。

10.4.2 混合种群固定化微生物污水处理工艺

对于成分复杂，或者仅通过一种类型的微生物很难达到理想处理去除目的的废水，就需要发挥不同种类微生物的协同代谢优势，实现多种物质的同时降解，或使某种难降解物质通过不同阶段相应类型的微生物的连续代谢而得到去除。由此开发出混合种群固定化。

混合种群的微生物固定化根据其固定的方式可分为人工强化固定化和微生物的自固定。前者的固定情况与纯种细胞的固定基本相似，而后者是利用微生物本身的组成和环境的选择促进作用形成的，一般称这种类型的污泥为颗粒化污泥。

目前，混合种群固定化生物反应器多通过合理控制反应器的营养结构、投加必要的核心物质、控制反应器的水力流态而使微生物实现自身固定化，如污泥的颗粒化等。工程上应用混合种群固定化反应器主要有复合生物反应器、UASB、ABR、IC、AF、AFB 等生物处理工艺，而其中以高效厌氧反应器为主。

以自固定化形式形成的混合种群固定化微生物污水处理工艺具有污泥浓度高、沉降性能好、代谢效率强等特点，在废水处理中具有较大的优势和广泛的应用前景。

10.4.2.1 复合生物反应器

在原有活性污泥工艺的基础上，向曝气池中投加载体的一种方法，即在曝气池中投加能提供微生物附着生长所需表面的载体。利用载体容易截留和附着生物量大的特点，使曝气池中同时存在附着相和悬浮相生物，充分发挥两相微生物的优势。

关于复合反应器的发展及分类，最早的复合生物反应器可追溯到 1929 年 Buswell 等发明的接触氧化法。他们将由薄木片编制而成的木垫垂直地悬浮在曝气池中，此即为复合生物反应器的雏形。近十几年来，人们开发和应用了各种浸没式活性污泥系统中的填充材料。

根据载体的种类、大小及加入方法，可以将投加载体的复合生物反应器分为以下 3 类：浸没填料系统、多孔悬浮载体系统及载体活性污泥法工艺。

(1) 浸没填料系统：主要有生物接触氧化法、固定活性污泥法、曝气淹没式生物滤池、曝气淹没式固定膜生物反应器和曝气生物滤池等多种工艺。

（2）多孔悬浮载体系统：主要利用粒度较小、孔隙率较大的多孔泡沫块作为生物载体，这种多孔泡沫块比一般的泡沫块具有更大的孔隙率（约90%以上）孔径为300～2500μm，一般用筛网将其截留在曝气池中。目前比较成熟的多孔悬浮载体系统有Captor工艺和Linpor工艺。

（3）载体活性污泥法工艺：系指在曝气池中投加微载体的活性污泥工艺。

复合生物反应器可以有效地提高反应器中的生物量，提高系统的处理能力和抗冲击能力，运行稳定，且可以较方便地在现有的传统活性污泥法工艺的基础上改造，工程上比较可行、适用，是具有很大实用潜力的一种生物处理工艺。

10.4.2.2 上流式厌氧污泥床（UASB反应器）

该反应器由荷兰Wageningen农业大学的Lettinga教授等于20世纪70年代末开发出的一种新型厌氧反应器，与其他的厌氧生物处理装置相比，UASB的独到之处为：

（1）废水由下向上流过反应器；

（2）污泥无需特殊的搅拌、回流设备；

（3）反应器顶部设有三相（气、液、固）分离器。

UASB反应器处理能力大，反应器内污泥浓度高，平均污泥浓度为20～40g/L，有机负荷高，水力停留时间短，处理效率高，运行性能稳定。UASB反应器结构及净化废水的原理详见第8章所述。

UASB成功运行的关键在于：

（1）培养出具有良好沉淀性能的高活性颗粒污泥或絮状污泥；

（2）由产气和进水的均匀分布所形成的良好搅拌作用；

（3）设计合理的三相分离器，能有效截留污泥。

UASB反应器不仅可以处理中、高浓度的工业废水，如啤酒、奶制品生产、屠宰废水、土豆加工、酒精、淀粉加工、味精、咖啡等生产废水，也可以处理低浓度的有机废水，如生活污水、城市污水等。此外还可以用于难降解的制浆造纸废水、制药废水及化工废水、纺织印染废水、填埋场渗滤液等工业废水。UASB反应器可在高温（55℃左右）和中温（35℃左右）下运行，并可在低温（20℃左右）下稳定运行。到1993年已有2000多个生产规模的UASB系统投入运行，UASB是一种构造简单、较传统的厌氧生物处理方法效能高的装置，在世界范围内被广泛应用。

UASB的成功应用促进了相关领域的深入研究，如对颗粒污泥形成机理的研究等，同时又想继研制开发出一系列新型、高效厌氧生物反应器，如膨胀颗粒污泥床（EGSB）、复合式厌氧反应器（UASB+AF）、厌氧内循环反应器（IC）等。

10.4.2.3 折流式厌氧反应器

UASB反应器的发明者Lettinga教授认为，厌氧处理技术是资源与环境保护技术中的一项核心技术。在展望新型高效厌氧反应器时，Lettinga教授特别提出一个全新的厌氧工艺概念-分阶段多相厌氧工艺（Staged Multi-Phase Anaerobic reactor system，简称SMPA）。SMPA工艺的概念主要包括以下几点内容：

● 依靠各级处理单元内的基质组成及环境因子（pH值、H_2分压、代谢中间产物等）的不同，在各级处理单元中分别培养出适合环境条件的厌氧微生物种类；

- 阻止各级处理单元中的厌氧污泥相互混合；
- 各级处理单元产生的气体单独排放；
- 使流态更接近于推流式，提高处理效率。

(1) ABR 的工作原理

ABR 反应器是由美国 Stanford 大学的 Mecarty 等人于 20 世纪 80 年代初提出的一种高效新型厌氧反应器（如图 10-5）。

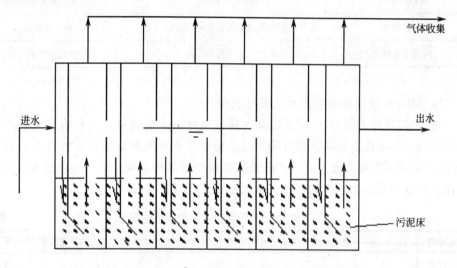

图 10-5　ABR 反应器结构示意图

ABR 反应器的内部设置若干竖向导流板，将反应器分隔成串连的几个反应室，每个反应室都可以看作一个相对独立的上流式污泥床系统。废水进入反应器后沿导流板上下折流前进，依次通过每个反应室的污泥床，废水中的有机污染物与微生物充分接触而得到去除。借助于废水流动和沼气上升的作用，反应室中的污泥上下运动，但是由于导流板的阻挡和污泥自身的沉降性能，污泥在水平方向的流速极为缓慢，从而使大量的活性污泥被截留在反应室中。

ABR 反应器独特的分格式结构及推流式流态使得每个反应室中可以驯化培养出与流至该反应室中的污水水质、环境条件相适应的微生物群落，从而导致厌氧反应产酸相和产甲烷相沿程得到分离，使 ABR 反应器在整体性能上相当于一个两相厌氧处理系统。例如，采用 ABR 反应器处理处理以葡萄糖为基质的废水时，第一格反应室经过一段时间的培养驯化，有可能形成以酸化菌为主的高效酸化反应区，葡萄糖在此转化成挥发性脂肪酸（VFAS），其后续反应室将先后完成 VFAS 到甲烷的转化。同时 ABR 各反应室内的活性污泥随水流不停的上升和沉淀，而沿纵向的流失很少，保证了各反应室内污泥不相互混合。其次，ABR 反应器可以将每格反应室产生的沼气单独排放，从而避免厌氧过程不同阶段产生气体的相互混合，尤其是酸化过程产生的 H_2 可以先行排放，使甲烷阶段产丙酸、丁酸等中间代谢产物可以在较低的 H_2 分压下进行顺利的转化。从流态上看，ABR 更接近于推流式，确保系统拥有更高的处理效率和更好的出水水质，同时使系统具有很强的抗冲击负荷及有毒有害物质的能力，增强了系统的稳定性。具备以下优点，见表 10-4 所示。

ABR 反应器的主要优点　　　　　表 10-4

结　构	厌氧污泥	操　作
构造简单、投资少	对污泥沉降性能要求低	水力停留时间短
无机械搅拌设备	污泥产量低	抗冲击负荷能力强
有效体积大	污泥停留时间长	可以间歇操作
不易阻塞	无需微生物固定化或独立的沉淀设备	操作成本低
污泥不易膨胀	污泥产气无需特殊分离	长期操作无需排泥

(2) ABR 处理各种浓度废水的研究现状

一些学者开展了应用 ABR 反应器处理低浓度废水的研究，并获得了较好的效果，如表 10-5。Seackey 认为处理低浓度废水时，由于传质效率和微生物活性都不会很高，生物相的沿程变化不会很明显，尤其产酸菌的数量沿程基本不变。但在处理低浓度废水时，缩短 HRT 可以增加水力搅拌的作用，从而提高处理效率。

ABR 反应器处理低浓度废水部分实例　　　　　表 10-5

废水种类	HRT (h)	进水 COD (mg/L)	COD 去除率 (%)	有机负荷 (kg/(cm^3·d))	产气率 V (V·d)
生活污水	84	438	75	0.13	0.025
生活污水	48	492	71	0.25	0.05
生活污水①	84	445	84	0.13	0.025
蔗糖配水②	6.8	475	74	1.67	0.49
蔗糖配水②	8.0	473	86	1.42	0.43
蔗糖配水②	11.0	441	93	0.96	0.31
屠宰场废水	26.4	730	89	0.67	0.72
屠宰场废水	7.2	550	80	1.82	0.33
屠宰场废水	2.5	510	75	4.73	0.43

①T=25℃；②T<16℃，其余为中温。

应用 ABR 反应器处理高浓度有机废水是 ABR 反应器应用前景最为广阔的一个方面，如表 10-6 所示。Boopathy 和 Tilche 研究用 ABR 反应器处理高浓度糖浆废水时，当进水 COD 浓度为 115g/L，容积负荷达到 12.25kgCOD/(m^3·d)，溶解性 COD 去除率达到 82%，产气量为 372L/d。增加进水 COD 浓度至 990g/L，相应的容积负荷为 28kgCOD/(m^3·d)，溶解性 COD 去除率降低到 50%，但产气量却增加了 1 倍多，达到 741L/d，相当于每单位体积反应器每天产气 5 单位体积。与此同时，反应器内污泥浓度也从 40g/L 增加到 68gVSS/L。已有众多的研究表明，采取适当的工艺措施（出水回流，增加填料等）。ABR 反应器可以处理各种浓度的废水。包括悬浮固体浓度很高的养猪场的废水（SS=39.1g/L），酒糟废水（SS=21g/L）等。ABR 反应器确实是一种新型高效厌氧反应器，但对 ABR 反应器还有待进一步研究，使这一新工艺尽快用到生产实践中去。

ABR 反应器处理高浓度废水部分实例 表 10-6

废水来源	进水 COD (g/L)	HRT (d)	容积负荷 (kgCOD/(m^3·d))	COD 去除率（%）	产气率（V (V·d)
生糖浆废水①	73.0	2.4	28.00	50	5
草浆黑液	56.1	10.6	5.3	42	0.8～1.0
养猪场废水	12.1～16.2	25～42	5.3～6.7	70～80	1.9～2.5
威士忌蒸馏水②	51.1	15	3.5	90	2.9～4.0
柠檬酸发酵	19.0	1	19.0	87.7	8.4
酒糟废液③	36.7	0.33	110	85	——

①T=37℃；②T=30℃；③T=53～55℃，其余为35℃。

10.5 固定化微生物在污水处理中的应用

固定化微生物在废水处理，尤其是特种工业废水处理领域中具有广阔的应用空间。工业废水种类繁多，成分复杂，固定化细胞技术往往针对废水中一种主要污染物，可筛选、培育、驯化、降解特定污染物高效降解菌种，将其固定于载体上，对特定有机物进行降解。一般认为，该降解过程是：微生物利用水解酶在细胞壁上将亲水性化合物分解为小分子初级反应物，进入细胞的初级反应物被降解质粒产生的酶进一步降解，在常用的微生物中，假单胞菌属对多数有机物有很好的降解性，在固定化细胞技术中应用比较广泛。以下分别以几种废水为例，介绍采用固定化微生物对降解有机废水的处理。

10.5.1 难降解有机废水的处理

10.5.1.1 含酚废水的处理

含酚废水是石化、合成等工业产生的常见有毒废水，采用固定化细胞技术可有效降解废水中的酚类。Angela Mordocco 固定化 *Pseudomonas putida* 连续降解低浓度苯酚废水，可以将苯酚浓度由 100mg/L 降低到 2.5mg/L。反应的最佳条件为 pH 值 5～6，温度 20～30℃，载体颗粒直径 1～2mm。刘和等研究固定化细胞对苯酚的适宜降解条件，实验表明在固液比 1:3，水力停留时间 2h，温度 10～30℃，pH8～9，苯酚初始浓度不超过 400mg/L 的条件下固定化细胞能长时间保持良好的降解能力，经过 3 个月的降解试验，苯酚降解率均在 81% 以上。Luis G. Torres 用海藻酸钙为载体固定荧光假单胞菌，生物系统表现出对酚类良好的降解能力，对苯酚（pH），氯代苯酚（2CPH），2,4-二氯苯酚（2,4D CPH），2,4,6-三氯苯酚（2,4,6T CPH）的降解曲线如图 10-6 所示。由图 10-6 可见，固定化的荧光假单胞菌能够有效降解酚类，尤其是苯酚，随着酚浓度上升，降解速度随之上升。

根据研究表明，与其他生物法相比，固定化细胞具有较强的抗毒能力。由于固定化细胞被包埋在载体内，可以免受外界有毒物质浓度过高而对细胞造成的突然伤害，因而固定化细胞对废水中酚类等有毒物质的降解能力远大于游离态细胞。

10.5.1.2 染料废水的处理

染料废水色度高，成分复杂，有毒有害有机物多，使用常规的物化方法处理成本高。

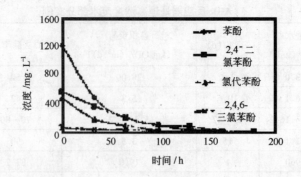

图 10-6　荧光假单胞菌对 Ph,2CPh,2,4D CPh,2,4,6TCPH 的降解曲线

利用微生物对染料脱色和降解被认为是行之有效的方法,且生物法处理成本较低。Jo-Shu Chang 分别用聚丙烯酰胺（PAA）,海藻酸钙（CA）,k-角叉莱胶（CGN）做载体固定假单胞菌 *Pseudomonas Luteola*,对自配制含氮染料废水进行脱色处理,降解其中的活性艳红。结果表明与游离细胞系统相比,固定化细胞生物系统虽然脱色速度较慢,但固定生物系统受溶解氧和 pH 值影响较小,长时间运行也能保持较高的反应效率,且可重复使用性好,更适合实际工业应用。溶解氧对生物脱氮有抑制作用,在氧浓度增高过程中,游离态细胞的脱色效率下降很大,而固定细胞体系所受影响较小,说明载体为细胞提供了氧浓度较低的环境。同样,载体缓解了 pH 值波动对细胞的冲击。另外,由于聚丙烯酰胺（PAA）对染料分子有较强的吸附能力,它的反应曲线与其他的不同,其初始染料浓度下降速率较大,如图 10-7 所示。在活性艳红浓度超过 500mg/L 时,以 PAA 为载体的生物系统脱色效率远大于另外两种固定化细胞系统;相反在染料浓度较低时,以 CA、CGN 为载体的生物系统反应效果优于 PAA 为载体的系统。

10.5.1.3　喹啉废水的处理

近年来固定化细胞技术对其他特种工业废水处理的研究也逐年增多。喹啉是一种难降解有机物,广泛应用于化工、医药等行业。传统生物污泥法对喹啉降解效果不理想。韩力平等将皮氏伯克霍尔德氏菌（*Burkholderia pickettii*）固定在 PVA 上对喹啉进行降解。皮氏伯克霍尔德氏菌以喹啉为唯一碳源、氮源和能量来源,能有针对性的降解喹

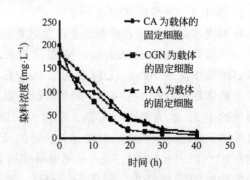

图 10-7　3 种载体固定化细胞降解染料曲线

啉。实验结果表明游离态菌体所受传质和传氧限制较小,降解喹啉效果优于固定菌体,但游离细胞的耐毒性和抗冲击负荷能力都较弱。

10.5.1.4　阴离子表面活性剂的处理

阴离子表面活性剂十二烷基苯磺酸钠（LAS）是合成洗涤剂工业废水中的主要成分,常用的物理化学方法很难降解 LAS。纪树兰以海藻酸钙为载体,包埋对 LAS 有降解活性的 TP-1 号菌种,对表面活性剂进行降解,并比较固定细胞、游离细胞和无菌珠体对 LAS 的降解效果。结果表明:在长时间运行时,固定化细胞能保持对 LAS 很高的降解活性。

固定化细胞生物反应器对废水中的苯类也有很好的去除效果。Hojaeshim 固定 *Pseudomonas putida* 降解苯、甲苯、二甲苯和乙苯，将固定化细胞与游离态细胞反应效果进行比较结果如表10-7所示。由于固定化细胞体系内的生物浓度可以比游离态细胞体系高很多，所以其生物降解反应速度快得多。此外，近年来采用固定化细胞技术处理含芳香族化合物、氰化物、农药等有毒物质的废水也有报道。

固定化细胞与游离态细胞降解苯、甲苯、二甲苯和乙苯　　　　表10-7

底物	游离态		固定态	
	细胞浓度 (mg/L)	降解速度 (mg/(L·h))	细胞浓度 (mg/L)	降解速度 (mg/(L·h))
苯	135	0.88	1127	47.8
甲苯	542	3.61	742	35
乙苯	186	0.29	250	21.9
二甲苯	212	0.8	110	12.8

10.5.2　固定化微生物脱氮除磷

10.5.2.1　固定化微生物脱氮

20世纪80年代初国外出现了对固定化细胞去除工业废水中氨氮的研究。传统生物脱氮除了经过硝化和反硝化两步操作，还要通过曝气去除为反硝化过程投加的过量碳源，而使用固定化细胞技术可以对其进行简化。将硝化细菌和反硝化细菌混合固定，能够在载体内同时进行硝化反应和反硝化反应。由于载体对氧传递的阻力，在载体内部形成好氧区、缺氧区和厌氧区，这样硝化和反硝化可能同时发生。张彤等的研究表明受到载体传质的影响，单独固定硝化菌和反硝化菌时，硝化速率和反硝化速率都低于未固定污泥，而混合固定两种细菌则产生协同作用，大大增强了脱氮效果。其原因可能是反硝化反应降低了载体内由于硝化反应造成的pH梯度。曹国民等混合硝化细菌和反硝化细菌，以PVA为载体，制成平板状固定化细胞膜，将脱氮反应器分隔为两部分。膜的一侧是好氧的氨氮废水，另一侧以缺氧的乙醇溶液作为碳源，在一个反应器内实现了硝化和反硝化同时进行的单级生物脱氮，避免了向废水中直接投加碳源，减少了曝气环节。

日本下水道事业集团利用固定化硝化细菌的流化床反应器进行废水脱氮生产性实验，在处理规模为 $3000m^3/d$ 运行温度为8℃，HRT为3.2h的情况下，氨氮的去除率达到90%以上。

10.5.2.2　固定化微生物除磷

传统的生物除磷过程是通过聚磷菌在厌氧条件下的释磷和好氧时的吸磷，实现磷随剩余污泥的排放而达到去除的目的。席淑琪的研究表明，以PVA-硼酸法固定以假单胞菌为优势菌的活性污泥进行除磷的试验中，固定化污泥具有较高的活性及除磷效率。6h内可将起始浓度为87.5mg/L的磷含量降至44mg/L。

10.5.2.3　固定化微生物脱氮除磷

严固安、李益健利用褐藻酸钙凝胶包埋普通小球藻对废水中的氨氮和磷酸盐的净化情况以及 Hg^{2+} 离子存在的影响进行研究。在停留时间为5d的情况下，固定藻对氨氮和磷酸盐的净化率分别达到94.8%和100%，而相对应的悬浮藻类对氨氮和磷酸盐的去除率仅为51.9%和89.7%。在Hg^{2+}离子存在的条件下，由于载体凝胶对藻类细胞的保护作用，悬浮藻类受到的抑制明显高于固定藻类，且影响显著，在Hg^{2+}离子浓度为1.4×10^{-6}mg/L时，固定藻对氨氮和磷的净化率可达63.4%和91%，而悬浮藻类仅为11.8%和41%。

10.6 固定化微生物技术的应用前景与展望

固定化细胞技术是生物工程领域中的一项新兴技术。随着生物工程的迅速发展，近年来，许多国家把该技术应用于废水处理的研究，特别在处理工业废水和各类难以降解的有机污染物方面已取得令人瞩目的成果。由于固定化细胞处理技术尚处于不断的研究阶段，大多是在实验室规模上进行的，要实用化，还有许多问题需要解决：

(1) 针对不同的废水体系和所固定化的菌系细胞，选择合适的固定化技术及载体以提高处理能力，有关载体对细胞浓度、活性的影响及其传质阻力的研究有待深入。因此，开发新型载体及对固定化技术的作用机理的深入研究仍为固定化细胞技术的重要课题之一。

(2) 混合固定技术的进一步研究和开发。实际废水中含有的污染物是多种多样的，是一个十分复杂的混合体系，用单一菌株处理，一般很难达到要求，而且单一菌种体系一旦应用于实际废水的处理，往往会因复杂的废水成分、微生物的不同环境下的诱变作用难以保持真正的纯种生长，因此，对于复杂的废水体系，是采用单一高效菌分级处理，还是采用混合菌固定技术，在反应器中建立混合菌群组成的微生物环境，都有待进一步探索。

(3) 固定化载体的成本及使用寿命是决定其经济可行性的关键，开发适合固定化微生物的高效生化反应器也是一个亟待解决的问题。

(4) 加强工业化连续处理废水的自动化成分，找出精确测定载体中的细胞浓度的方法和较佳的动力学处理法，系统管理优化设计，降低成本，将废水处理和回收隅联。

固定化微生物技术在水处理中的应用研究尚处于初级阶段，相信通过广大研究者对该技术日益深入的研究以及不断克服该技术所存在的问题，固定化细胞技术必将在废水生物处理领域中获得广泛的应用。

参 考 文 献

[1] 于霞，柴元，甘雪萍．细胞固定化技术及其在废水处理中的应用研究 [J]．工业水处理，2001，21(10)：9

[2] 陈铭，周晓云．固定化细胞技术在有机废水中的应用与前景 [J]．水处理技术，1997,23(2):98

[3] 周定等．固定化细胞在废水处理中的应用及前景 [J]．环境科学，1993,14(5):15

[4] 雷乐成等．水处理高级氧化技术．北京：化学工业出版社，2001

[5] 黄霞，陈戈，邵林广等．固定化优势菌种处理焦化废水中几种难降解有机物的试验研究 [J]．中国环境科学，1995, 15 (1)：1

[6] 王新，李培军等．固定化细胞技术的研究与进展 [J]．农业环境保护，2001,20(2):120

[7] 杨文英，董学畅．细胞固定化及其在工业中的应用 [J]．云南民族学院学报，2001,10(7):406

[8] 魏宏斌，陈世和．废水生物处理中固定化技术的研究与应用 [J]．江苏环境科技，1996(2):10

[9] 蒋宇红等．几种固定化细胞载体的比较 [J]．环境科学，1993,14(2):11

[10] 吴军见，朱延美等．固定化细胞技术在废水治理中的应用及降解动力学研究进展 [J]．辽宁化工，

2001,31(1):20
[11] 桥本下·排水处理にすけるバイオテクノロ-クの概观と展望 [J]. 用水と废水,1985,27(11):3
[12] 森直道ラ包括固定化法微生物を用いた下水からの窒素除去技术 [J]. 公害と对策,1991,27(11):1043
[13] 费融,张传兵. 固定微生物技术及其在废水处理中的应用 [J]. 山东环境2001(4):35
[14] 朱柱,李和平,郑泽根. 固定化细胞技术中的载体材料及其在环境治理中的应用 [J]. 重庆建筑大学学报,2000,22(10):95
[15] 王建龙等. 固定化微生物技术在难降解有机污染物治理中的研究进展 [J]. 环境科学研究,1999,12(1)
[16] 居及虎. 固定化酶和固定细胞工业用的现状与展望 [J]. 工业微生物,1989,19(1):25
[17] T ramperJ, etal. O perating performance of nitrobacter agills immobilized in carrageenan [J]. Enzyme and Micbroial Technology,1986,8(8):447
[18] Yang P Y. Packed-entrapped-mixed microbial cells for small wastewater treatment [J]. Water Science and Technology,1990,22(3,4):343
[19] Digiovanni GD, Neilson JW, Pepper IL, Gene-Transger of alcaligenes-eutrophus jmpl 34 plasmid Pjp4 to indigenous soil recipients, Appl Environ Microbiol,1996,62(7):2521
[20] 沈耀良等. 固定化微生物污水处理技术. 北京:化学工业出版社,2002
[21] 王建龙. 生物固定化技术及水污染控制. 北京:中国:科学出版社,2002

第11章 LINPOR 工艺

11.1 概 述

迄今为止，污水处理的方法层出不穷，但是就各种处理方法进行比较可见，最为经济、最具环境效益、应用最为广泛的废水处理方法仍是生物处理工艺。在生物处理工艺中应用最广泛的仍然是传统的活性污泥法。传统的活性污泥法主要具有操作简单、适应广泛的特点。随着各国城市化水平的不断提高，人们对污水处理厂操作环境的要求日益提高，能源供给状况的日趋紧张，各种供给的费用加大，致使传统活性污泥处理法出现了一些人们关注的问题：(1) 污水处理厂占地比较大，而城市用地比较紧张；(2) 人口不断增加，污染物的种类日益增加，污水的组成结构发生变化，常常是该工艺超负荷运转，运行不稳定的现象也常出现；(3) 由于能源的紧张，使人们对该工艺的高消耗也要加以考虑；(4) 随着人们对操作环境的要求不断提高，该工艺运行过程中存在的臭味较大，产生污泥较多的问题，以及该工艺对氮、磷的去除率比较低的特点日益引起人们的关注。为此，许多国家的研究者相继开展了关于怎样改进现有的活性污泥法的研究，使其能适应新问题新变化，并以此提出了许多的新工艺，如氧化沟工艺、A/O 法、A^2/O 法等这些新工艺具有不同的优点与功能。

为了在原有活性污泥工艺基础上，提高曝气池内的生物量，增强污（废）水处理能力，克服污泥膨胀，提高运行稳定性，人们发明了在曝气池中投加载体的方法，即在曝气池中投加各种能提供微生物附着生长所需表面的载体。利用载体容易截留和附着生物量大的特点，使曝气池中同时存在附着相和悬浮相生物，充分发挥两相微生物的优越性，扬长避短，相互补充。开发研制出一系列的复合生物器，如浸没填料系统的接触氧化法、固定活性污泥法、曝气生物滤池等；载体活性污泥工艺，即在曝气池中投加微载体（如细砂、焦炭、粉末活性炭等）及多孔悬浮载体系统，投加粒度较小、孔隙率较大的多孔泡沫块作为生物载体，这种多孔泡沫块比一般的泡沫块具有更大的孔隙率（约 90% 以上）孔径为 $300\sim2500\mu m$，一般用筛网将其截留在曝气池中。目前比较成熟的多孔悬浮载体系统有 CAPTOR 工艺和 LINPOR 工艺。

其中德国的 LINDE 公司的 Manfred R.Morper 博士针对以上问题，进行研究并提出了一系列的改进工艺。其中主要包括：LINPOR 工艺，LINDOX 工艺，LARAN 工艺和 METEX 工艺。这些工艺在提高和稳定处理效果、提高氮、磷等物质的去除率、提高氧的利用率、降低能耗和削弱有毒物质对系统的冲击影响等方面都有了较大的改进。这一章主要介绍 LINPOR 工艺，LINPOR 工艺主要有几种，如 LINPOR-早期工艺、LINPOR-C 工艺、LINPOR-C/N 工艺、LINPOR-N 工艺等。

11.2 LINPOR 工艺的基本特性

LINPOR 工艺是一种传活性污泥法的改进工艺，它通过在传统工艺曝气池中加入一定数量的多孔塑料颗粒，为生物提供附着生长的载体，从而形成活性污泥即悬浮生物相与附着生物相两者结合的废水生物处理系统。该工艺是生物膜法与常规活性污泥法结合的产物，由德国的 Hegemann 和 Englmann 在 1983 年提出的工艺示意图如下：

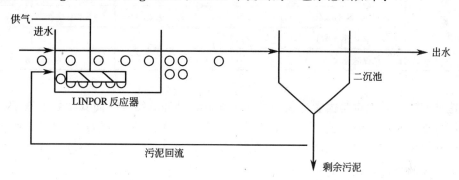

图 11-1 LINPOR 工艺示意图

这一工艺开发的初衷是为了改进传统活性污泥工艺的处理效能，提高运行中的稳定性。为了改进传统污水处理厂由于水量，水质变化等原因，使曝气池中污泥流失、数量不足、性能恶化等，从而导致污泥膨胀，为了改进 COD、BOD、NH_4^+—N 以及 TN 去除率下降等问题。

在 LINPOR 工艺中，改进后的曝气池称为 LINPOR 反应器。在 LINPOR 反应器中所投加的多孔泡沫塑料颗粒载体的量一般占曝气池有效容积的 10%～30%，作为活性生物体的附着生长载体。能用作这种载体的材料必须满足非常严格的要求，其中主要包括比面积大、颗粒较小、孔隙较多而且要均匀、具有良好的润湿性以及生物、化学、机械的稳定性，因为只有这样，LINPOR 工艺才会具有较长的周期，才能保证达到较好的运行效果。但这种材料并不是很多，因为对它的要求实在太高。

曝气池中的多孔泡沫塑料颗粒载体一直处于悬浮状态，为防止其随出水流失，在出水区一侧专门为其设一道不锈钢隔栅；为防止隔栅堵塞，在隔栅一侧通常要进行鼓风曝气；为防止载体在出水区的过多聚积，通常要在出水区设置气提泵来将部分载体输送到前端；运行初期，要将载体材料分期投入。载体材料漂浮于水面之上，慢慢地它们就会被浸湿，上面的生物也越来越多，一直到最后，载体材料被水流全部淹没，成为流化态随水流动，这时污水处理厂就达到了正常运转。

LINPOR 工艺与膜法的比较 表 11-1

项　目	LINPOR 工艺	附着膜法
生物相浓度 TSS (kg/m³)	7.0	3.4
BOD 污泥负荷 (kg/kg.d)	0.19	0.22
总凯氏氮污泥负荷 (kg/kg.d)	0.031	0.042

续表

<table>
<tr><th colspan="2">项 目</th><th colspan="2">LINPOR工艺</th><th colspan="2">附着膜法</th></tr>
<tr><td rowspan="7">运行条件</td><td colspan="2">温度 （℃）</td><td colspan="2">14.6</td><td colspan="2">14.6</td></tr>
<tr><td colspan="2">溶解氧 （mg/L）</td><td colspan="2">2.6</td><td colspan="2">4.8</td></tr>
<tr><td colspan="2">条件</td><td>进水</td><td>出水</td><td>进水</td><td>出水</td></tr>
<tr><td colspan="2">BOD（mg/L）</td><td>282</td><td>5.5</td><td>261</td><td>4.0</td></tr>
<tr><td colspan="2">TKN（mg/L）</td><td>47.9</td><td>6.1</td><td>50.4</td><td>12.3</td></tr>
<tr><td colspan="2">NO_3-N（mg/L）</td><td>0</td><td>9.4</td><td>0</td><td>14.2</td></tr>
<tr><td colspan="2">硝化率（%）</td><td colspan="2">89.7</td><td colspan="2">76.5</td></tr>
<tr><td colspan="2">总氮脱除率（%）</td><td colspan="2">67.5</td><td colspan="2">52.6</td></tr>
</table>

这种方法实际上也是固着生物与悬浮污泥联合处理的结合，而其中处于悬浮状态的生物载体也带来了很多的好处。它使生物反应器中的生物量大大增加；增强了系统运行的稳定性及其对冲击负荷的抵御能力；还可以对该工艺通过运行方式的控制及进行调整；可适应各种不同的处理要求；对不同水质组成的污水进行处理。根据不同的处理要求和目的，以及对象的不同，处理功能的不同，LINPOR工艺可以分为以下几种处理方式：LINPOR-C工艺；LINPOR-C/N工艺；LINPOR-N工艺。分别用于去除含碳有机物；同时去除废水中的碳和氮，即同时进行硝化和反硝化；脱氮工艺等。目前，这3种不同形式的LINPOR工艺在世界各国都有应用。其中以德国、日本、澳大利亚、印度等国为最，这种方法在我国也有应用，如大连市柳春河污水处理厂，以及一些工业用水和与其他工艺联合应用的中水回用工程。在我国很多应用活性污泥法的污水处理厂，都要进行改造或扩建，而这种方法极易进行实施。

LINPOR工艺与常规活性污泥法的不同之处在于，投入的颗粒状塑料泡沫将长期悬浮在曝气池中，成为微生物的附着床，其操作运行条件与常规活性污泥法无明显区别。但是，LINPOR工艺的生物相、污染物去除机理、去除效果等与单独的活性污泥法不同。主要特点表现为：

（1）附着状与自由生长的活性污泥结合，其生物量是常规活性污泥法的2～3倍，而且能够避免污泥生物相结块问题。

（2）微生物的多样性有较大改善，特别是难降解有机物的分解菌和硝化菌能在塑料泡沫上附着生长，避免了随出水造成的流失。而且，塑料泡沫在曝气池的长期悬浮为这些菌的缓慢生长提供了条件。

（3）在相当高的容积负荷下，可同时进行硝化和反硝化过程。反硝化过程的发生，归结于泡沫内部微孔的局部厌氧，Warechow研究表明，尽管液相中溶液氧浓度为2～4mg/L，载体内部由于缺氧而发生同时反硝化作用，因此脱氮效率明显提高。

（4）Wanner等在曝气池中加入聚氨酯塑料泡沫块，其平均体积为$1.2m^3$/个，孔隙率大于90%，载体投加量为15%～30%。他们研究了该系统中附着生物相存在对活性污泥中丝状菌生长和硝化作用的影响。结果发现，当传统的活性污泥法出现丝状菌膨胀时，在复合反应器中，由于附着相生物的存在，改善了活性污泥的沉降性能。这可能是由于（1）

投加载体后提高了反应器中污泥浓度,减小了污泥负荷;(2)载体上生物的生长。研究结果还表明,附着相生物在总生物量中所占比例越大,则悬浮相污泥的SVI越低。硝化细胞优先附着生长在载体上,致使硝化作用与悬浮相生物的固体停留时间(SRT)无关。

下面,就LINPOR工艺与单独的附着膜法处理同一性质的污水进行一下比较(见表11-1),可以得出结论,LINPOR工艺的脱氮效果明显好于膜法。所以,该工艺可以作为活性污泥法的改进,这样就不需要对原有设施进行较大的改造,在费用很少的条件下,就可使原工艺的处理效率有显著的提高,因此该工艺极具推广价值。

部分应用LINPOR工艺的废水处理工程实例汇总　　　　表11-2

国　别	废水处理类型	工　艺	地　点
德国	城市污水	LINPOR-C	Freising
	造纸废水	LINPOR-C	Kinnthal
	城市污水厂扩建	LINPOR-C/N	Freising
	二级出水	LINPOR-N	Kempten
	深度处理	LINPOR-N	Aachen
中国	城市污水厂改造	LINPOR-C	大连市
印度	精炼废水	LINPOR-C	Alwar
奥地利	造纸水回用	LINPOR-C	Frohnleiten
澳大利亚	城市污水厂改造	LINPOR-C/N	Hornsby Heights
日本	纺织废水	LINPOR-C/N	Bisai

11.3　LINPOR法的工艺原理

11.3.1　LINPOR-C工艺的原理

LINPOR-C工艺主要用于去除废水中有机污染物。在有氧条件下,由兼性菌及专性菌降解有机物,最终产物是二氧化碳和水。它的工艺组成与一个典型的活性污泥法污水处理厂相同,由初沉池、曝气池、二沉池、污泥回流系统和剩余污泥排放和处理系统组成。工艺流程见图11-2所示。但是,LINPOR工艺由于在曝气池中投加了多孔悬浮载体,污水处理中生物体由两部分组成:一部分是悬浮于曝气池里的活性污泥,这与活性污泥法一样,它的生物量一般为4~7g/L;而另一部分是附着于多孔泡沫上的附着生物体,其表面上的微生物一般为10~18g/L,最大达30g/L。

在曝气池的后部,设置隔栅,附着在泡沫上的生物体被载体留在池内,而悬浮的活性污泥就会随着水流流出曝气池,载体表面的生物体有很好的沉降性,污泥沉降性能得到有效地改善。

由于反应池内生物量大幅度地增加,从而增强了系统运行的稳定性及其对冲击负荷的抵御能力,因此LINPOR-C工艺适应范围极广,几乎适应各种形式的曝气池,特别适应于超负荷运行的城市污水和工业废水活性污泥法处理厂的改造。正是由于这一原因,可以实现对现有污水处理厂进行改造,即在不增加曝气池容积和不变更其他处理单元的情况下，提高原有的设施的处理能力和处理效果以适应污水的组成结构的变化，适应现代污水处理的要求。

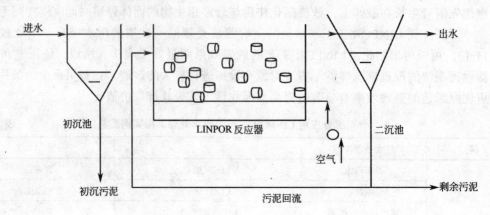

图 11-2　LINPOR-C 工艺

11.3.2　LINPOR-C/N 工艺原理

现代废水脱氮处理的常见工艺一般是硝化和反硝化联用的生物脱氮工艺。在这两者之中，硝化是反应进行过程中的最为关键一步，它需要特殊的反应条件，而最为关键的运行控制参数是污泥龄。硝化反应所需的最短的污泥龄因水质条件的不同而改变，一般需要数天。硝化完成后就进行反硝化，在缺氧和有碳源的条件下，进一步将硝酸盐氮转化成氮气，从污水中脱除。

LINPOR-C/N 工艺具有同时去除碳和氮的功能。该工艺与 LINPOR-C 比，要采取较低的污泥负荷，从而保证最小的污泥龄。与传统活性污泥法相比，由于 LINPOR-C/N 法在曝气反应池中，生长着许多附着型硝化细菌，而附着的硝化细菌在反应器中的停留时间要比悬浮性的停留时间长得多，因而即使在较高的生物负荷的情况下，LINPOR-C/N 工艺仍可获得较好的处理效果。另外，此种工艺还具有良好的反硝化效果，脱氮率可达 50% 以上，而不必另外单独设置反硝化区。因为在曝气池中投加了载体塑料，附着在其上的生物膜，运行过程中，其内部形成良好的缺氧区，而且由于泡沫塑料的多孔性，就使得在体内部形成无数个微型的反硝化反应器，因此，造成同一个反应器同时发生氧化、硝化和反硝化的作用。其工艺流程如图 11-3 所示。

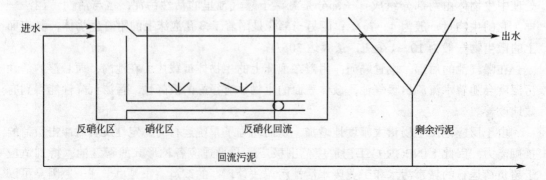

图 11-3　LINPOR-C/N 工艺

11.3.3 LINPIOR-N 工艺原理

此工艺最早出现于 1987 年。该工艺结构简单，可在有机物浓度极低或甚至不存在有机物的情况下实现对废水中氨氮的较高的去除率，故而常作为工业和城市污水的深度处理。传统工艺的二沉池出水中所含有机物通常是很低的，具有硝化菌生长的有利条件，不存在异养菌和硝化菌的竞争作用，因而在此工艺中，处于悬浮生长的生物量几乎是不存在的，而只有那些附着于载体上的生物才能生长繁殖。正是由于在 LINPOR-N 反应池中悬浮生长的污泥量几乎不存在，所以能看清载体上生物的工作情况，也被称为清水反应器。

在此工艺中，所有生物体都生长于载体表面，因而在运行过程中，无需污泥沉淀分离设备和污泥回流设备，这就大大节约了污泥处理、处置部分的经费，成为一种经济的处理方法。此工艺常用于废水排入敏感性受纳水体和对处理出水中氨氮有严格要求的废水的深度处理。

11.4 LINPOR 法各工艺的工程应用

11.4.1 LINPOR-C 应用实例

（1）德国的慕尼黑市的 Gro B lannen 污水处理厂原采用典型的活性污泥法工艺，其设计污染负荷为 2300000 人口当量，曝气池总容积为 39300m^3，分 3 组独立运行，每组容积为 13100m^3，各组又分为 9 个并联运行的曝气池，每个容积为 1500m^3。该厂在运行过程中由于水量的增加，导致处理出水超标。为此决定对该厂进行改造，其中两组采用了 LINPOR-C 工艺。改造后，系统的曝气池中分别投加了 30% 和 10% 的多孔泡沫塑料载体，并使出水的 BOD 和 COD 出水都达到了要求。表 11-3 中列出了投加 30% 载体的处理组的运行监测结果（运行时间为 1988 年 2 月 1 日~12 日，24h 采样）。结果表明，该工艺运行过程中的结果要大大优于设计值，说明该工艺运行的可应用性。

监 测 结 果　　　　　　　表 11-3

指　标	监测结果	设计值（要求）
悬浮 MLSS（g/L）	2.5（1.8~3.4）	2.9
附着 MLSS（g/L）	9.9（6.9~11.8）	16.0
总 MLSS（g/L）	4.6（3.5~5.6）	6.8
污泥容积指数 SVI（ml/g）	76（62~84）	150
污泥回流比（%）	40（34~53）	60
进水 BOD_5（mg/L）	291（223~334）	200
出水 BOD_5（mg/L）	21（15~25）	25
BOD_5 去除率（%）	93（91~94）	88
进水 COD（mg/L）	478（313~576）	400
出水 COD（mg/L）	86（70~96）	115
COD 去除率（%）	82（78~84）	71

注：监测结果一栏中括号外值为平均值，括号内值为波动范围。

(2) 当传统污泥法应用于某些工业废水的处理时，常常由于污水中污染物种类的复杂性及营养物质比例的失调而发生污泥中丝状菌膨胀的问题，从而导致处理效率乃至整个系统运行失败的问题，尤其是处理来自食品厂或造纸厂的污水。而应用 LINPOR-C 工艺可以有效地克服这一问题，下面就是德国的某一造纸厂利用这一工艺对原有工艺进行改造的情况。尽管废水的可生化性在 4 年间由高到低发生了变化，但 COD 和 BOD 的去除率却始终保持在较高的水平。

造纸废水处理结果　　　　　　　　　　　　表 11-4

指　标	1985 年	1986 年	1987 年	1988 年
进水 BOD5（mg/L）	235	242	197	210
出水 BOD5（mg/L）	10	8	10	7
BOD5 去除率（%）	96	97	95	97
进水 COD（mg/L）	526	554	498	581
出水 COD（mg/L）	83	72	82	88
COD 去除率（%）	84	87	84	85
进水 COD/BOD	2.2	2.3	2.5	2.8
容积负荷	1.5	1.3	1.15	1.07
污泥负荷	0.28	0.22	0.16	0.17

(3) LINPOR-C 工艺的另一个成功的应用实例是澳大利亚的一家造纸厂废水的处理。该厂建于 1988 年，处理厌氧处理后的出水。该工艺分为两组，由两个直径为 12m，深为 9m，容积为 1000m³ 的圆形钢结构 LINPOR-C 反应器组成。反应器中多孔材料的投加率为 25%。该工艺的运行结果表明，尽管厌氧处理阶段的处理不佳，出水水质较差，导致 LINPOR-C 工艺的进水负荷较高，但其处理出水水质仍可完全达标。运行过程中，附着生物量 MLSS 浓度要控制在 15g/L，反应器的平均 MLSS 保持在 7.4g/L（低于设计值）。

运行状况表　　　　　　　　　　　　表 11-5

指　标	运行结果	设计值
流量（m³/d）	2 500	3 000
进水 COD（mg/L）	1 407（877~2 186）	1 250
出水 COD（mg/L）	144（128~159）	200
COD 去除率（%）	89（83~94）	84
进水 BOD5（mg/L）	637（220~1 385）	480
出水 BOD5（mg/L）	11（5~25）	43
BOD5 去除率（%）	98（96~99）	91
悬浮 MLSS（g/L）	5.0	6.0
附着 MLSS（g/L）	14.4	18.0
总 MLSS（g/L）	7.4	9.0
容积负荷	1.64	1.44
污泥负荷	0.22	0.16

11.4.2 LINPOR-C/N 应用实例

(1) LINPOR-C/N 工艺是在一次偶然的情况下发现的。

1984 年，德国的 Freising 市污水处理厂由于大量含牛奶场废水和酿酒废水的进入导致严重的污泥膨胀问题，并进而导致整个污泥系统的失效。为克服污泥膨胀问题，该厂采用 LINPOR-C 工艺对原有处理厂进行了改造。当时该厂的处理规模为 1 000 000 人口当量，曝气池的总容积为 2 300 m^3，分成 4 个大小相等的矩形曝气池。

改造完成后的运行监测结果表明，不仅污泥膨胀问题得到了良好的解决，处理效果亦明显改善，特别是还取得良好的脱氮效果。下表列出了运行监测结果，表明处理效果相当好。在 BOD_5 容积负荷仅 1.0 的条件下，脱氮效率可达 68% 左右，而处理出水的 BOD_5 和 COD 浓度都非常低，表中另一工厂的处理结果说明了同样的问题。

脱氮监测结果 表 11-6

指　　标	运行监测结果	
	Freising 污水厂	Tacherting 污水厂
进水 TKN (mg/L)	37	42
出水 TKN (mg/L)	9	5
TKN 去除率 (%)	76	89
进水 $NH_4^+ - N$ (mg/L)	20	39
出水 $NH_4^+ - N$ (mg/L)	6	0.5
进水 $NO_2/NO_3 - N$ (mg/L)	7	0
出水 $NO_2/NO_3 - N$ (mg/L)	5	6
进水 TN (mg/L)	44	42
出水 TN (mg/L)	14	11
TN 去除率 (%)	68	75
停留时间 (h)	4	7.5
容积负荷	0.96	0.66
有机负荷	0.19	0.07
进水 BOD_5 (mg/L)	163	206
出水 BOD_5 (mg/L)	3	5
进水 COD (mg/L)	254	500
出水 COD (mg/L)	37	45

以上的运行结果是偶然发现的，那么在 LINPOR-C 与 LINPOR-C/N 两个工艺之间存在什么样的区别？通过分析表明，当 LINPOR-C 工艺在较低的容积负荷下运行时，除具有除碳和硝化功能，同时还具有良好的脱氮功能。为便于区别，称为 LINPOR-C/N 工艺。

(2) LINPOR-C/N 工艺在工业废水处理中也有良好的处理效果。

日本 Bisai 市的一家纺织厂的污水处理站由 4 个独立运行的系统组成，每个系统曝气池的总容积 5500m^3，分 4 格独立运行。该厂在 1990~1991 年间将其中一套工艺进行了改造，采用了 LINPOR-C/N 工艺。

由于该厂中有机负荷并不高,因而在曝气池中添加的填料仅为10%。通过改造,处理出水中的各项指标均达到了要求,详见表11-7。

纺织厂改造情况　　　　　　　　　　　表11-7

指　标	改造前工艺（传统工艺）	改造后（LINPOR-C/N）
进水COD (mg/L)	136 (122~151)	136 (122~151)
出水COD (mg/L)	65 (50~85)	49 (43~55)
COD去除率 (%)	50 (35~60)	64 (59~72)
进水TKN (mg/L)	25 (19~35)	25 (19~35)
出水TKN (mg/L)	9.6 (5~17)	3.5 (0.5~7)
TKN去除率 (%)	55 (15~83)	85 (65~99)
进水NO_3-N (mg/L)	0.26 (0.05~0.71)	0.26 (0.05~0.71)
出水NO_3-N (mg/L)	1.40 (0.58~0.271)	2.30 (1.50~2.92)
进水TN (mg/L)	25.1 (19.1~35.1)	25.1 (19.8~35.1)
出水TN (mg/L)	9.8 (1.8~17.6)	5.5 (1.6~9.5)
TN去除率 (%)	54 (13~95)	75 (53~96)

11.4.3　LINPOR-N 工艺的应用

(1) 国外 LINPOR-N 工艺的应用

1991年,德国制定了氨氮和总氮的出水排放标准:在温度不低于12摄氏度的情况下,处理出水的氨氮浓度不能超过10mg/L,TN浓度不得超过15mg/L。为此德国又不少的污水处理厂采用了LINPOR-N工艺对原工艺进行改造或直接采用LINPOR-N工艺。其中Aachen市的一家LINPOR-N工艺污水处理厂的处理规模最大,其设计污染物负荷为460000人口当量,旱季流量为6400m^3/h。其曝气池容积为5200m^3。废水经处理后,出水TKN浓度低于1.0mg/L。

该工艺在运行过程中,LINPOR反应器中的载体投放量为30%。下表给出了该工艺设计的有关参数：

德国某污水处理厂 LINPOR-N 工艺设计参数　　　　　表11-8

参　数	单　位	设计值
干流量（包括反冲水）	m^3/h	7.52
雨流量（包括反冲水）	m^3/h	11.795
温度	℃	>=10
进水TKN	mg/L	<=8
出水TKN	mg/L	<=2
TKN去除率	%	>=50
反应器容积	m^3	5 200 (2×2 600)
载体填料容积	%	30
TKN容积负荷	kgTKN/(m^3·d)	0.24

下表列出了国外部分的 LINPOR-N 工艺污水处理厂的运行数据。德国北部的 Hohenlockstedt 污水处理厂采用 LINPOR-N 工艺处理好氧塘出水。长期的运行监测表明，其最终的处理出水的氨氮浓度始终低于 10mg/L，在温度低于 6℃ 时也不例外。澳大利亚的 Kembla 污水处理厂采用 LINPOR-N 工艺反应器作为其炼焦炉废水处理工艺中出水的第二级生物处理单元，通过将其出水回流到工艺前端的反硝化单元而获得了良好的脱氮处理效果。

部分 LINPOR-N 工艺运行参数　　　　　　　　表 11-9

参　　数	A	B	C	D
流量（m³/d）	85	3 112	2 110	8 280
温度（℃）	8～15	16	13.9	28
反应器容积（m³）	80	300	225	225
进水氨氮（mg/L）	100	50	26～34.4	105
出水氨氮（mg/L）	0.1	22.7	4～5.5	17
氨氮去除率（%）	99.9	55	84	84
填料容积（%）	25	30	22	22
氨氮容积负荷（kgNH_4^+-N/（m³·d））	0.11	0.52	0.24～0.32	0.22

注：A—德国 Kempten 污水处理厂，处理粪便污水，1987 年监测结果；
B—德国 Wyk auf Fohr 污水处理厂，1989 年 5 月的监测结果；
C—德国 Hohenlockstedt 污水处理厂，处理好氧塘出水，1991 年 11 月 18 日～29 日的监测结果；
D—澳大利亚 Kembla 污水处理厂，处理经生物前处理的炼焦炉废水，1992 年 9 月 8 日的监测结果。

(2) 国内应用实例

大连市春柳河污水处理厂于 1982 年完成设计并开工建设，采用活性污泥法。当时，国内没有污水处理专用设备，很多设备使用工业部门产品代替的。污水厂原设计的监测仪表和自控系统也都是 20 世纪 70 年代的产品，可靠性较差。因此需要进行改造，并采用 LINPOR 工艺加以改造。

原厂有四组生化池：每组长 40.22m（包括进水），宽 20m，深 4.5m。每组池由 4 个廊道，每个廊道宽 5m。每组生化池容积 3276m³，平均流量下，停留时间为 3.9h；峰值下，停留时间为 3h。改造后，每组生化池的 4 个廊道改为独自进出水。每组生化池仅有一条廊道采用 LINPOR 工艺其他 3 条廊道采用不加填料的 LINPOR 工艺。4 条廊道每条廊道容积均为 820m³，但采用 LINPOR 工艺的廊都要填入 205m³ 的滤料，4 组生化池的滤料总计为 820m³。滤料为德国林德公司的专利产品。该产品具有通透性好、耐磨损和易生物挂膜的优点。

改造后，污水厂流量为 8 万 t/d。平均流量下，生化池的污泥负荷为 0.236kg/(kgMLSS·d)，每条不加滤料廊道的平均流量为 167m³/h；填加滤料廊道有自控系统通过进水蝶阀控制其进水量约是普通廊道的 2 倍，即 334m³/h。采用德国制造的 GVA 微孔曝气器，该产品具有小气泡、大面积、提供高效供氧等特点。为保证生化池具备充足的溶解氧，采用丹麦生产 HV-TUBOR 鼓风机供气，还可实现自动控制。为防止滤料流失，每组生化池在填加滤料廊道的出水端均配出水格栅。出水格栅安装在出水堰前，并配有空气管，以防止滤料阻塞格栅。出水端滤料通过空气泵输送至廊道的进水端。以上装置保证了 LINPOR 生化池中滤料的平衡，确保生化池中良好的工作条件。

此次改造的主要特点：

(1) 土建工程量小，投资省。可利用原有廊道，并适当增加配水管线和回流污泥管线。

(2) 对原有设备设施利用率高。除进口的 LINPOR 工艺设备外，基本利用原有设备和管路，将原有设备和管线喷砂除锈后加以利用。

本次改造仅有 25% 的廊道投加滤料，已将污水厂的处理能力由 6 万 t/d 提高至 8 万 t/d。如果将来污水厂的接收流量增加，只需增加投加填料的廊道数即可，其处理能力最高可提高至 13 万 t/d。

参 考 文 献

[1] 耿安朝，张洪林．废水生物处理发展与实践．沈阳：东北大学出版社，1997
[2] 王宝贞，沈耀良．废水生物处理新技术——理论与应用．北京：中国环境科学出版社，1999
[3] 沈耀良．环境工程，1999 (5)